LA STATIQUE

DES VÉGÉTAUX,

ET CELLE

DES ANIMAUX;

EXPÉRIENCES LUES A LA SOCIÉTÉ ROYALE DE LONDRES,

PAR LE D. HALES,

Membre de cette Société, &c.

PREMIÈRE PARTIE.
LA STATIQUE DES VÉGÉTAUX.

A PARIS,

DE L'IMPRIMERIE DE MONSIEUR.

M. DCC. LXXIX.

LA STATIQUE

DES VÉGÉTAUX,

ET

L'ANALYSE DE L'AIR;

OUVRAGE TRADUIT DE L'ANGLOIS

Par M. le Comte DE BUFFON, de l'Académie royale des Sciences, &c.

NOUVELLE ÉDITION,

Revue par M. SIGAUD DE LA FOND, Professeur de Physique expérimentale, &c.

AVERTISSEMENT.

L'ACCUEIL favorable que les Savans ont toujours fait à l'ouvrage que nous publions aujourd'hui, l'empreſſement avec lequel on en attend depuis long - temps une nouvelle édition, en font ſuffiſamment l'éloge. Il traite particulièrement de deux objets : des plantes, de leur nourriture, de leur accroiſſement, de leur reſpiration, de leur tranſpiration, de leurs maladies, &c ; & de l'air qui entre dans la compoſition des corps ; des différens états dans leſquels ce fluide ſe trouve ; de ſa fixité, lorſqu'il eſt pour ainſi dire enchaîné & dans ſon état de combinaiſon, & des propriétés qu'il acquiert, lorſqu'il ſe dégage des mixtes.

Si M. Hales n'a pas ſaiſi toutes les propriétés de ce fluide, les caractères variés qui le diſtinguent de l'air atmoſphérique, on trouve néanmoins dans ſon ouvrage le germe des connoiſſances que nous avons acquiſes ſur cet objet ; & on voit, en le méditant, qu'il ne lui reſtoit qu'un pas à faire pour pénétrer dans ce nouveau ſanctuaire de la Nature.

Nous conviendrons volontiers qu'à conſidérer l'état préſent de nos connoiſſances ſur l'air principe des corps, on ne trouve point, dans l'ouvrage de M. Hales, de quoi ſatisfaire amplement ſa curioſité ; mais on y voit briller avec plaiſir le crépuſcule de nos lumières actuelles ; & on eſt étonné qu'il ait fallu un ſiècle pour arriver au but où nous venons de parvenir depuis les travaux du D^r. Priestley.

Il eût peut-être été agréable à la plupart de nos lecteurs, qu'on eût refondu plusieurs articles de cet ouvrage, pour les concilier avec les nouvelles découvertes ; mais nous avons cru devoir respecter le travail de notre auteur, & celui de son célèbre traducteur. Nous ne nous sommes permis que d'ajouter quelques Notes au bas des pages, & encore n'avons-nous pas cru devoir les multiplier autant qu'il eût été nécessaire pour faire connoître à nos lecteurs toutes nos richesses acquises en ce genre. Nous n'avons voulu qu'indiquer simplement, à ceux qui ne seroient point encore instruits des recherches immenses qu'on a faites depuis M. Hales, les moyens de s'instruire plus profondément sur cet objet. Nous avons profité enfin de quelques Notes très-bien faites d'une savante Italienne, Mademoiselle *Ardinghelli* ; & nous avons cru qu'il feroit plaisir à nos lecteurs de les trouver dans cette nouvelle édition. Elles sont bien plus multipliées dans la traduction italienne de cet ouvrage, que cette célèbre Physicienne publia à Naples en 1756 ; mais nous nous sommes bornés à n'en extraire que celles qui nous ont paru mériter davantage l'attention de nos lecteurs.

PRÉFACE
DU TRADUCTEUR.

LA première fois que j'ai lu les Ouvrages de M. Hales, je me suis apperçu qu'ils valoient bien la peine d'être relus. Comme je voulois le faire avec toute l'attention qu'ils méritent, je penſai qu'il ne m'en coûteroit guère plus de les traduire ; & l'envie de faire plaiſir au public, a achevé de m'y déterminer. Ma traduction eſt littérale, ſur-tout celle des endroits où l'Auteur fait le détail de ſes expériences. Je me ſuis donné un peu plus de liberté dans ceux qui ſont moins importans ; mais, en général, je me ſuis attaché à bien rendre le ſens, & à éclaircir ce qui m'a paru obſcur ; j'ai même ajouté aux figures, pour mieux faire entendre quelques endroits intéreſſans, qui ne m'ont pas paru aſſez développés dans l'original.

La nouveauté des découvertes & de la plupart des idées qui compoſent cet Ouvrage, ſurprendra ſans doute les Phyſiciens. Je ne connois rien de mieux dans ſon genre, & le genre par lui-même eſt excellent ; car ce n'eſt qu'expérience & obſervation. Mais ce n'eſt point à moi à faire l'éloge de cet Ouvrage ; le mérite d'un Auteur ne doit pas fe mefurer par les louanges du Traducteur ; le public s'en défie, & ce n'eft pas fans raifon : ainfi je prie M. Hales de ne pas trouver mauvais fi je ne m'étends pas fur celle de fon Livre : les foins que je me fuis donnés pour le traduire, témoignent affez le cas que j'en fais ; mais il me femble qu'on ne doit jamais décider du goût du public par le fien, & que quand on foumet un ouvrage à fon jugement, c'eft être trop hardi que de prétendre lui donner le ton. En faveur des longs éloges que je fupprime, je ne demande qu'une grace, c'eft de lire ce Livre avec quelque confiance ; les ouvrages fondés fur l'expérience, en méritent plus que les autres ; je puis même dire, qu'en fait de Phyfique, l'on doit rechercher autant les expériences, que l'on doit craindre les fyftêmes. J'avoue que rien ne feroit fi beau, que d'établir d'abord un feul principe, pour enfuite expliquer l'univers ; & je conviens que fi l'on étoit affez heureux pour deviner, toute la peine que l'on fe donne à faire des expériences, feroit bien inutile ; mais les gens fenfés voient affez combien cette idée eft vaine & chimérique : le fyftême de la Nature dépend peut-être de plufieurs principes ; ces principes nous font inconnus, leur combinaifon ne l'eft pas moins ; comment ofe-t-on fe flatter de dévoiler ces myftères, fans autre guide que fon imagination ? & comment fait-on pour oublier que l'effet eft le feul moyen de connoître la caufe ? C'eft par des expériences fines,

raifonnées & fuivies, que l'on force la Nature a
découvrir fon fecret ; toutes les autres méthodes
n'ont jamais réuffi, & les vrais Phyficiens ne peuvent s'empêcher de regarder les anciens fyftêmes
comme d'anciennes rêveries, & font réduits à
lire la plupart des nouveaux, comme on lit les
Romans. Les recueils d'expériences & d'obfervations font donc les feuls livres qui puiffent
augmenter nos connoiffances. Il ne s'agit pas,
pour être Phyficien, de favoir ce qui arriveroit
dans telle ou telle hypothèfe, en fuppofant, par
exemple, une matière fubtile, des tourbillons,
une attraction, &c. Il s'agit de bien favoir ce qui
arrive, & de bien connoître ce qui fe préfente à
nos yeux ; la connoiffance des effets nous conduira
infenfiblement à celle des caufes, & l'on ne tom-
bera plus dans les abfurdités qui femblent carac-
térifer tous les fyftêmes. En effet, l'expérience
ne les a-t-elle pas détruits fucceffivement ? Ne
nous a-t-elle pas montré que ces élémens que l'on
croyoit autrefois fi fimples, font auffi compofés
que les autres corps ? Ne nous a-t-elle pas appris
ce que l'on doit penfer du chaud, du froid, du
fec & de l'humide, de la pefanteur & de la légé-
reté abfolue, de l'horreur du vide, des lois du
mouvement autrefois établies, de l'unité des couleurs, du repos & de la fphéricité de la terre,
&, fi je l'ofe dire, des tourbillons ? Amaffons
donc toujours des expériences, & éloignons-nous,
s'il eft poffible, de tout efprit de fyftême, du

moins jufqu'à ce que nous foyons inftruits : nous trouverons affurément à placer un jour ces matériaux ; & quand même nous ne ferions pas affez heureux pour en bâtir l'édifice tout entier, ils nous ferviront certainement à le fonder, & peut-être à l'avancer au-delà même de nos efpérances. C'eft cette méthode que mon Auteur a fuivie; c'eft celle du grand Newton ; c'eft celle que meffieurs de Verulam, Galilée, Boyle, Stahl, ont recommandée & embraffée ; c'eft celle que l'Académie des Sciences s'eft fait une loi d'adopter, & que fes illuftres membres meffieurs Huygens, de Reaumur, Boerhaave, &c. ont fi bien fait & font tous les jours fi bien valoir ; en un mot, c'eft la voie qui a conduit de tout temps, & qui conduit encore aujourd'hui les grands hommes. L'exemple feul doit fuffire pour nous y faire entrer, & doit prévenir le public en faveur de l'Ouvrage qu'on lui préfente aujourd'hui : j'ofe même dire que, pour peu que l'on foit connoiffeur, l'on verra facilement que l'Angleterre elle-même produit rarement d'auffi bonnes chofes, & que, malgré tant de brillantes découvertes que nous devons aux génies fupérieurs de cette favante Nation, celles-ci ne laifferont pas que de fe faire diftinguer, & peut-être par des lumières plus vives que la plupart de celles qui les ont précédées. Mais il faut tout dire : ces découvertes auroient encore brillé davantage, fi M. Hales les eût autrement préfentées ; fon livre n'eft pas fait pour être lu , mais pour être étudié : c'eſt un recueil d'une infinité de faits utiles & curieux , dont l'en-chaînement ne ſe voit pas du premier coup-d'œil : il a négligé certaines liaiſons néceſſaires pour cer-tains eſprits ; il n'eſt point entré dans de certains détails ; enfin , il n'a fait ſon livre que pour les amateurs de la vérité la plus nue , & il ſuppoſe dans ſes Lecteurs beaucoup de connoiſſances , & encore plus de pénétration. Le commencement de l'*Analyſe de l'Air* eſt le plus bel endroit de ſon livre , & l'un de ceux qu'il a le moins développés. J'ai tâché d'y ſuppléer , en ajoutant à la figure. Tout eſt neuf dans cette partie de ſon Ouvrage ; c'eſt une idée féconde , dont découle une infinité de découvertes ſur la nature des différens corps qu'il ſoumet à un nouveau genre d'épreuve : ce ſont des faits ſurprenans , qu'à peine daigne-t-il annoncer. Auroit-on imaginé que l'air pût de-venir un corps ſolide ? Auroit-on cru qu'on pou-voit lui ôter & lui rendre ſa vertu de reſſort ? Aurions-nous pu penſer que certains corps, comme la pierre de la veſſie & le tartre , ne ſont, pour plus de deux tiers, que de l'air ſolide & métamor-phoſé ? M. Hales fait lui rendre ſon premier être : il nous apprend juſqu'à quel point la flamme , la reſpiration des animaux & la foudre , détruiſent le reſſort de l'air : il meſure la force de la reſpira-tion, & il en imite le mouvement, juſqu'au point de faire reſpirer & vivre un chien plus d'une heure après avoir coupé la trachée-artère ; il trouve le moyen de purifier l'air, & de le rendre propre à être respiré plus long-temps; il démontre ses effets sur le feu, sur les végétaux & sur les' animaux. Ce sont-là des échantillons de ses découvertes; car je ne dirai rien de toutes celles qu'il a faites sur les plantes, sur la quantité de leur nourriture & de leur transpiration, sur leur accroissement, leur respiration, leurs maladies; sur la force & la quantité de la sève, sur son mouvement, sa raréfaction, sa qualité, &c. je me contenterai d'assurer que les Amateurs de l'Agriculture touveront ici de quoi s'amuser, & les Physiciens de quoi s'instruire.

L'Auteur a donné au Public un second Ouvrage, qui a pour titre : *La Statique des Animaux.* Comme il travaille actuellement sur ces matières, & qu'il doit joindre ses nouvelles découvertes aux anciennes, pour ne faire qu'un seul corps, on n'a pas jugé à propos de traduire cet Ouvrage ; on s'est contenté de donner la traduction d'un Appendice qu'il y a joint, dans lequel on trouvera quelques morceaux excellens, qui tous ont rapport à la *Statique des Végétaux*, ou à l'*Analyse de l'Air.*

A SON ALTESSE
ROYALE
GEORGE,
PRINCE DE GALLES.

M ONSEIGNEUR,

L'Ouvrage que je présente à VOTRE ALTESSE ROYALE, *a befoin de votre augufte Nom pour être à couvert des traits de l'ignorance ; elle n'épargne pas les recherches de cette efpèce, quoique fondées fur l'expérience, qui eft le feul moyen de parvenir, à la connoiffance de la Nature : connoiffance digne des plus grands Princes.*

Le plus grand & le plus fage des Rois n'a pas dédaigné de faire des recherches fur la nature des Plantes, depuis le Cèdre du Liban jufqu'à l'Hyfope. *Ainfi je préfume que* VOTRE ALTESSE ROYALE *voudra bien agréer celle-ci, & s'en amufer à fes heures de loifir ; j'efpère même qu'Elle trouvera du plaifir à voir de plus près le beau fpectacle que nous préfente la*

Nature dans son printemps. Vous pourrez, MONSEIGNEUR, la suivre dans toutes ses démarches, être témoin de la grande puissance qu'elle exerce, remarquer les trésors qu'elle conserve; découvrir la force avec laquelle elle porte à ses productions la nourriture qu'elle tire du sein de la terre, & du milieu des airs; connoître enfin les qualités de ce même air que les plantes respirent aussi-bien que nous, & qui produit un nombre infini d'effets surprenans dont j'ai rapporté plusieurs exemples.

L'étude de la Nature amuse & agrandit l'esprit; elle nous démontre la sagesse & la puissance du Créateur, & nous convainc en même temps de

ſa bonté infinie. Je ſouhaite, MON-
SEIGNEUR, *qu'il verſe en abondance ſur* VOTRE ALTESSE ROYALE
*ſes bénédictions temporelles & ſpiri-
tuelles : ce ſont les Vœux ardens &
ſincères de celui qui eſt,*

MONSEIGNEUR,

DE VOTRE ALTESSE ROYALE,

Le très-humble & très-
obéiſſant ſerviteur,
HALES.

PRÉFACE

DE L'AUTEUR.

L'ON a fait en moins d'un siècle de très-
grandes & de très-utiles découvertes dans
l'économie animale : les Plantes ont aussi
été bien observées ; & l'on peut dire que
rien n'a échappé à la louable curiosité des
Physiciens modernes, & qu'ils ont étendu leurs recherches sur tous les objets que
nous présente la nature : nous trouvons
dans les *Transactions Philosophiques*, &
dans l'*Histoire* & les *Mémoires de l'Académie Royale des Sciences de Paris*, plusieurs
Expériences & plusieurs Observations cu-
rieuses sur les Végétaux ; mais le D^r. Grew
& M. Malpighi ont été les premiers qui,
dans le même temps, sans s'être cependant
communiqué leur dessein, se sont engagés
dans des recherches très-profondes & très-
suivies sur la structure des vaisseaux & l'or-
ganisation des plantes ; ils nous ont donné
des descriptions très-exactes & très-fidelles
des parties, à les prendre depuis leur pre-

b

mière origine dans la femence, jufqu'à leur développement entier & leur parfait accroiffement ; ils ont obfervé les racines , le tronc, l'écorce, les branches , les boutons, les rejetons, les feuilles & les fruits, & ils ont remarqué qu'elles font toutes formées avec foin , & dans le deffein de les faire concourir à perfectionner l'ouvrage de la Végétation.

Si ces obfervateurs, auffi intelligens que laborieux, euffent eu l'avantage de tomber fur les moyens de Statique dont je me fers dans cet Ouvrage , ils auroient fait fans doute de grands progrès dans la connoiffance de la nature des Plantes ; car c'eft la feule méthode qui puiffe nous apprendre fûrement à mefurer la quantité de nourriture que les Plantes tirent , & la quantité de matières qu'elles tranfpirent ; & par conféquent , c'eft la feule qui puiffe nous faire voir comment les changemens de temps & de faifon agiffent fur les Plantes : cette méthode eft auffi la meilleure pour trouver la vîteffe de la sève , & la force avec laquelle elle eft tirée par la Plante , & pour connoître au jufte la grandeur de la puiffance que la nature emploie, lorfqu'elle étend & fait pouffer au-dehors fes productions par l'expanfion de la sève. Il

y a environ vingt ans que je fis quelques
Expériences *hæmastatiques* sur des chiens;
six ans après, je les répétai sur des chevaux
& sur d'autres animaux; c'étoit pour trouver la force réelle du sang dans les artères.
J'ai rapporté quelques-unes de ces Expériences dans le troisième chapitre de cet
Ouvrage. J'aurois fort souhaité de faire
dans le même temps de pareilles Expériences pour découvrir la force de la sève dans
les Végétaux; mais je désespérai pour lors
de pouvoir en venir à bout; & ce n'est
qu'il y a environ sept ans que, par un pur
hasard, il me vint sur cela quelques idées,
un jour que j'essayois, par différens moyens,
d'arrêter les pleurs d'un vieux cep de vigne
que l'on avoit taillé trop tard; je craignois
qu'il ne vînt à périr : après plusieurs essais,
qui ne réussirent pas, je m'avisai de mettre
sur la coupe transversale du cep, un morceau de vessie que je liai bien tout autour :
dans peu de temps je m'apperçus que la
force de la sève avoit beaucoup dilaté la
vessie, ce qui me fit penser que, si je fixois
au cep un long tuyau de verre, de la même
manière que je l'avois fait auparavant aux
artères de plusieurs animaux vivans, je
pourrois connoître par ce moyen la force
réelle de la sève, ce qui réussit selon mon

attente ; & c'eſt de-là que j'ai été inſen-
ſiblemént conduit à faire ſur les Plantes les
Expériences & les recherches qui compoſent cet Ouvrage.

L'on peut dire que les découvertes que
l'on a faites dans l'économie animale pendant ce dernier ſiècle, ont rendu l'art de
la Médecine un peu moins imparfait : des
vues plus étendues ſur la nature des Végétaux augmenteront ſans doute nos connoiſſances en Agriculture & en Jardinage ;
c'eſt ce qui me fait eſpérer que mes recherches ſeront bien reçues des amateurs de
ces Arts amuſans, utiles & innocens ;
car ils ne pourront s'empêcher de ſentir,
que, pour les perfeƈtionner, il faut tâcher
d'en mieux connoître l'objet, & que cette
connoiſſance ne peut s'acquérir que par
un grand nombre d'Expériences ſemblables à celles que l'on verra dans cet Ouvrage. Lorſque j'eus trouvé & que je me
fus aſſuré par pluſieurs Expériences rapportées dans le chapitre cinquième, que
les Végétaux tirent beaucoup d'air, non-
ſeulement par la racine, mais auſſi par le
tronc & les branches, il me prit envie de
faire des recherches profondes & ſuivies
ſur la nature de l'air, & de tâcher de découvrir en quoi conſiſte la qualité qui le

rend fi important & fi néceffaire à la vie & à l'accroiffement des Végétaux ; ce qui m'a fait différer de donner au public les autres Expériences que j'avois lues deux ans auparavant à la Société Royale.

Le fixième chapitre contient toutes les Expériences que j'ai faites fur l'air : l'on y verra que tous les corps contiennent une grande quantité d'air ; que cet air eft fouvent dans ces corps fous une forme différente de celle que nous connoiffons ; c'eft-à-dire, dans un état de fixité , où il attire auffi puiffamment qu'il repouffe dans fon état ordinaire d'élafticité : l'on verra que ces particules d'air fixe qui s'attirent mutuellement, font (comme l'avoit déja obfervé l'illuftre Auteur * de cette importante découverte) fouvent chaffées hors des corps denfes par la chaleur ou la fermentation , & transformées en d'autres particules d'air élaftique ou repouffant, & que ces mêmes particules élaftiques retournent par la fermentation, & quelquefois fans fermentation, à leur forme précédente ; c'eft-à-dire , deviennent de nouveau des corps denfes.

C'eft par cette propriété *amphibie* de l'air, que fe font les principales opérations de la nature ; car il eft évident qu'une maffe

* Le Chevalier New-ton.

toute compofée de particules qui s'attire-
roient mutuellement , & dans laquelle il
ne fe trouveroit pas la quantité néceffaire
de particules élaftiques ou repouffantes,
deviendroit bientôt une maffe inactive.
C'eft par ces propriétés des particules de
la matière que le chevalier Newton a
expliqué les principaux phénomènes de la
nature, & c'eft par ces principes que le
docteur Freind rend raifon des opérations
de la Chymie. Il eft donc d'une très-grande
importance de reconnoître encore plus évidemment ces propriétés actives dans la matière par des obfervations réitérees , &
par des Expériences nouvelles ; & c'eft une
grande fatisfaction que de les retrouver par
tout : les Expériences fuivantes nous en
donneront des preuves évidentes, en nous
montrant la grande puiffance de l'attraction des particules acides & fulfureufes
près de leur point de contact , où elles
agiffent avec affez de force pour fixer &
foumettre les particules aériennes & élaftiques, dont la force répulfive eft cependant affez puiffante pour ne pas fuccom-
ber fous les poids énormes dont elles font
quelquefois chargées ; ces particules paffent ainfi de l'état d'une forte répulfion à
celui d'une grande attraction ; l'élafticité

n'eſt donc pas une propriété incommutable de l'air : ce qui ſe prouve encore en
faiſant attention qu'il ſeroit impoſſible que
la grande quantité d'air qui ſort de la ſubſtance des animaux & des Végétaux y fût
renfermée ſous la forme & dans l'état
d'élaſticité, ſans briſer en un inſtant leurs
parties, en les diviſant avec une grande
exploſion.

J'ai fait mes Expériences avec ſoin, &
j'en rapporte le réſultat avec fidélité ; je
ſouhaiterois avoir été auſſi heureux à en
tirer les juſtes conſéquences : mais, quoique
je n'aie encore fait que peu de chemin dans
ce pays de recherches, j'oſe me flatter
que par ma méthode on peut dans la ſuite
faire des progrès conſidérables dans la connoiſſance de la nature des Plantes.

Je ſouhaite que cet eſſai puiſſe engager
d'autres perſonnes à travailler dans le même
goût ; le champ eſt vaſte, il faut pour le défri-
cher pluſieurs têtes & pluſieurs mains ; le
nombre des objets eſt même immenſe ; &
les opérations merveilleuſes de la nature,
ſont ſi cachées, & ſi éloignées de la portée
de nos ſens dans l'état où elles paroiſſent
d'abord, & où elles ſe préſentent naturellement, qu'il eſt impoſſible au génie le plus
perçant de les pénétrer, à moins qu'il n'ait

pris la peine d'analyſer la nature par une
ſuite nombreuſe & regulière d'Expériences
& d'obſervations, ſeul fondement ſur lequel nous devons nous appuyer, ſi nous
voulons faire des progrès dans la connoiſ-
fance de la nature.

Au reſte, je reconnois ici que je dois
beaucoup à feu M. Robert Mather, mon
ami, qui m'a bien aidé dans ce travail.

TABLE
DES CHAPITRES
CONTENUS
DANS LA STATIQUE DES VÉGÉTAUX.

TABLE

*Pour trouver les Obfervations & Expérien-
ces de l'Appendice.*

OBSERVATIONS.

EXPÉRIENCES.

LA STATIQUE

LA STATIQUE

DES

VÉGÉTAUX.

INTRODUCTION.

Plus nous faisons de recherches sur les merveilleux ouvrages que nous présente le théâtre de
l'univers, plus nous y trouvons de beauté & d'har-
monie: plus nos vues font perçantes, plus nous
nous fentons frappés d'une conviction lumineufe
& triomphante de l'exiftence, de la fageffe & de
la puiffance du Créateur; ce divin architecte qui,
par une variété innombrable de combinaifons de la
matière, ordonne la dépendance des caufes & des
effets, & conforme leur enchaînement aux grandes fins de la nature.

Cet Etre tout fage s'eft fait une loi de créer
avec nombre, poids & mefure; il a gardé dans fes
ouvrages les proportions les plus exactes. Pour

A

les pénétrer , nombrons , pesons & mesurons ;
c'est la méthode la plus raisonnable , la plus sûre :
les grands succès qui l'ont toujours distinguée, doivent nous animer à la suivre.

C'est en nombrant & mesurant que le grand
Philosophe de notre siècle a su déterminer la loi
de la circulation des astres ; c'est par ces moyens
qu'il a dévoilé & réglé la théorie de leurs distances à leurs centres communs de gravité & de
mouvement ; c'est par-là qu'il a démontré que
*Dieu a non-seulement compris la poussière de la
terre dans une mesure , & pesé les montagnes & les
collines dans la balance ;* (Isaïe **XL. 12.**) mais
qu'il a aussi su mettre en équilibre ces vastes glo-
bes de notre système autour de leur centre de
pesanteur.

Réfléchissons sur les découvertes que l'on a
faites dans l'économie animale ; les principales ne
sont-elles pas dues à l'examen statique des fluides , aux observations des quantités de solide &
de liquide que l'animal prend tous les jours pour
se nourrir , à la détermination de la force & de la
rapidité de ces mêmes fluides , soit dans leurs
canaux propres , soit dans les couloirs des sécrétions, enfin, à la recherche exacte de la quantité
de matière superflue que la nature chasse par différentes voies , pour faire place à de nouveaux
supplémens ?

La même mécanique maintient la vie & fait
l'accroissement des végétaux ; leurs fluides abondans servent de véhicule aux parties nutritives :
l'analogie entre les plantes & les animaux est donc
si grande , que la conformité des méthodes nous
doit, avec raison , faire espérer de grandes découvertes.

CHAPITRE I.

Expériences sur la quantité de liqueur que les Arbres & les Plantes tirent & tranſpirent.

EXPÉRIENCE I.

LE troiſième de juillet 1724, pour trouver la quantité de liqueur tirée & tranſpirée par un ſoleil, je pris un pot de jardin, (*Pl. I. fig. 1.*) dans lequel étoit un grand ſoleil *a* de 3 pieds & demi de hauteur, que j'avois planté exprès dans ce pot lorſqu'il étoit jeune ; ce ſoleil étoit une plante annuelle de la grande eſpèce.

Je couvris le pot avec une platine mince de plomb laminé, & je cimentai bien toutes les jointures, enſorte qu'aucune vapeur ne pouvoit s'échapper ; mais l'air, par le moyen d'un tuyau de verre *d* fort étroit , qui avoit 9 pouces de longueur, & qui étoit fixé près de la tige de la plante, communiquoit librement de dehors en dedans , ſous la platine de plomb.

Je cimentai auſſi ſur la platine un autre tuyau de verre *g* de 2 pouces de longueur & de 1 pouce de diamètre ; par ce tuyau j'arroſois la plante, & enſuite j'en fermois l'ouverture avec un bouchon de liège ; je bouchai de même les trous *i*, *l*, au bas du pot.

Je peſai le pot avec la plante matin & ſoir pendant quinze différens jours, que je pris entre le troiſième de juillet & le huitième d'août ; après quoi je coupai la tige de la plante au niveau de la

platine de plomb , je couvris la coupe du chicot
avec de bon ciment ; & en pefant mon pot qui étoit
poreux , & qui n'étoit pas verniffé , je trouvai
que la tranfpiration qui fe faifoit à travers fes
pores étoit de 2 onces en chaque douze heures de
jour ; ce qui étant mis en compte avec les poids
journaux de la plante & du pot , je trouvai que la
plus grande tranfpiration de douze heures , d'un
jour fort fec & fort chaud , étoit de 1 livre 14 onces , & que la tranfpiration , prife fur un pied
moyen , étoit de 1 livre 4 onces , pendant chaque
douze heures de jour. La tranfpiration pendant
une nuit chaude , sèche , & fans aucune rofée
fenfible , étoit d'environ 3 onces ; mais auffitôt
qu'il y avoit un tant foit peu de rofée , il ne fe faifoit plus de tranfpiration ; & lorfque la rofée étoit
abondante , ou que pendant la nuit il tomboit un
peu de pluie , le pot & la plante augmentoient de
2 ou 3 onces. *Remarquez que les poids dont je me
fervois étoient de 16 onces à la livre.*

Je coupai toutes les feuilles de la plante , &
j'en fis cinq différens tas , felon leurs différentes
grandeurs ; enfuite je mefurai la furface d'une des
feuilles de chaque tas , en appliquant deffus un
grand réfeau fait de fils qui fe croifoient à angles
droits , & formoient de petits quarrés de $\frac{1}{4}$ de
pouce chacun ; de forte que j'eus par leur nombre
la furface des feuilles en pouces quarrés ; & multipliant enfuite chaque nombre par celui des feuilles du tas correfpondant , je trouvai que toute la
furface de la plante hors de terre , étoit égale à
5616 pouces quarrés , ou à 39 pieds quarrés.

J'arrachai un autre foleil à peu près de la taille
du premier ; il avoit huit maîtreffes racines qui
s'étendoient obliquement , par rapport à la tige ,

jufqu'à 15 pouces de profondeur; & il avoit outre cela un chevelu fort épais, qui, en s'étendant en tout fens, formoit un hémifphère à environ 9 pouces de diftance de la tige, & des principales racines.

Pour fupputer la longueur de toutes les racines, je pris une des maîtreffes racines avec tout fon chevelu, je la mefurai & la pefai; &, pefant enfuite les autres racines avec leur chevelu, je trouvai que la longueur de toutes les racines étoit au moins de 1448 pieds.

Et fuppofant le moyen contour de ces racines égal à $\frac{10}{76}$ de pouce, leur furface fe trouva de 2286 pouces quarrés, ou de 158 pieds quarrés, c'eft-à-dire, égal à $\frac{3}{8}$ de la furface de toute la plante hors de terre.

Les 20 onces d'eau, qui font, comme nous l'avons trouvé ci-deffus, la quantité moyenne de la tranfpiration de la plante pendant douze heures de jour, font 34 pouces cubiques, puifque 1 pouce cubique d'eau pèfe 254 grains : divifant donc ces 34 pouces d'eau par la fuperficie de toutes les racines, c'eft-à-dire, par 2286, nous aurons $\frac{34}{2286}$ ou $\frac{1}{67}$ pour la hauteur du folide d'eau tirée par toute la furface des racines.

Et la fuperficie de la plante hors de terre étant de 5616 pouces quarrés, je divife de même par ce nombre les 34 pouces cubiques, & j'ai $\frac{34}{5616}$ ou $\frac{1}{165}$ pour la hauteur du folide d'eau tranfpirée par toute la furface de la plante hors de terre.

De-là, la viteffe avec laquelle l'eau entre par la furface des racines, pour fournir à la tranfpiration, eft à la viteffe avec laquelle fe fait cette tranfpiration, comme 165 font à 67, ou comme $\frac{1}{67}$ eft à $\frac{1}{165}$, à peu près comme 5 font à 2.

A iij

L'aire de la coupe horizontale, à l'endroit moyen de la tige, étoit de 1 pouce quarré; ainſi l'aire de la ſurface des feuilles, celle de la ſurface des racines, & celle de la coupe de la tige, ſont comme les nombres 5616, 2286, 1.

Les viteſſes à la ſurface des feuilles, à celle des racines, & dans la tige, ſont données par une proportion réciproque des ſurfaces.

$$\text{Aire des} \begin{cases} \text{Feuilles, } 5616 \\ \text{Racines, } 2286 \\ \text{Tige, } \quad\quad 1 \end{cases} \text{Viteſſes} \begin{vmatrix} \frac{1}{5616} \\ \frac{1}{2286} \\ 1 \end{vmatrix} \text{ou comme} \begin{cases} \frac{1}{165} \text{ de pouce.} \\ \frac{1}{67} \text{ de pouce.} \\ 34 \text{ pouces.} \end{cases}$$

Mais leur tranſpiration étant de 34 pouces cubiques en douze heures du jour, il faut que ces 34 pouces cubiques paſſent tous par la tige en douze heures; ainſi la viteſſe de la sève dans la tige ſeroit proportionnelle à ces 34 pouces en douze heures, ſi la tige étoit, comme un tuyau, tout-à-fait vide.

Pour trouver donc la quantité de matière ſolide de la tige; le 27 juillet, à ſept heures du matin, je coupai, à fleur de terre, un ſoleil: il peſoit 3 livres; au bout de trente jours il étoit très-ſec, & il avoit perdu 2 livres 4 onces, c'eſt-à-dire, les trois quarts de tout ſon poids; ainſi il n'en reſtoit qu'un quart pour les parties ſolides de la tige; (car, en mettant un morceau de la tige d'un ſoleil vert dans l'eau, je trouvai qu'il étoit à très peu près de la même peſanteur ſpécifique que l'eau): ce quart rempliſſoit donc d'autant le dedans de la tige, & conſéquemment la viteſſe de la sève devoit augmenter proportionnellement, c'eſt-à-dire, être d'un tiers plus grande (à cause de la proportion réciproque) que de 34 pouces cubiques que nous trouvions qui paſſoient par la tige en douze heures; d'où la viteſſe de la sève dans la tige ſera de 45 pouces $\frac{1}{3}$ en douze heures, en ſuppoſant ici qu'il n'y a ni circulation ni retour de sève.

Si nous ajoutons à 34 (qui eſt la moindre viteſſe) ſon tiers 11 $\frac{1}{3}$, nous aurons la plus grande viteſſe 45 $\frac{1}{3}$; les eſpaces étant comme 3 ſont à 4, les viteſſes ſont comme 45 $\frac{1}{3}$ ſont à 34.

Mais ſi nous ſuppoſons que les pores dans la ſurface des feuilles ſont en même proportion avec la ſurface de ces mêmes feuilles, que l'aire des vaiſſeaux ſéveux dans la tige eſt avec l'aire de la tige; alors la viteſſe dans les feuilles, les racines & la tige, ſera augmentée dans la même proportion.

Ayant ici donné le rapport du poids, de la groſſeur, grandeur & ſurface de cette plante, & des quantités qu'elle tire & tranſpire, ne conviendroit-il pas à préſent d'en faire la comparaiſon avec la nourriture & la tranſpiration du corps humain?

Le poids d'un homme bien taillé eſt de 160 livres : le poids de mon ſoleil eſt de 3 livres; ainſi leurs poids ſont comme 160 ſont à 3, ou comme 53 ſont à 1.

La ſurface d'un corps humain de ce poids, eſt égale à 15 pieds quarrés, ou à 2160 pouces quarrés.

Celle du ſoleil ou tournefol eſt de 5616 pouces quarrés; ainſi la ſurface du ſoleil eſt à celle d'un corps humain, comme 26 ſont à 10.

La quantité tranſpirée par un homme en vingt-quatre heures eſt d'environ 31 onces, comme le docteur Keill l'a trouvé. Voyez sa *Medicina Statica Britannica*.

La quantité transpirée par la plante, dans le même temps, est de 22 onces, en ajoutant 2 onces pour la transpiration au commencement & à la fin de la nuit en juillet, c'est-à-dire, pour la transpiration qui se faisoit le soir & le matin, avant l'instant où je pesois la plante.

Ainsi la transpiration d'un homme est à celle d'un soleil, comme 141 sont à 100.

J'ai trouvé, par une expérience certaine, que la respiration & le jeu de nos poumons chassoient hors de nous au moins 6 onces en vingt-quatre heures; ôtant donc ces 6 onces des 31 ci-dessus, reste 25 onces : chaque once est de 437 grains & demi ; 25 onces nous donneront donc 10937 grains & demi, qui étant divisés par 254, nombre des grains d'un pouce cubique d'eau, nous aurons 43 pouces cubiques pour la transpiration d'un homme. Divisant ces 43 pouces par la surface de son corps, c'est-à-dire, par 2160 pouces quarrés, nous trouverons que chaque pouce quarré de la surface de son corps laisse transpirer $\frac{1}{50}$ de pouce cubique en vingt-quatre heures. Donc à surfaces égales & en temps égaux, la transpiration de l'homme est à celle de la plante, comme $\frac{1}{50}$ est à $\frac{1}{165}$, ou comme 50 sont à 15.

Ce qui fait que la transpiration est plus abondante dans l'homme que dans la plante, c'est qu'il y a toujours plus de chaleur dans l'homme que dans la plante ; car la chaleur de la plante ne sauroit être beaucoup plus grande que celle de l'air qui l'environne, qui en été est de 25 jusqu'à 35 degrés au dessus du point de la congélation (*Voyez* Exp. XX.); au lieu que celle des parties extérieures les plus chaudes du corps humain est de 54 de ces degrés, & celle du sang de 64 des mêmes degrés, à peu près la même que celle de l'eau échauffée au point qu'un homme puisse tenir sa main dedans en la promenant : ce qui est une chaleur très-capable de produire une grande évaporation.

Question. Puisque les transpirations de surfaces égales dans l'homme & dans le soleil, font entre elles comme 165 font à 50, ou comme $3\frac{1}{3}$ font à 1, & que les degrés de chaleur font comme 2 à 1, la somme ou la quantité des aires des pores de surfaces égales dans l'homme & le soleil, ne doivent-elles pas être comme $\frac{1}{3}$ font à 1 ? car il semble que les quantités évaporées d'un fluide, devroient être comme les degrés de chaleur & la somme des aires des pores, pris ensemble.

Le docteur Keill, pour estimer les évacuations de son corps, trouva qu'il mangeoit & buvoit 4 livres 10 onces toutes les vingt-quatre heures.

Nous avons vu qu'un soleil tire & transpire dans le même temps 22 onces ; donc la nourriture de l'homme est à celle de la plante, comme 74 onces font à 22, ou comme 7 font à 2.

Mais si l'on ôte, avec le docteur Keill, 5 onces pour les gros excrémens, il ne restera que 4 livres 5 onces pour la nourriture qui entre dans les veines d'un homme ; ainsi, en faisant le calcul, on trouvera qu'à masses égales & en temps égaux, la plante tire & transpire dix-sept fois plus que l'homme.

Puisque, masse pour masse, le soleil transpire dix-sept fois plus que l'homme, on voit qu'il étoit nécessaire qu'il eût une surface très-étendue pour transpirer si abondamment, d'autant plus que c'est la seule voie par où une plante puisse se décharger des superfluités nuisibles, au lieu que l'homme se délivre de plus de la moitié par d'autres moyens.

Car toute la surface de son corps, avec l'aide de la chaleur de son sang, ne suffisent pas pour faire transpirer plus de la moitié du fluide superflu; les reins sont le crible dont se sert la nature pour faire passer l'autre moitié.

Il entre donc & il sort en vingt-quatre heures, dix-sept fois plus de nourriture à proportion des masses dans les vaisseaux séveux d'un soleil, que dans les veines d'un homme; ne pourroit-on pas attribuer la nécessité de cette grande quantité de nourriture à sa qualité? car, selon toutes les apparences, quand elle est tirée par la racine de la plante, elle n'est pas si chargée de parties nutritives que le chyle, lorsqu'il entre dans les veines lactées des animaux; il falloit donc pour nourrir suffisamment la plante, faire passer une plus grande quantité de fluide, outre que cette abondance de fluide sert à accélérer le mouvement de la sève, sans quoi il eût été très-lent, les plantes n'ayant pas un cœur comme les animaux pour en augmenter la vitesse, & la sève n'ayant probablement qu'un mouvement progressif, & ne circulant pas comme fait le sang dans les animaux.

Puisque les plantes ou les arbres ont besoin, pour se bien porter, d'une transpiration si abondante, il est probable que plusieurs de leurs maladies viennent de ce que cette transpiration est quelquefois interrompue par l'intempérie de l'air.

La transpiration dans l'homme est souvent arrêtée, jusqu'à causer des accidens fâcheux, non-seulement par l'intempérie de l'air, mais aussi par l'intempérance, les grandes chaleurs & les grands froids : pour la transpiration de la plante, il n'y a que l'intempérie de l'air qui puiſſe l'arrêter, à moins que le ſol dans lequel eſt la plante, manquant de ſucs propres & convenables à cette plante, ne lui fourniſſe pas aſſez de nourriture, & par-là diminue ſa tranſpiration.

Le docteur Keill ayant obſervé ſur lui-même, que l'intervalle entre la plus grande & la moindre tranſpiration d'un homme en bonne ſanté étoit très-grand, puiſque ſa tranſpiration alloit depuis 1 livre & demie juſqu'à 3, j'ai auſſi fait la même obſervation ſur mon ſoleil ; & j'ai trouvé que, lorſqu'il ſe portoit bien, ſa tranſpiration alloit de 16 onces juſqu'à 28 en douze heures de jour ; ce qui eſt auſſi un fort grand intervalle. Plus il étoit arroſé, & plus il tranſpiroit abondamment, (toutes choſes égales) ; & plus il manquoit d'eau, & moins il tranſpiroit.

EXPÉRIENCE II.

ENTRE le 3 de juillet & le 3 d'août, je pris neuf jours, pendant leſquels ſoir & matin je peſai un chou de moyenne grandeur, qui étoit crû dans un pot de jardin, que j'avois couvert de plomb, comme le pot du ſoleil dans l'Expérience 1. Sa plus grande tranſpiration en douze heures de jour fut de 1 livre 9 onces, ſa moyenne tranſpiration de 1 livre 3 onces, ou de 32 pouces cubiques ; ſa ſurface ſe trouva de 2736 pouces quarrés, ou de 19 pieds quarrés : diviſant donc ces 32 pouces cubiques par les 2736 pouces quarrés de ſa ſurface, on trouve un peu plus de $\frac{1}{86}$ de pouce pour la hauteur du ſolide d'eau que ſa ſurface tranſpire en douze heures de jour.

L'aire de la coupe horizontale, à l'endroit

moyen de la tige du chou, se trouva de $\frac{100}{156}$ de
pouce quarré ; ainsi la vitesse de la sève dans la
tige, est à la vitesse avec laquelle se fait la transpiration par les feuilles, comme 2736 sont à $\frac{100}{156}$,
ou comme 4268 sont à 1 ; car 2736, multipliés
par 156, & divisés par 100, donnent 4268 : mais
si l'on met en compte les parties solides de la tige
qui rétrécissent le passage, la vitesse sera augmentée proportionnellement.

La longueur de toutes les racines se trouva de
470 pieds, leur moyen contour de $\frac{1}{22}$ de pouce,
leur surface de 256 pouces quarrés ou environ ;
& elle est si petite en comparaison de celle des
feuilles, qu'il est nécessaire que la sève entre dans
les racines avec onze fois plus de vitesse qu'elle
ne sort par les feuilles.

En mettant la longueur moyenne des racines
à 12 pouces, elles doivent occuper un hémisphère
de terre de 2 pieds de diamètre, c'est-à-dire 2
$\frac{1}{10}$ de pied cubique.

En comparant la surface des racines d'une plante, avec la surface des parties de cette même
plante qui sont hors de terre, nous voyons la
raison pour quoi on est obligé de retrancher plusieurs branches d'un arbre transplanté ; car si 256
pouces de surface sont nécessaires aux racines pour
entretenir notre chou en bonne santé, supposons
qu'en l'arrachant pour le transplanter, on coupe
(comme cela arrive presque à tous les jeunes arbres qu'on veut transplanter) la moitié de ses
racines, alors on voit qu'il ne pourra tirer de la
terre que la moitié de sa nourriture ordinaire par
les racines, & même qu'il n'en tirera pas, à beaucoup près, la moitié ; puisque, outre que le nouvel hémisphère qu'il occupe dans la terre est moin-

dre que le premier, ſes racines ayant été raccour-
cies, la terre nouvellement remuée ne touchant
d'abord les racines qu'en peu de points, on ne
peut pas dire que les racines tirent dans tous les
points de leur ſurface. Ces raiſons, auſſi-bien que
l'expérience, nous convainquent de la grande
néceſſité qu'il y a d'arroſer les nouvelles plantations.

On doit cependant le faire avec quelques pré-
cautions ; car l'habile & l'ingénieux M. Philippe
Miller, de la Société royale, & botaniſte au Jardin de Chelſea, nous dit dans ſon excellent *Dictionnaire des Jardiniers & Fleuriſtes* , « Qu'il a vu
» pluſieurs arbres qui, ayant été trop arroſés après
» leur tranſplantation, ne montroient la jeune
» pouſſe que pour la laiſſer pourrir, ce qui ſou-
» vent donnoit la mort à l'arbre. » (*Supplément*,
vol. II, ſous le titre: *Of Plantaing.*) Et moi-même
j'ai obſervé que le poirier de l'Exp. VII, dont la
racine trempoit dans l'eau, tiroit tous les jours de
moins en moins de nourriture par ſes racines, &
cela, parce que les vaiſſeaux ſéveux des racines,
auſſi-bien que ceux des branches retranchées,
s'étoient ſi remplis & ſi chargés de ſucs par leur
ſéjour dans l'eau, qu'ils ne pouvoient plus en tirer
pour en tranſmettre aux feuilles.

EXPÉRIENCE III.

ENTRE le 28 de juillet & le 25 d'août, je
pris douze jours, pendant leſquels je peſai ſoir &
matin un pot dans lequel étoit un cep de vigne
des plus vigoureux ; il me venoit, auſſi-bien que
pluſieurs autres arbres, du Jardin du Roi à Hamp-
toncourt, par le moyen de l'illuſtre M. Wiſe. Je

fis à ce cep & à fon pot, la même préparation
qu'au pot de mon foleil : fa plus grande tranfpiration en douze heures de jour, fut de 6 onces
244 grains, fa moyenne de 5 onces 240 grains,
ou de 9 $\frac{1}{2}$ pouces cubiques.

La furface de fes feuilles fe trouva de 1820
pouces quarrés, ou bien de 12 pieds 92 pouces
quarrés : divifant donc 9 $\frac{1}{2}$ pouces cubiques par
l'aire des feuilles 1820, je trouvai pour la hauteur du folide d'eau que tranfpiroit la vigne en
douze heures de jour, un $\frac{1}{191}$ de pouce.

L'aire de la coupe tranfverfale de fa tige étoit
de $\frac{1}{4}$ de pouce ; donc la viteffe de la sève dans
la tige eft à la viteffe de la sève à la furface des
feuilles, comme 1820 multipliés par 4, c'eft-à-
dire, comme 7280 font à 1. La viteffe réelle du
mouvement de la sève dans la tige eft donc $\frac{7280}{191}$,
ou 38 de pouces environ.

On voit bien qu'on fuppofe ici la tige creufe ;
mais, ayant fait fécher dans un coin de cheminée
un grand cep de vigne que j'avois coupé dans le
temps qu'elle pleure, je trouvai que les parties
folides faifoient les $\frac{3}{4}$ de la tige : ainfi les paffages
de la sève étoient fi refferrés, que la viteffe devoit augmenter au quadruple, c'eft-à-dire, qu'il
devoit paffer 152 pouces en douze heures.

Mais il faut de plus confidérer, que fi la sève
eft plutôt une liqueur raréfiée, ou une vapeur,
que de l'eau, fa viteffe fera augmentée en proportion directe des efpaces qu'occupera la même
quantité d'eau & de vapeur : ainfi, en fuppofant
que l'eau raréfiée jufqu'au point de s'élever en
vapeur, occupe fous cette forme, dix fois plus
d'efpace qu'elle n'en occupoit lorfqu'elle n'étoit
qu'eau ; en cét état, elle montera dix fois plus

vîte, fi l'on veut, comme il le faut ici, que la même quantité en poids de chacune paffe par les mêmes tuyaux dans le même temps : ainfi l'on doit toujours avoir égard à cette augmentation dans tous ces calculs du mouvement de la sève dans les végétaux.

EXPÉRIENCE IV.

ENTRE le 29 de juillet & le 25 d'août, je pris douze jours, pendant lefquels je pefai foir & matin un pommier greffé fur paradis ; il étoit crû dans un pot, que je couvris avec du plomb, comme j'avois fait le pot de mon foleil : fa tête étoit claire & peu chargée de feuilles; car elle n'en avoit en tout que 163, dont la fuperficie fe trouva de 1589 pouces quarrés, ou bien de 11 pieds 5 pouces quarrés.

Sa plus grande tranfpiration en douze heures de jour, fut de 11 onces, fa moyenne tranfpiration de 9 onces ou de $15\frac{1}{2}$ pouces cubiques.

En divifant ces $15\frac{1}{2}$ pouces cubiques par la furface 1589 des feuilles, nous aurons la hauteur du folide d'eau tranfpirée en douze heures de jour, égale à $\frac{1}{104}$ de pouce.

L'aire de la coupe tranfverfale du tronc fe trouva de $\frac{1}{4}$ de pouce quarré; donc la viteffe dans le tronc eft à la viteffe à la furface des feuilles, comme 1589 multipliés par 4, ou comme 6356 font à 1.

EXPÉRIENCE V.

ENTRE le 28 de juillet & le 25 d'août, je pris dix jours, pendant lefquels je pefai foir & matin un citronnier fort vigoureux; il étoit crû dans un

pot de jardin, que je couvris de plomb comme
les autres. Sa plus grande tranſpiration en douze
heures de jour fut de 8 onces, ſa moyenne tranſpiration de 6 onces, ou bien de $10\frac{1}{3}$ pouces cubiques ; pendant la nuit il tranſpiroit quelquefois
de $\frac{1}{2}$ once, quelquefois il ne tranſpiroit point du
tout, & d'autres fois il augmentoit de 1 ou 2 onces, ſavoir, lorſqu'il y avoit eu pluie ou roſée
abondante.

La ſurface de ſes feuilles ſe trouva de 2557
pouces quarrés, ou de 17 pieds 109 pouces quarrés ; en diviſant les 10 pouces cubiques de tranſpiration par cette ſurface 2557, nous aurons $\frac{1}{243}$
de pouce pour la hauteur du ſolide d'eau tranſpirée
en douze heures de jour.

Ainſi les tranſpi-
rations différen-
tes dans des aires
égales, ſont
$\left\{\begin{array}{l}\end{array}\right.$

$\frac{1}{191}$ dans la vigne, en douze heures de jour.

$\frac{1}{50}$ dans l'homme, en vingt-quatre heures jour & nuit.

$\frac{1}{165}$ dans le ſoleil, en vingt-quatre heures jour & nuit.

$\frac{1}{86}$ dans un chou, en douze heures de jour.

$\frac{1}{204}$ dans un pommier, en douze heures de jour.

$\frac{1}{243}$ dans un citronnier, en douze héures de jour.

L'aire de la coupe tranſverſale de ce citronnier
étoit $1\frac{44}{100}$ pouce quarré ; donc la viteſſe de la
ſève dans le tronc eſt à la viteſſe à la ſurface des
feuilles, comme 1768 ſont à 1 ; car 2557 multipliés par 100, & diviſés par 144, donnent 1768 :
ce calcul ſuppoſe le tronc vide ; ainſi la viteſſe
doit augmenter dans le tronc & dans les feuilles,

à proportion que le paſſage eſt plus reſſerré par les parties ſolides.

Si nous comparons la tranſpiration des cinq plantes précédentes, nous trouverons que le citronnier, qui eſt toute l'année vert, tranſpire beaucoup moins que le ſoleil, la vigne & le pommier, dont les feuilles tombent avant l'hiver. C'eſt cette moindre tranſpiration qui fait que certaines plantes réſiſtent au froid des hivers, parce qu'elles n'ont beſoin pour ſe conſerver que d'une très-petite quantité de nourriture, à proportion des autres : à peu près comme les animaux peu ſanguins, tels que ſont les grenouilles, les crapauds, les tortues, les ſerpens, les inſectes, &c. qui, ne tranſpirant pas beaucoup, peuvent paſſer l'hiver entier ſans prendre de nourriture. Au reſte, j'ai fait ces mêmes expériences ſur douze autres eſpèces d'arbres toujours verts, & j'ai trouvé leur tranſpiration conſtamment moindre que celle des autres arbres.

M. Miller, dont j'ai parlé ci-deſſus, a fait de pareilles expériences au Jardin des Plantes à Chelſea ſur un muſa, un aloès, & un pommier de paradis, en les peſant le matin, à midi & le ſoir, pendant pluſieurs jours de ſuite. Je vais inférer ici le Journal de ſes Expériences, tel qu'il me l'a communiqué ; on pourra y remarquer combien la différente température de l'air influe ſur la tranſpiration des plantes.

Les pots dont il ſe ſervoit étoient verniſſés ; leur fond n'étoit pas troué, comme l'eſt ordinairement celui des pots de jardin ; ainſi tout ce qui ſe trouvoit manquer au poids, avoit néceſſairement paſſé par les racines de ces plantes, & s'étoit exhalé.

B

* *Palma humilis longis latisque foliis.* C. B.

Journal de la transpiration de l'Arbre MUSA. *

La surface de toute la plante étoit de 14 pieds 8 $\frac{1}{2}$ pouces quarrés. Les différens degrés de la chaleur de l'air sont ici marqués par des degrés pris au dessus du point de la congélation de mon thermomètre, décrit ci-après, Exp. XX.

1726. Mai.	Poids à 6 heu. du mat.		Ther. mometr.	Poids à midi.		Ther. mometr.	Poids à 6 heu. du soir.		Ther. mometr.	Remarquez
	Li.	*On.*		*Li.*	*On.*		*Li.*	*On.*		
17	38	5	31	38	0	38	37	14	34	Remarquez que cette plante étoit dans une serre échauffée, & où l'on entretenoit continuellement un petit feu; l'aspect de la serre étoit Sud-Est.
18	37	15	29	37	5 $\frac{1}{2}$	45	37	3 $\frac{1}{2}$	31	Ce jour étoit chaud & serein. Le matin je remarquai de grosses gouttes d'eau à l'extrémité de chaque feuille: aussi voit-on que la plante transpire beaucoup ce jour-là.
19	37	4	32	37	2	35	37		31	Ce jour étoit très-chaud & fort serein.
20	36	14	34	36	12	48	36	11	36	Jour serein & assez chaud.
21	36	10	30	37	0	50	36	15	44	Soleil & nuages. Le matin je versai 12 onces d'eau dans le pot.
22	36	14	31				36	11 $\frac{1}{2}$	35	Beaucoup de tonnerre, pluie & grêle, à quelque distance du lieu de l'observation.
23	36	6	32	36	5 $\frac{1}{2}$	32 $\frac{1}{2}$	36	5	31	Temps couvert, mais sans pluie. Le soir je versai 12 onces d'eau dans le pot, & je le transportai dans une chambre fraîche, où l'air passoit en liberté, & où il n'y avoit point de soleil, parce que les fenêtres étoient tournées au Nord-Ouest.
24	37	0	27	37	0	27 $\frac{1}{2}$	36	15 $\frac{1}{2}$	25 $\frac{1}{2}$	Temps nuageux, mais calme.
25	37	0	21 $\frac{1}{4}$	36	14 $\frac{1}{2}$	26	36	13	23	Jour assez clair & serein.
26	36	12	22	36	11	25	36	10	24	Chaleur.
27	36	10 $\frac{1}{2}$	23	36	6 $\frac{1}{4}$	26 $\frac{1}{2}$	36	6	25 $\frac{1}{2}$	Grande chaleur.
28	36	6	22 $\frac{1}{2}$	36	5	24	36	3 $\frac{1}{2}$	23	Nuage & pluie. Ce jour

1726. Mai.	Poids à 6 heu. du mat. Li. On.	Ther. mometr.	Poids à midi. Li. On.	Ther. mometr.	Poids à 6 heu. du soir. Li. On.	Ther. mometr.	
29	36 2	20	36 $2\frac{1}{2}$	$21\frac{1}{2}$	36 1	22	les feuilles du bas de la plante commencèrent à flétrir, & la feuille de la cime commença à se développer & à s'épanouir; mais l'on sait qu'elle ne croît plus après qu'elle est épanouie.
30	36 $1\frac{1}{2}$	19	36 1	21	36 0	19	Jour tempéré.
Juin. 1	35 15	18	35 $14\frac{1}{2}$	$19\frac{1}{2}$	35 $13\frac{1}{2}$	18	Jour tempéré, mais un peu obscur. Quelque pluie. La plante commença à changer de couleur, & à paroître languissante.
2	35 12	$19\frac{1}{2}$	35 $11\frac{1}{2}$	23	35 11	$21\frac{1}{2}$	Ce jour, on reporta la plante dans la serre, afin de la guérir; mais elle continua à languir, & deux ou trois jours après elle mourut.
3	35 10	$28\frac{1}{2}$	35 4	36	35 $1\frac{1}{2}$	34	Jour froid & nuageux.
4	35 0	26	34 14	31	34 11	29	Chaleur modérée, & mort de la plante.

Nous pouvons observer par ce Journal, que la plante, lorsqu'elle étoit dans la serre échauffée, transpiroit davantage depuis les six heures du matin jusqu'à midi, que depuis midi jusqu'à six heures du soir, & aussi qu'elle transpiroit beaucoup moins la nuit que le jour; que même quelquefois elle augmentoit de poids pendant la nuit, en tirant l'humidité de l'air qui l'environnoit, & tout cela, soit qu'elle fût dans la serre échauffée, ou dans la chambre ouverte, & sans feu. Si on suppute la quantité de la transpiration de cette plante en douze heures de jour au 18 mai, jour de sa plus grande transpiration, & qui est suivi & précédé par des jours où elle est beaucoup moindre : on trouve $\frac{1}{112}$ de pouce pour la hauteur du solide d'eau transpirée ce jour-là par la plante.

Journal de la transpiration de l'Aloès. Aloe Afri-
cana caulescens *in foliis spinosis, maculis ab
utráque parte albicantibus notatis.* Commelini
Hort. Amstel. *C'étoit une des plus grandes plantes de cette espèce ; elle étoit enfermée dans une
caisse vitrée, tournée au midi, & sans feu.*

1726. Mai.	Poids à 6 heu. du mat. Li. On.		Ther-mo-metr.	Poids à midi. Li. On.		Ther-mo-metr.	Poids à 6 heu. du soir. Li. On.		Ther-mo-metr.
18	41	6	35	41	$2\frac{1}{2}$	36	41	3	$30\frac{1}{2}$
19	41	$1\frac{1}{2}$	$28\frac{1}{2}$	40	14	$31\frac{1}{2}$	40	12	30
20	40	$12\frac{1}{2}$	$26\frac{1}{2}$	40	10	31	40	$8\frac{1}{2}$	$29\frac{1}{2}$
21	40	$9\frac{1}{2}$	27	40	$6\frac{3}{4}$	30	40	$5\frac{1}{2}$	28
22	40	6	$25\frac{1}{2}$	40	$5\frac{1}{2}$	29	40	4	$27\frac{1}{2}$
23	41	10	$24\frac{1}{2}$	41	$6\frac{1}{2}$	29	41	5	$27\frac{1}{2}$

Ce soir-là promettant de la pluie, on mit le pot hors de sa caisse vitrée, pour la recevoir; un peu après quoi on essuya bien jusqu'à siccité le couvercle de plomb, & on remit le pot dans sa caisse vitrée.

Ce jour-là le pot fut rompu, ce qui empêcha de continuer ces observations.

Nous pouvons observer que cet aloès augmentoit en poids pendant la plupart des nuits, plus
qu'en tout autre temps, & que sa plus grande
transpiration étoit le matin.

*Journal de la transpiration d'un petit Pommier de
Paradis, qui n'avoit qu'une tige de 4 pieds de
hauteur, & deux petites branches latérales; il
étoit placé sous un couvert de bois, où il étoit
exposé à l'air de tous côtés.*

1726. Mai.	Poids à 6 heu. du mat. Li. On.		Ther-mo-metr.	Poids à midi. Li. On.		Ther-mo-metr.	Poids à 6 heu. du soir. Li. On.		Ther-mo-metr.
18	37	4	1	37	3	22	37	2	20
19	37	1	$17\frac{1}{2}$	36	$14\frac{1}{2}$	21	36	$13\frac{1}{2}$	19

1726. Mai.	Poids à 6 heu. du mat. Li. On.	Thermometr.	Poids à midi. Li. On.	Thermometr.	Poids à 6 heu. du soir. Li. On.	Thermometr.	
20	36 12	18 $\frac{1}{2}$	36 10$\frac{1}{2}$	23	36 9	20 $\frac{1}{2}$	Les feuilles déja fort sèches, & commençant à se tacher faute de rosée.
21	36 7	17	36 5	21 $\frac{1}{2}$	36 4	20	
22	36 3$\frac{1}{2}$	18 $\frac{1}{2}$	36 1	24	36 2$\frac{1}{2}$	22 $\frac{1}{2}$	Ce jour, on remit la plante dans la serre échauffée, pour voir l'effet que cela auroit sur sa transpiration.
24	36	26	35 8	37 $\frac{1}{2}$	35 5$\frac{1}{2}$	34 $\frac{1}{2}$	La chaleur fit faner les feuilles ; elles pendoient comme si elles eussent voulu tomber.
25	35 4	32 $\frac{1}{2}$	35 1	36	35 0	30	Plusieurs des feuilles commencèrent à se détacher.
26	34 9	28 $\frac{1}{2}$	34 6$\frac{1}{2}$	34	34 1	32	Toutes les feuilles tombèrent.
27	33 7$\frac{1}{2}$	28					Excepté quelques petites feuilles qui avoient poussé aux extrémités des branches depuis que l'on avoit mis l'arbre dans la serre. La terre dans laquelle étoit l'arbre, avoit toujours été fort humide.

Au mois d'octobre 1725, M. Miller arracha une racine de bryone* ; cette racine bien nettoyée pesoit 8 onces $\frac{1}{2}$; il la mit sur un banc dans la serre échauffée, où il la laissa jusqu'au mois de mars suivant, & en la pesant il trouva qu'elle avoit perdu une partie de son poids : au mois d'avril elle poussa quatre branches, deux desquelles avoient 3 pieds $\frac{1}{2}$ de longueur, & des deux autres, l'une avoit 14 pouces, & l'autre 9 ; toutes quatre produisirent de grandes & belles feuilles : elle avoit perdu 1 once $\frac{3}{4}$ de son poids, & dans les trois semaines qui suivirent, elle perdit encore 2 onces $\frac{1}{4}$, & elle se flétrit.

* *Bryonia Zeilanica, foliis profundè laciniatis, Herman. cat. Hort. Leyd.*

EXPÉRIENCE VI.

Mentha angustifolia spicata. C.B.

LA menthe * eſt une plante qui végète très-bien dans l'eau; je voulus obſerver exactement quelle quantité d'eau elle tireroit & tranſpireroit le jour & la nuit, ſelon que le temps ſeroit ſec ou humide, & pour cela je cimentai une menthe *m* en *r* (*Pl. I. fig.* 2.) dans le ſiphon renverſé *r, y, x, b;* ce ſiphon avoit un quart de pouce de diamètre en *b*, mais il étoit plus large en *r*.

Je remplis d'eau le ſiphon; la plante en tira aſſez dans un jour de mars pour la faire baiſſer d'un pouce $\frac{1}{2}$ de *b* en *t*, & dans une nuit l'eau baiſſa d'un quart de pouce de *t* en *i*: mais pendant une nuit aſſez froide pour faire baiſſer la liqueur dans le thermomètre juſqu'au point de la congélation, la menthe ne tira rien du tout, & ſa tête vint à pencher.

Je remarquai que la même choſe arriva à de jeunes féves dans le jardin, leur sève ayant été fort condenſée par le froid. Dans un jour de pluie, la menthe tira très-peu.

Je ne ſuivis pas cette expérience plus loin, le docteur Woodward ayant fait, il y a déja long-temps, pluſieurs obſervations & pluſieurs expériences curieuſes ſur la tranſpiration abondante de cette plante, qui ſont rapportées dans les *Tranſactions philoſophiques.*

EXPÉRIENCE VII.

AU mois d'août j'arrachai un grand *poirier nain*, il peſoit 71 livres 8 onces; je mis ſa racine dans une quantité connue d'eau: il en tira 15 livres en dix

heures de jour, & tranſpira dans le même temps
15 livres 8 onces.

Aux mois de juillet & d'août, je coupai pluſieurs
branches de pommier, de poirier, de ceriſier &
d'abricotier ; j'en coupai toujours deux de chaque
eſpèce : elles étoient de différentes groſſeurs &
grandeurs, depuis 3 pieds juſqu'à 6 de longueur,
avec leurs rameaux longs à proportion ; & la
coupe tranſverſale de l'endroit le plus gros de
leurs tiges, étoit d'un pouce de diamètre.

Je dépouillai de ſes feuilles une branche de
chaque eſpèce, & je mis enſuite leur tige tremper
dans des verres, où j'avois verſé une certaine
quantité d'eau.

Quelques-unes de ces branches avec leurs
feuilles, tirèrent 15 onces, d'autres 20, 25, &
même 30 onces en douze heures de jour, & cela
plus ou moins à proportion de leurs feuilles ; &
lorſque je les peſai le ſoir, elles étoient plus légères que le matin.

Tandis que celles qui n'avoient point de feuilles
ne tirèrent qu'une once, & qu'ayant très-peu
tranſpiré, elles étoient plus peſantes le ſoir que le
matin.

La quantité tirée par les branches garnies de
leurs feuilles, diminua tous les jours conſidérablement, les vaiſſeaux ſéveux s'étant probablement reſſerrés à la coupe tranſverſale, & étant
trop pleins d'eau pour en laiſſer paſſer davantage ;
auſſi les feuilles devinrent ternes & ſe flétrirent
en quatre ou cinq jours.

Je répétai cette expérience ſur des branches
d'orme, de chêne, d'oſier, de ſaule, de mar-
ſaule, de tremble, de groſeiller rouge, de groſeiller blanc, & de noiſetier franc ; mais pas une de

B iv

toutes ces différentes efpèces , ne tira autant que celles dont nous venons de parler ; & plufieurs efpèces d'arbres toujours verts , tirèrent beaucoup moins.

EXPÉRIENCE VIII.

** Aufel pip-pin.* LE 15 d'août je cueillis une groffe pomme * ; je la cueillis avec deux pouces de tige, & douze feuilles qui y étoient attachées ; je mis la tige dans une petite fiole pleine d'eau : elle tira & tranfpira en trois jours $\frac{4}{7}$ d'once.

Dans le même temps , je coupai fur le même arbre un autre rejeton à fruit ; je le coupai de la même longueur que le premier, & chargé auffi de douze feuilles, mais fans pomme : il tira & tranfpira dans les mêmes trois jours $\frac{3}{4}$ d'once.

Environ dans le même temps , je mis dans une fiole pleine d'eau , une autre petite tige prife fur le même arbre, qui foutenoit deux groffes pommes fans aucunes feuilles ; elles tirèrent & tranfpirèrent environ un quart d'once en deux jours.

Ainfi, dans cette expérience, la pomme & les feuilles tirèrent $\frac{4}{7}$ d'une once , les feuilles feules environ $\frac{1}{4}$ d'once , & deux groffes pommes ne tirèrent & ne tranfpirèrent qu'un $\frac{1}{3}$ de ce que tirèrent & tranfpirèrent douze feuilles : une pomme ne tirant donc qu'une fixième partie de ce que tirent douze feuilles , il s'enfuit qu'une pomme ne tranfpire pas plus que deux feuilles, ce qui rend leurs tranfpirations à peu près proportionnelles à leurs fuperficies ; car la furface fupérieure & inférieure de deux feuilles, eft à très-peu près égale à celle d'une pomme.

Il eft probable que l'ufage de ces feuilles (qui

font placées justement où le fruit est attaché), est de porter de la nourriture au fruit. J'ai même observé ensuite de cette idée, que les feuilles qui au printemps accompagnent les fleurs, & qui en font les plus voisines, font beaucoup plus développées que toutes les autres du même arbre, & que même elles font grandes, tandis que les feuilles des rejetons stériles, ne commencent encore qu'à pousser; aussi les feuilles de pêcher font toutes grandes avant que la fleur tombe, & les feuilles des poiriers & des pommiers font au tiers, ou à la moitié de leur grandeur avant que les fleurs soient épanouies : tant la nature a soin de pourvoir à la nourriture du fruit dans le temps même qu'il n'est encore qu'un embryon.

EXPÉRIENCE IX.

LE 15 de juillet, je détachai de la rame & je coupai près de terre deux ceps de houblon vigoureux, qui étoient crûs dans un endroit fort touffu, & fort à l'ombre; j'en dépouillai un de toutes ses feuilles, & je mis les tiges de tous deux dans deux petites bouteilles, qui contenoient de certaines quantités d'eau; celui qui avoit ses feuilles tira 4 onces en douze heures de jour, & l'autre ne tira que $\frac{3}{4}$ d'once.

Je pris une autre perche avec les houblons qu'elle soutenoit, & je la transportai de la houblonnière à une exposition plus découverte : les houblons tirèrent & transpirèrent une fois autant que les premiers avoient fait dans la houblonnière; c'est peut-être par cette raison que les houblons qui croissent au dehors des jardins font foibles & languissans, en comparaison de ceux qui croissent dans le milieu des houblonnières : cette expofition plus découverte dessèche leurs fibres ; elles fe durciffent donc plus vîte que celles des houblons venus à l'ombre, que l'humidité conferve dans l'état de fouplesse néceffaire pour l'accroiffement.

Mais l'on fait que dans l'étendue d'un arpent * de houblonnière, il y a mille petites éminences, & que fur chaque petite éminence font plantées trois perches, dont chacune foutient trois houblons. Il y a donc dans un arpent 9000 houblons, dont chacun tire 4 onces; ainfi les houblons tirent d'un arpent de terre, en douze heures de jour, 36000 onces, ou 15750000 grains, c'eft-à-dire, 62007 pouces cubiques d'eau ou 220 galons * ; en divifant 62007 pouces cubiques d'eau par 6272640, nombre de pouces quarrés de la fuperficie d'un arpent, on trouvera que la quantité de liqueur tranfpirée par tous les houblons, eft égale à un folide qui auroit pour bafe l'arpent, & pour hauteur $\frac{1}{101}$ pouce, fans y comprendre ce qui s'évapore de la terre fans paffer par la plante.

Les houblons ont befoin de toute cette tranfpiration pour fe bien porter : auffi ne diminue-t-elle point tant que l'air eft favorable ; mais dans les longs temps pluvieux & humides, fans mélange de jours fecs, l'humidité trop abondante répandue autour des houblons, les couvre de façon qu'elle empêche en bonne partie la tranfpiration néceffaire des feuilles ; la sève arrêtée croupit, fe corrompt, & engendre de la moififfure, qui fouvent gâte beaucoup les plus belles houblonnières. Ce cas arriva en 1723, pendant des pluies continuelles, qui durèrent dix ou quatorze jours, & commencèrent environ le 15 de juillet, après quatre mois de fécheresse ; car les houblons les plus floriffans & de la plus belle efpérance, furent tous infectés de moififfure, feuilles & fruits; tandis que les houblons languiffans, & qui promettoient le moins, échappèrent & produifirent même en abondance; parce qu'étant plus petits que les autres, ils ne tranfpiroient pas en fi grande quantité; & par conféquent l'humidité de la tranfpiration, qui nuifoit aux grands houblons en s'arrêtant dans le buiffon épais de leurs feuilles, n'étant pas fi abondante dans les petits houblons, ne les empêchoit pas de croître.

Cette pluie, après cette grande féchereffe, trouva la terre fi chaude, qu'elle fit pouffer les herbes auffi vîte que fi elles euffent été fur une couche; & les pommes crûrent fi vîte, que leur chair étoit extrêmement mollaffe, & qu'elles pourrirent en plus grande quantité qu'elles n'avoient fait de mémoire d'homme.

Les planteurs de houblons obfervent que, lorfque la moififfure s'eft une fois emparée d'une partie d'un terrain, elle gagne enfuite & s'étend par tout;& même que les foins & toutes les autres herbes qui font fous les houblons, en font infectées.

Probablement, parce que les petites graines de cette moififfure qui croît vîte & vient promptement en maturité, font foufflées & portées fur toute l'étendue de la houblonnière, où elles fe multiplient & infectent quelquefois des terrains pendant plufieurs années de fuite, favoir, chaque année par la germination des grains de moififfure de l'année précédente : ne faudroit-il pas alors brûler les ceps auffitôt après avoir cueilli le fruit, dans l'efpérance de détruire en partie les graines de cette moififfure ?

« M. Auſtin de Cantorbery obſerve, que la
» moiſiſſure fait plus de mal aux terres baſſes &
» couvertes, qu'à celles qui ſont élevées & dé-
» couvertes; à celles qui vont en penchant vers
» le nord, qu'à celles qui vont en penchant vers
» le midi; dans le milieu des houblonnières, que
» vers les bords; aux terres sèches & légères,
» qu'aux terres humides & fermes : ces différences
» paroiſſoient évidemment, & étoient conſtantes
» dans les plantations où l'on donnoit à la terre,
» dans le même temps, la même culture & le
» même ſoin; mais pour peu que ces conditions
» variaſſent, l'effet varioit auſſi; & les terres baſſes
» & légères que l'on avoit négligées, produiſoient
» alors plus abondamment que les terres humides
» & découvertes, qui avoient été ſoigneuſement
» cultivées.

» La nielle tombe ordinairement vers le on-
» zième de juin & vers la mi-juillet; elle rend
» les feuilles noires, & les fait ſentir mauvais. »

J'ai vu au mois de juillet (ſaiſon des nielles brûlantes) les ceps dans le milieu des houblonnières
tout brûlés, preſque de l'extrémité d'un grand terrain juſqu'à l'autre extrémité, par un rayon ardent
de ſoleil après une grande ondée de pluie. Dans
ces momens, l'on voit ſouvent à l'œil nu,
& beaucoup mieux avec les téleſcopes réfléchiſ-
ſans, les vapeurs s'élever en aſſez grande abondance pour rendre les objets obſcurs & tremblans.
Il n'y avoit dans tout ce terrain brûlé pas une veine
de terre sèche ou graveleuſe : il faut donc attribuer ce mal à une quantité de vapeurs brûlantes,
plus grandes dans le milieu que vers les bords
du terrain; dans le milieu, parce que les vapeurs
de la tranſpiration y étant plus abondantes, elles

y forment un *medium* plus denfe, & par conféquent plus chaud que celui des bords du terrain.

Peut-être ce grand nombre de vapeurs étendues
dans un fi grand efpace, faifoit-il auffi converger
un peu les rayons du foleil vers le milieu du terrain, où, par la denfité du *medium* & par cette
convergence, la chaleur augmentoit confidérablement; car j'ai obfervé que la lifière des houblons
brûlée fe trouvoit dans une ligne à angles droits
avec les rayons du foleil à onze heures, qui étoit
l'inftant du rayon brûlant. La houblonnière étoit
dans une vallée qui s'étendoit du fud-oueft au
nord, & fi je m'en fouviens bien, il ne faifoit que
très-peu de vent dans le temps de la brûlure; mais
s'il y avoit eu un vent léger, nord ou fud, il eft
probable que le vent du nord foufflant doucement
la vapeur qui s'élevoit, elle feroit tombée fur le
côté fud du terrain : ce côté par conféquent auroit
été brûlé, & de même le côté du nord l'auroit
été par le vent du fud.

Pour les nielles particulières qui brûlent çà & là
quelques ceps de houblons, ou une ou deux branches d'un arbre, fans endommager les voifines,
nous pouvons en trouver la caufe dans les obfervations que les aftronomes ont fouvent faites avec
le télefcope réfléchiffant, de petites particules de
vapeurs détachées, tranfparentes, qui flottent dans
l'air, & qui, quoiqu'elles ne foient pas vifibles à
l'œil nu, font cependant beaucoup plus denfes
que l'air qui les environne; car ces vapeurs, à
caufe de leur denfité, peuvent fort bien acquérir
un tel degré de chaleur par les rayons du foleil,
qu'elles pourront enfuite échauder les plantes
qu'elles toucheront, & fur-tout celles qui font les
plus tendres : c'eft ce que les jardiniers de Londres

n'ont que trop éprouvé à leurs dépens, lorsqu'il
leur eſt arrivé de mettre imprudemment des
cloches de verre ſur leurs choux-fleurs les mati-
nées de gelée, avant que d'en avoir laiſſé évaporer l'humidité; car cette humidité s'élevant par
la chaleur du ſoleil, & ſe trouvant arrêtée par le
verre, forme alors une vapeur denſe & tranſparente, qui échaude & fait mourir la plante. Peut-
être auſſi que les ſurfaces des grands volumes de
vapeurs denſes qui flottent dans l'air, peuvent
(parmi toutes les autres figures) prendre quelquefois celle d'un *hémiſphère*, ou d'un *hémicylindre*,
& par-là faire converger aſſez les rayons du ſoleil
pour brûler les plantes ſur leſquelles ils tombent,
en raiſon de leurs plus grandes ou de leurs moindres
convergences.

Le ſavant Boerhaave, dans ſa *Théorie de la
Chimie*, de l'édition du docteur Shaw, p. 245,
obſerve : « Que ces nuées blanches qui paroiſſent
» en été ſont autant de miroirs qui cauſent une
» chaleur exceſſive; ces miroirs de nuages ſont
» ronds, concaves, polygones, &c. Lorſqu'ils
» flottent dans les airs, le ſoleil brûle bien plus ar-
» demment, puiſque pluſieurs rayons, qui ſans cela
» ne nous ſeroient peut-être jamais parvenus, nous
» viennent par réflexion : enſorte que ſi le ſoleil
» & la nuée ſe trouvent en oppoſition directe,
» elle fait à notre égard l'effet d'un vrai miroir
» brûlant.

» J'ai quelquefois, continue-t-il, obſervé une
» eſpèce de nuées creuſes, pleines de grêle & de
» neige, qui cauſoient une chaleur exceſſive,
» parce qu'elles réfléchiſſoient bien plus forte-
» ment les rayons du ſoleil, à cauſe de leur
» grande denſité. Cette grande chaleur étoit ſui-

» vie tout d'un coup d'un froid piquant, qui pré-
» cédoit de quelques inſtans & accompagnoit la
» diſſolution de la nuée, dont la grêle tomboit en
» abondance, & à laquelle ſuccédoit une chaleur
» modérée.

» Les nuées concaves pleines de grêle, produiſent
» donc, par leurs fortes réflexions, une chaleur vio-
» lente, & par leur diſſolution un froid exceſſif. »

De-là nous voyons que le brouï peut-être
occaſionné par les réflexions des nuées, auſſi-bien
que par la réfraction des vapeurs denſes & tranſ-
parentes dont nous avons parlé ci-deſſus.

Le 21 juillet, j'obſervai que dans cette ſaiſon,
où le ſommet du ſoleil eſt tendre, & la fleur prête
à s'épanouir, cette fleur regarde le ſoleil levant,
ſi à ſon lever il eſt clair & brillant; à midi la plante
fait face au ſud, ſi le ſoleil continue de briller;
& à ſix heures du ſoir elle regarde le couchant:
mais ce n'eſt pas en circulant, comme le ſoleil,
qu'elle fait tous ces mouvemens, c'eſt par une nu-
tation dont la cauſe eſt dans la tige; car le côté
expoſé au ſoleil tranſpire plus que les côtés oppo-
ſés, & par conſéquent fait courber la tige en ſe
raccourciſſant, & cela d'autant plus que la plante
tranſpire davantage : or l'on ſait que le ſoleil tranſpire beaucoup.

J'ai obſervé la même choſe ſur les têtes des
topinambours & des féves de marais, les jours
d'un ſoleil fort chaud.

EXPÉRIENCE X.

LE 27 de juillet, je fixai une branche *m* (*Pl. II.
fig. 3.*) de pommier, de 3 pieds de longueur, & d'un
demi-pouce de diamètre, qui étoit chargée de rameaux & de feuilles, au tuyau *t*, de 7 pieds de

longueur, & de $\frac{5}{8}$ de pouce de diamètre ; je remplis d'eau le tuyau, & enfuite je plongeai toute la branche, jufques & par-deffus l'extrémité inférieure du tuyau dans le vaiffeau *u u* plein d'eau : l'eau baiffa de 6 pouces dans les deux premières heures, (c'étoit - là le premier rempliffage des vaiffeaux féveux) de 6 pouces la nuit fuivante, de 4 pouces le jour fuivant, de 2 pouces $\frac{1}{4}$ la nuit fuivante.

Le troifième jour au matin, je tirai la branche hors de l'eau, & je la pendis, avec le tube dans lequel elle étoit fixée, dans un endroit où elle étoit expofée à l'air libre : elle tira là 27 pouces $\frac{1}{2}$ en douze heures. Cette expérience montre la grande puiffance de la tranfpiration; puifque, lorfque la branche étoit plongée dans le vaiffeau plein d'eau, la colonne d'eau de 7 pieds de hauteur au-deffus de la furface de l'eau, ne pouvoit tranfpirer que très-peu à travers les feuilles, jufqu'à ce que la branche fût expofée en plein air, & que cependant l'eau ne laiffoit pas que de baiffer.

Cette expérience montre auffi, que la puiffance active de la tranfpiration eft la chaleur, & que par conféquent la matièrc qui tranfpire eft encore plus tirée en haut par ce principe, qu'elle n'eft pouffée par la force de la sève.

L'on voit cette vérité dans les animaux, dont la tranfpiration n'eft pas toujours la plus grande dans la plus grande viteffe du fang; car alors elle eft fouvent moindre que dans l'état naturel, comme on l'obferve dans les fièvres.

J'ai fixé plufieurs autres branches de la même manière, à de longs tuyaux, fans les plonger dans l'eau ; & les ayant remplis d'eau, je voyois précifément, par l'abaiffement de l'eau, combien vîte elle

elle tranfpiroit à travers les feuilles , & combien peu il s'en exhaloit dans les jours de pluie , ou bien lorfqu'il n'y avoit point de feuilles fur les branches.

EXPÉRIENCE XI.

LE 17 d'août à onze heures du matin , je cimentai un tuyau $a, b,$ (*Pl. II. fig.* 4.) de 9 pieds de longueur & d'un $\frac{1}{2}$ pouce de diamètre, une branche de pommier $d,$ de 5 pieds de longueur & de $\frac{3}{4}$ de pouce de diamètre ; je verfai de l'eau dans le tuyau, la branche la tira en raifon de 3 pieds de hauteur dans le tuyau en une heure. A une heure après midi, je coupai la branche en $c,$ 13 pouces au-deffous du tuyau de verre, & je joignis l'extrémité inférieure du bâton $c, b,$ à une cuvette de verre $z,$ couverte d'un boyau de bœuf, pour empêcher l'eau qui dégouttoit de s'évaporer ; en même temps je mis la branche $d, r,$ dans le vaiffeau, (*Pl. II. fig.* 5.) qui contenoit une certaine quantité d'eau : cette branche dans ce vaiffeau $x,$ tira 18 onces d'eau en dix-huit heures du jour & douze heures de nuit, & dans les mêmes trente heures il ne paffa que 6 onces d'eau à travers le bâton $c, b,$ (*fig.* 4.) fur lequel cependant il y eut toujours le poids d'une colonne d'eau de 7 pieds de hauteur.

Ceci marque encore la grande puiffance de la tranfpiration, puifqu'elle fait paffer à travers les longues fibres, & les tuyaux fins des parties déliées de la branche $r,$ (*fig.* 5.) trois fois autant d'eau dans le même temps, que la preffion d'une colonne d'eau de 7 pieds de hauteur, fur la plus large coupe de la tige $c, b,$ (*fig.* 4.) de la même branche, qui n'a que 13 pouces de longueur, en fait passer à travers cette même tige *c*, *b*.

J'essayai de la même manière sur une autre branche de pommier ; en huit heures de jour elle tira 20 onces, & dans le même temps il n'en passa que 8 à travers le bâton *c*, *b*, (*Pl. II. fig. 4.*) qui cependant étoit chargé de la même colonne d'eau de 7 pieds de hauteur.

J'essayai de même sur une branche de coignassier : en quatre heures de jour elle tira 2 onces $\frac{1}{3}$, & dans le même temps il ne passa que $\frac{1}{3}$ d'once à travers le bâton *c*, *b*, (*fig. 4.*) qui cependant étoit pressé par une colonne d'eau de 9 pieds de hauteur.

Remarquez que l'on fit ces observations dès le premier jour, avant que les vaisseaux séveux de la tige se fussent assez remplis d'eau pour l'empêcher de passer.

EXPÉRIENCE .XII.

JE coupai sur un pommier nain *e*, *w*, l'extremité de la branche *l*, (*Pl. III. fig. 6.*) Elle avoit à sa coupe 1 pouce de diamètre ; j'en fixai l'ergot au tube de verre *l*, *b*, & je versai de l'eau dans le tube : elle fut tirée par l'ergot à raison de 2 ou 3 pintes par jour. Lorsque je suçois, avec ma bouche., au sommet du tube *b*, & que par-là je tirois hors de l'ergot quelques petites bulles d'air, alors l'eau étoit tirée si vîte, qu'en y plaçant dans l'instant une jauge *m*, *y*, *z*, pleine de mercure, il étoit élevé en *r* à 12 pouces plus haut que dans l'autre jambe de la jauge.

Une autre fois, je versai dans le tube *l*, fixé à un pommier de reinette doré, 1 pinte d'esprit de vin bien rectifié & camphré ; l'ergot tira toute cette quantité dans trois heures, & cela fit mourir la moitié de l'arbre : je voulois effayer fi je pourrois donner le goût du camphre aux pommes qui étoient en grand nombre fur la branche, mais je ne réuffis pas ; car le goût des pommes ne fut point du tout altéré, quoiqu'elles pendiffent à l'arbre pendant plufieurs femaines après l'opération ; cependant l'odeur du camphre étoit très-forte dans les queues des feuilles & dans toutes les parties de la branche morte.

Je fis la même expérience fur un cep de vigne avec de l'eau de fleur d'orange, d'une odeur très-forte & très-relevée : l'évènement fut le même ; l'odeur ne pénétra pas dans les raifins, mais elle étoit fort fenfible dans le bois & dans la queue des feuilles.

Je fis encore cette expérience fur deux branches d'un grand poirier *, qui étoient éloignées l'une de l'autre, avec de fortes décoctions de faffafras & de fleur de fureau, environ trente jours avant la maturité des poires ; mais je ne pus fentir le moindre goût de ces décoctions dans les poires.

* *Catharine peartrée.*

Quoique dans tous ces cas, les vaiffeaux féveux de la tige fuffent fortement imprégnés de l'odeur de toutes ces liqueurs, & qu'ils en euffent pompé une bonne quantité, il eft à croire que les vaiffeaux féveux capillaires devenoient, près du fruit, d'une fi grande fineffe, qu'ils changeoient la texture des parties de ces liqueurs parfumées, & les affimiloient à leurs fubftances, de la même manière que les greffes & les yeux changent la sève étrangère du fujet, dans une sève analogue à celle de leur nature fpécifique.

Si l'on veut faire cette expérience fans craindre de faire périr l'arbre, on peut fe fervir d'eau commune, parfumée avec des odeurs fort exaltées.

EXPÉRIENCE XIII.

DANS le dessein de m'assurer si les vaisseaux séveux capillaires ont la force de chasser la sève au dehors par leurs orifices extrêmes, & afin de trouver aussi la quantité de sève que cette même force feroit sortir, je fis les trois expériences suivantes.

Au mois d'août, je pris dans une branche de pommier, un bâton de 12 pouces de longueur & de $\frac{7}{8}$ de pouce de diamètre; je plaçai son gros bout dans un vaisseau de verre plein d'eau, & couvert d'un boyau de bœuf : le sommet du bâton fut humide pendant dix jours, tandis qu'un autre bâton de la même branche, mais qui ne trempoit point du tout dans l'eau, étoit fort sec. Le premier laissa passer 1 once d'eau dans ces dix jours.

EXPÉRIENCE XIV.

AU mois de septembre, je fixai à un semblable bâton s, (*Pl. IV. fig. 7.*) un tuyau t de 7 pieds de longueur, & je mis tremper le bout du bâton dans une cuvette x, pleine d'eau : je voulois essayer si l'eau qui sortoit au sommet r du bâton, pourroit monter à quelque hauteur sensible dans le tube t; elle ne monta point du tout, quoique le sommet du bâton fût toujours mouillé. Je remplis ensuite le tube avec de l'eau, & je vis qu'elle passoit librement à travers le bâton, & qu'elle tomboit dans la cuvette x.

EXPÉRIENCE XV.

LE 10 de septembre, je coupai à 2 pieds $\frac{1}{2}$ de terre un cerisier * qui étoit en espalier, & à demi-

* Cherry Duke.

tige; je cimentai bien deſſus le tronc *y* (*Pl. IV.
fig. 8.*) qui reſtoit, le col *f* d'une bouteille de Florence, & au col de cette bouteille un petit tuyau
étroit *g*, de 5 pieds de longueur; je voulois eſſayer
d'avoir par-là toute la ſève qui ſortiroit du tronc
y; mais pendant quatre heures il ne ſortit qu'un
peu de vapeur, qui s'attacha au col de la bouteille; alors je fis déraciner l'arbre, & je mis les
racines dans l'eau : il ne ſortit pendant pluſieurs
heures, qu'un peu de roſée qui pendoit en petites
gouttes au-dedans du col *f* de la bouteille; cependant il eſt certain, par pluſieurs des expériences
ſuivantes, que ſi les branches & les feuilles euſſent
été ſur le tronc, il y auroit paſſé pluſieurs onces
d'eau, qui ſe feroit évaporée à la ſurface des
branches & des feuilles.

J'eſſayai de la même façon, avec pluſieurs
branches de vigne, que je coupai, & que je mis
ainſi dans l'eau, mais il n'en ſortit pas ſenſiblement
en *f*.

Ces trois dernières expériences montrent toutes
que, quoique les vaiſſeaux capillaires ſéveux
tirent l'humidité en abondance, ils n'ont cependant que peu de puiſſance pour la pouſſer plus
loin, & que c'eſt à l'aide des feuilles tranſpirantes,
que le progrès en eſt ſi fort augmenté.

Expérience XVI.

A FIN de découvrir s'il monte de la ſève en
hiver, je pris pluſieurs rejets de noiſetier franc,
de ſarmens de vigne, de branches de jaſmin vert,
de phylirea, & de laurier-ceriſe, chargées de
toutes leurs feuilles; je trempai leurs coupes tranſ-
verſales dans du ciment fondu, pour empêcher

l'évaporation de la sève par la plaie : enfin je les liai en paquets séparés, & je les pesai.

Les rejets de noisetier franc diminuèrent en huit jours, de la onzième partie de tout leur poids ; de ces huit jours, les trois ou quatre premiers étoient fort humides, mais il régna pendant les trois ou quatre derniers des vents desséchans.

Les branches de vignes, dans le même temps, perdirent une vingt-quatrième partie de leur poids.

Le jasmin, dans le même temps, une sixième partie.

La phylirea perdit un quart de son poids en cinq jours.

Le laurier, un quart & même plus en cinq jours.

Voilà une dissipation journalière de sève, qui est considérable, & à laquelle par conséquent il doit être nécessairement suppléé par les racines : d'où il est évident qu'il monte de la sève en hiver pour fournir à cette dépense continuelle, quoiqu'on puisse dire qu'il en monte moins en hiver qu'en été.

De-là nous voyons la raison pourquoi le chêne vert greffé sur un chêne anglois, & le cèdre du Liban greffé sur un melèze, conservent leur verdure pendant tout l'hiver, quoique les feuilles du chêne & du melèze se fanent & tombent avant cette saison ; car aux approches de l'hiver, il est vrai qu'il ne monte plus assez de sève pour maintenir les feuilles du chêne & du melèze ; mais par cette expérience nous voyons qu'il ne laisse pas d'en monter pendant l'hiver tout entier ; & par l'Expérience v sur le citronnier, aussi-bien que par plusieurs autres expériences semblables, sur un grand nombre de différentes espèces de plantes toujours vertes, nous trouvons qu'elles peuvent vivre

& croître avec peu de nourriture, parce qu'elles tranſpirent peu. Le chêne vert & le cèdre peuvent donc bien pendant l'hiver garder leur verdure, quoique les arbres de l'eſpèce du ſujet, ſur leſquels on les a greffés, ſe dépouillent de leurs feuilles. *Voyez* le curieux & l'ingenieux Traité de M. Fairchild ſur ces eſpèces de greffes, dans le *Dictionnaire des Jardiniers de M. Miller*, *ſupplément*, *vol. 2.* ſous l'article *Sap.*

EXPÉRIENCE XVII.

APRÈS avoir évidemment reconnu par les expériences précédentes, que les arbres tirent & tranſpirent une grande quantité de liqueur, je voulus eſſayer ſi je ne pourrois pas recueillir la matière de cette tranſpiration; & pour en venir à bout, je pris pluſieurs retortes *b*, *a*, *p* (*Pl. IV. fig. 9.*) de verre, dans leſquelles je fis entrer les rejetons chargés de feuilles de pluſieurs différentes eſpèces d'arbres, après quoi je bouchai l'ouverture *p* des retortes avec des veſſies ; j'eus par ce moyen pluſieurs onces de la matière de la tranſpiration de vigne, de figuier, de pommier, de ceriſier, d'abricotier & de pêcher, de feuilles de rhue, de raifort, de rhubarbe, de panais & de choux : toutes ces liqueurs étoient fort claires, & je ne pus diſtinguer entr'elles aucune différence de goût. Lorſque la retorte avoit demeuré quelque temps expoſée à la chaleur du ſoleil, la liqueur avoit le goût des feuilles bouillies. Sa peſanteur ſpécifique étoit à peu près la même que celle de l'eau commune ; je ne trouvai pas, comme cependant je le préſumois, une grande quantité d'air dans cette liqueur, en la plaçant dans le récipient de la machine

du vide. En la gardant dans des fioles ouvertes,
elle fentoit mauvais bien plutôt que l'eau commune, ce qui prouve que la matière de la tranfpiration n'eft pas de l'eau pure, mais de l'eau
mêlée de quelque matière hétérogène.

Je mis auffi la tête d'un grand foleil tout-à-fait
épanoui, & qui croiffoit encore, dans le chapiteau
d'un alambic, dont je plaçai le bec dans le col
d'une bouteille ; il diftilla une bonne quantité de
liqueur dans la bouteille : l'on pourra ramaffer aifément par ce moyen, la tranfpiration des fleurs
de bonne odeur ; mais cette liqueur ne garde pas
long-temps fon parfum, puifqu'elle fe corrompt
en peu de jours.

EXPÉRIENCE XVIII.

AFIN de voir combien la terre contient d'humidité, & pour jauger les réfervoirs de la nature
contre les féchereffes de l'été, & les provifions
qu'elle a mifes dans le fein de la terre, pour fournir à la grande dépenfe qu'elle eft obligée de faire
pour la production & l'entretien des végétaux,

Le 31 juillet 1724, j'enlevai 1 pied cubique de
terre dans une allée où l'on marchoit peu ; il pefoit (déduction faite de la tare du vaiffeau qui le
contenoit) 104 livres 4 onces $\frac{1}{3}$: 1 pied cubique
d'eau pèfe environ 62 livres, ce qui revient à un
peu plus de la moitié de la pefanteur fpécifique de
la terre. La faifon où j'enlevai cette terre étoit
sèche, & cependant mêlée de quelques ondées
de pluie ; de forte que le gazon des environs de
ma fouille n'étoit pas defféché.

J'enlevai dans le même temps un autre pied cubique de terre au-deffous du premier ; il pefoit
106 livres 6 onces $\frac{1}{3}$.

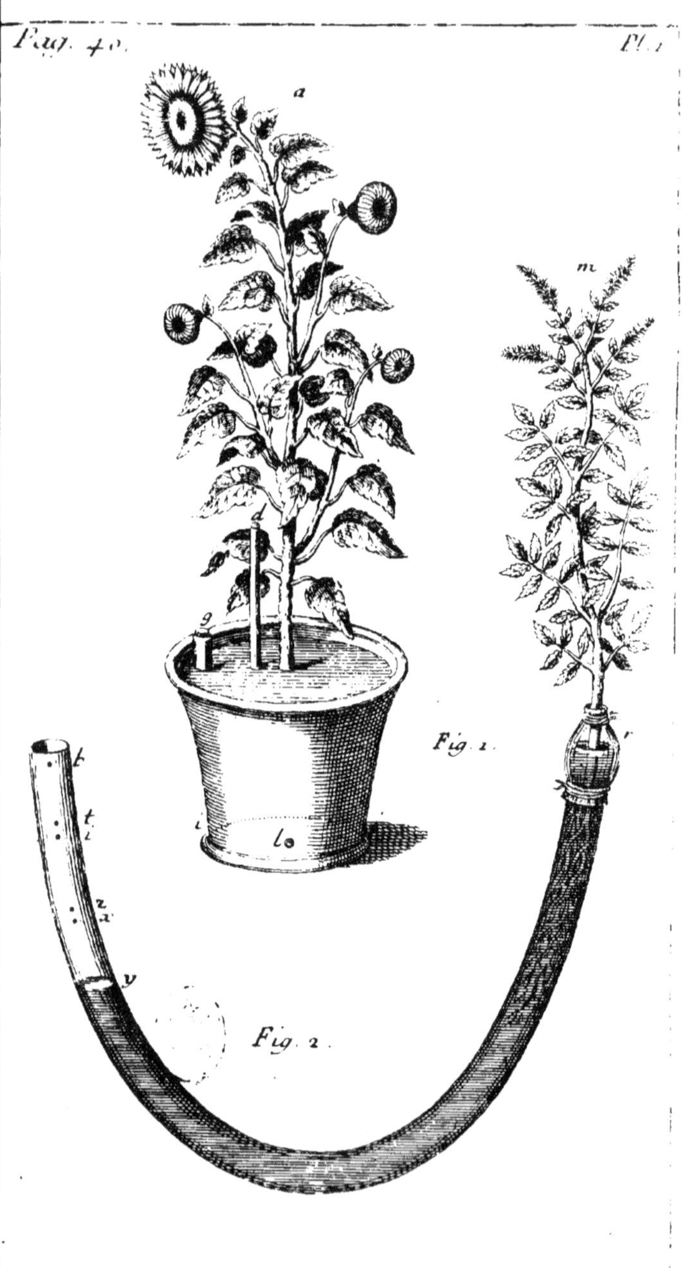
a
m
g
d
Fig. 1
r
t
i
z
v
Fig. 2

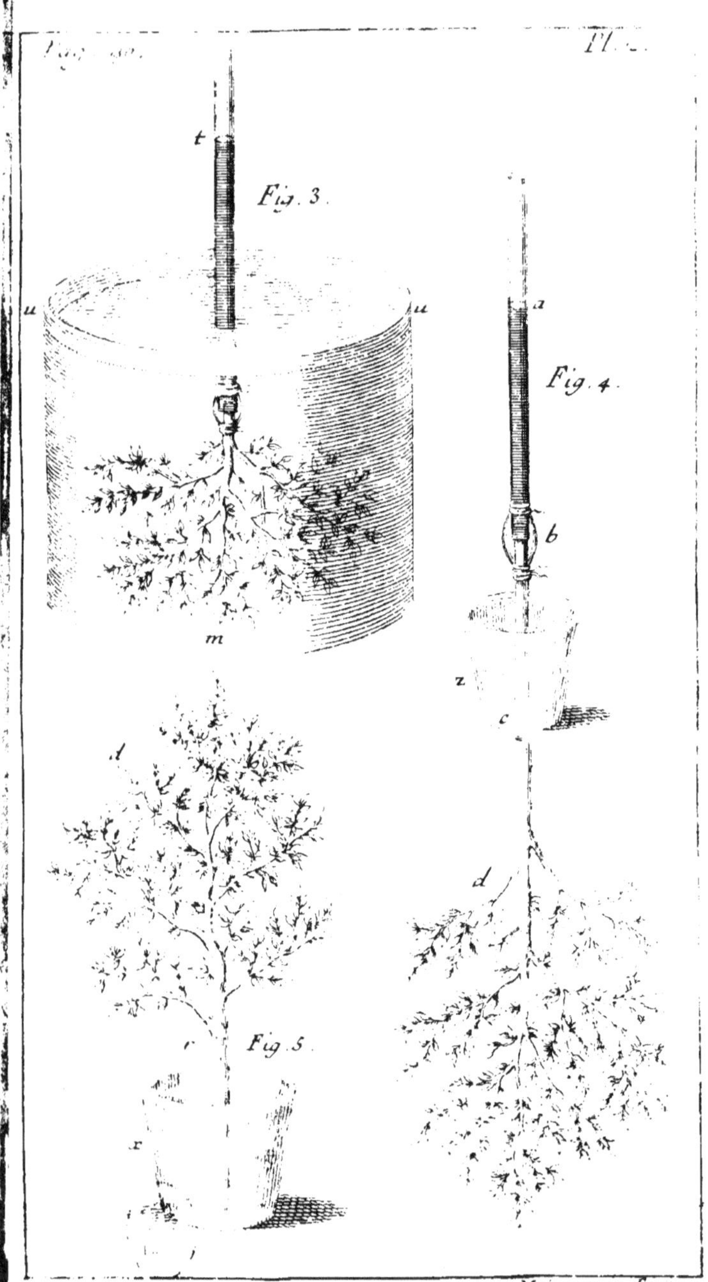
Pag.
Pl.
t
Fig. 3.
u
u
Fig. 4.
a
m
b
z
c
d
d
Fig. 5.
r
x
i
Maissonneuve Fecit.

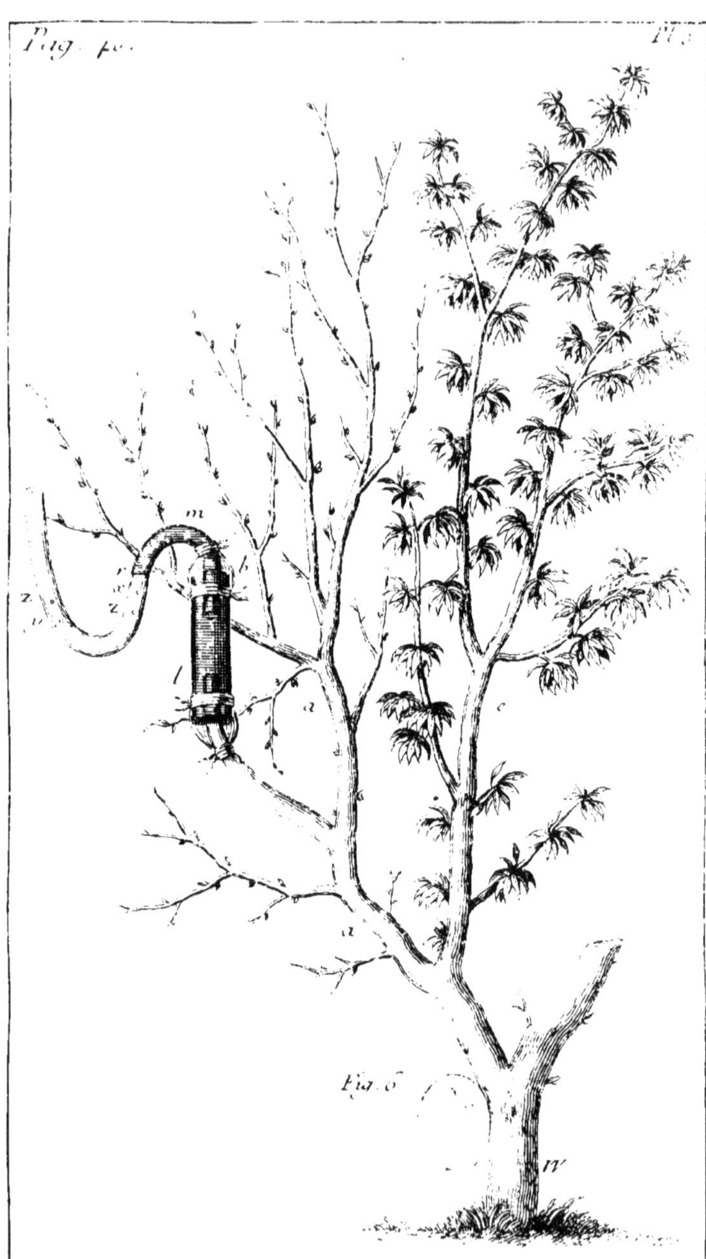
Fig. 6.

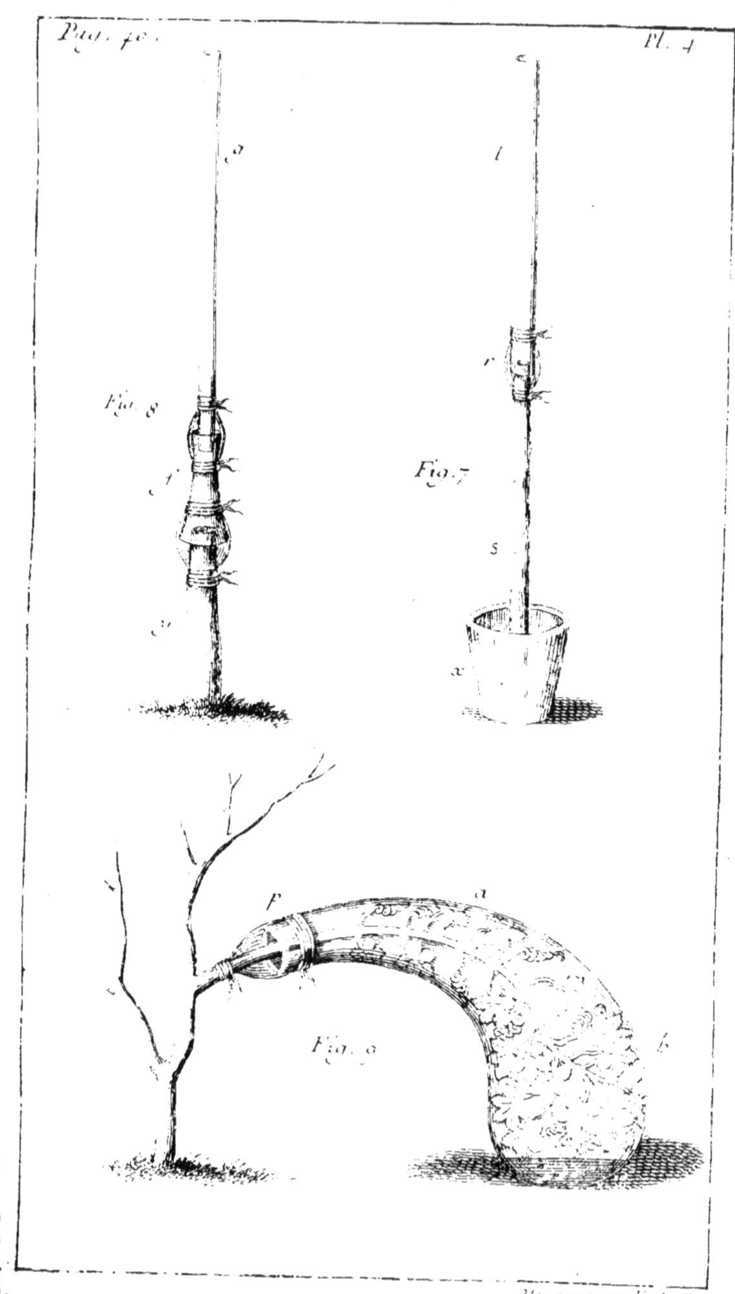

Pag. 78.
Pl. 4
Fig. 8
Fig. 7
Fig. 9

J'enlevai aussi un troisième pied cubique de terre au-dessous des deux premiers ; il pesoit 111 livres $\frac{1}{3}$.

Jusqu'à cette profondeur de 3 pieds, c'étoit de la bonne terre à brique ; au-dessous étoit une couche de gravier, dans laquelle à 2 pieds de profondeur, c'est-à-dire, à 5 pieds au-dessous de la surface de la terre, les sources couloient.

Lorsque le premier pied cubique fut si sec & si poudreux, qu'il ne pouvoit plus servir à la végétation, je le pesai, & je trouvai qu'il avoit perdu 6 livres 11 onces, ou 194 pouces cubiques d'eau, environ $\frac{1}{8}$ partie de son volume.

Quelques jours après, le second pied cubique étant plus sec que le premier & le troisième, avoit perdu 10 livres de son poids.

Le troisième pied cubique, devenu fort sec & poudreux, avoit perdu 8 livres 8 onces, ou 247 pouces cubiques d'eau, c'est-à-dire, $\frac{1}{7}$ partie de son volume.

Revenant donc maintenant à notre soleil, dont les plus longues racines s'étendoient en tous sens à 15 pouces de la tige, nous pouvons supposer qu'elles occupoient 4 pieds cubiques de terre, dont elles tiroient leur nourriture ; nous pouvons dire aussi, que chaque pied cubique peut fournir 7 livres avant que d'être trop sec pour la végétation ; ainsi la plante en pourra tirer 28 livres, mais elle tire & transpire 22 onces tous les vingt-quatre heures ; elle tirera donc 28 livres en vingt-un jours six heures : elle périroit donc au bout de ce temps, si rien ne suppléoit au défaut d'humidité de ces 4 pieds cubiques. Ce supplément se fait, ou par la rosée, ou par l'humidité de la terre qui est au-dessous de celle qui touche les racines, c'est-à-dire, au dessous de 15 pouces de profondeur.

EXPÉRIENCE XIX.

POUR trouver la quantité de rofée qui tombe pendant la nuit, le 15 août, à fept heures du matin, je pris deux terrines verniſſées qui avoient 3 pouces de profondeur, & 1 pied de diamètre ; je les remplis de terre aſſez moite, que j'avois priſe ſur la ſurface de la terre. Je mis ces terrines dans d'autres terrines plus grandes, pour empêcher l'humidité de la terre de s'attacher à leurs fonds : plus la terre que contenoit mes terrines, étoit humide, & plus il tomboit de rofée deſſus pendant la nuit ; & il tomba plus du double de rofée ſur une ſurface d'eau, que ſur une égale ſurface de terre humide. L'évaporation d'une ſurface d'eau en neuf heures d'un jour ſec d'hiver, eſt de $\frac{1}{21}$ de pouce. L'évaporation d'une ſurface de glace miſe à l'ombre, en neuf heures de jour, étoit de $\frac{1}{31}$ de pouce.

Ces terrines augmentèrent, par la rofée de la nuit, de 180 grains, & diminuèrent par l'évaporation du jour, de 1 once 281 grains : ainſi, en vingt-quatre heures d'été, il s'évapore de deſſus la terre 540 grains de plus d'humidité, qu'il n'en tombe en rofée, ce qui en vingt-un jours, fait environ 26 onces ſur une aire circulaire de 1 pied de diamètre ; & les cercles étant entr'eux comme les quarrés de leurs diamètres, il s'évapore 10 livres 2 onces en vingt-un jours de l'hémiſphère de 30 pouces de diamètre, que les racines du ſoleil occupent en terre, ce qui étant ajouté aux 29 livres qu'il tire dans le même temps, donne 39 livres, c'eſt-à-dire, 9 livres $\frac{3}{4}$ pour chaque pied cubique de terre, ſes racines occupant un eſpace de plus de 4 pieds cubiques ; mais jamais la terre dans ces contrées n'a souffert un si grand degré de séche-resse à 15 pouces de profondeur.

Pour expliquer comment les plantes peuvent vivre pendant les longues sécheresses, & sur-tout au-delà des tropiques, il faut donc avoir recours à l'humidité qui s'exhale continuellement des couches de terres humides qui se trouvent au-des-sous de celles qu'occupent les racines des plantes & des arbres ; car les corps moites communiquent toujours de leur humidité aux corps secs qui les touchent : outre cela, ce mouvement lent & naturel de la communication de cette humidité, est fort accéléré par la chaleur du soleil jusqu'à des pro-fondeurs considérables, comme il paroîtra par la XXe Expérience qui suit.

Mais 180 grains de rosée qui tombent en une nuit, & se répandent également sur un cercle de 1 pied de diamètre, c'est-à-dire, sur une surface de 113 pouces quarrés, donnent en profondeur $\frac{1}{159}$ partie d'un pouce. Je trouvai de même que la profondeur de la rosée d'une nuit d'hiver, est de $\frac{1}{90}$ de pouce ; de sorte que si nous comptons cent cinquante-une nuits pour toute la saison des rosées d'été, nous trouverons qu'elle montera pendant tout ce temps-là à 1 pouce de hauteur ; & prenant les deux cents quatorze nuits qui restent pour le temps des rosées d'hiver, elles produiront 2 $\frac{39}{100}$ de pouces de profondeur, ce qui donne 3 pouces $\frac{39}{100}$ pour la hauteur totale de la rosé pen-dant toute l'année.

Mais la quantité qui s'évapore, dans un beau jour d'été, de dessus la même surface, étant de 1 once 282 grains, nous aurons $\frac{1}{40}$ partie de 1 pouce de profondeur pour cette évaporation, profondeur quatre fois plus grande que celle de la rofée qui tombe pendant la nuit.

J'ai trouvé par les mêmes moyens, que l'évaporation pendant un jour d'hiver, eft à peu près la même que celle d'un jour d'été; car la terre étant plus humide en hiver qu'en été, cet excès d'humidité en hiver répond à l'excès de chaleur en été.

Nic. Cruquius, n°. 381 des *Tranfactions Philofophiques*, a trouvé qu'il s'évaporoit en 1 an 28 pouces d'eau, ce qui fait $\frac{1}{15}$ de pouce par jour l'un portant l'autre: mais il s'évapore de deffus la terre $\frac{1}{40}$ de pouce dans un jour d'été; ainfi l'évaporation de la furface de l'eau eft à l'évaporation de la furface de la terre, comme 10 font à 3.

La quantité moyenne de pluie qui tombe dans un an, eft de 22 pouces; celle de l'évaporation de la terre dans un an, eft au moins de 9 pouces $\frac{1}{2}$, puifque c'eft-là le pied fur lequel fe fait l'évaporation dans un jour d'été; de ces 9 pouces $\frac{1}{2}$ il faut ôter 3 $\frac{39}{100}$ de pouce pour la rofée, refte 6 $\frac{2}{10}$ de pouce, qui étant déduits des 22 pouces de pluie, refte au moins 16 pouces d'eau pour fournir à la végétation, aux fources & aux rivières.

Dans la houblonnière, la tranfpiration des houblons doit être prife feulement pour trois mois de $\frac{1}{101}$ partie de pouce chaque jour, ce qui fait en tout $\frac{9}{10}$ de pouce; mais auparavant nous comptions 6 $\frac{2}{10}$ de pouce pour l'évaporation de la furface de la terre; en ajoutant donc $\frac{9}{10}$ de pouce à ces 6 $\frac{2}{10}$, nous aurons 7 pouces $\frac{1}{10}$ pour l'évaporation de la furface d'une houblonnière dans un an; ainfi des 22 pouces d'eau, il en refte 15 pour les fources qui tariffent plus ou moins, felon la fécherefse ou l'humidité de l'année : 22 pouces d'eau fuffifent donc à tous les befoins de la nature dans les pays plats, comme celui de Teddington près de Hampton-Court; mais dans les contrées montagneufes, comme dans la province de Lancafter, il tombe tous les ans 42 pouces d'eau, dont déduifant 7 pouces pour l'évaporation, il refte 35 pouces d'eau pour les fources, fans compter celle que fourniffent les rofées plus abondantes dans ces montagnes, que dans les pays de plaine. Cette grande quantité d'eau me paroît fuffifante pour faire couler les fources & les rivieres; ainfi il n'eft pas néceffaire d'aller chercher leur origine dans la mer, dont la furface eft furmontée de quelques centaines de pieds par les montagnes ordinaires, & de quelques milliers de pieds par les hautes montagnes, dont les grandes rivières prennent leur fource.

EXPÉRIENCE XX.

JE choifis fix thermomètres, dont les tiges étoient de longueurs différentes de 18 pouces jufqu'à 4 pieds; je les graduai tous par une échelle proportionnelle, en commençant au point de la congélation, ce qui peut fort bien être pris pour le point extrême de la végétation du côté du froid, l'ouvrage de la végétation ceffant lorfque le véhicule aqueux commence à fe fixer & à fe condenfer; car, quoique plufieurs arbres & quelques plantes, comme les herbes à foin, la mouffe, &c. y furvivent, elles ne végètent cependant point du tout pendant ce temps-là.

Le plus grand degré de chaleur que je marquai d'abord fur mes thermomètres, étoit égal à celui de l'eau échauffée à un tel point, que je ne pouvois qu'à grand'peine y fouffrir ma main fans la remuer; mais ayant trouvé par expérience que les plantes peuvent fouffrir, fans préjudice, une chaleur un peu plus grande que celle-ci, je choifis celle de la cire fondue, qui nageant fur de l'eau chaude, commence à fe coaguler; car, puifqu'une plus grande chaleur que celle-ci fondra la cire, qui eft une fubftance végétale, on peut regarder le degré de chaleur que nous venons de déterminer, comme l'autre point extrême de la végétation du côté du chaud, au-deffus duquel les plantes dépériront plutôt qu'elles ne végéteront : un tel degré de chaleur féparant & difperfant, au lieu de ramaffer & d'unir les parties nutritives.

Je divifai cet efpace en 100 degrés fur tous les thermomètres, en commençant à marquer les nombres du point de la congélation : 64 de ces degrés marquent à très-peu près la chaleur du fang dans les animaux; je la trouvai par la règle donnée dans les *Tranfactions Philofophiques, vol. 2. part. 1.* de l'Abrégé de M. Motte, felon l'eftimation du chevalier Newton, en plaçant l'un des thermomètres dans l'eau échauffée à un degré tel que je ne pouvois qu'à grand'peine y tenir ma main en la remuant : je m'en affurai mieux encore en plaçant la boule de mon thermomètre dans le fang qui couloit des veines d'un bœuf expirant. La chaleur du fang eft à celle de l'eau bouillante, comme $14 \frac{3}{11}$ font à 33.

En plaçant la boule de l'un de mes thermomètres dans mon fein & fous mon aiffelle, je trouvai que la chaleur des parties du corps étoit de 54 degrés; la chaleur du lait qui fort de la vache, de 55, à peu près la même que celle qui eft néceffaire pour couver & faire éclore les œufs; la chaleur de l'urine, de 58 degrés. Le point de la température ordinaire dans ces thermomètres, étoit de 18 degrés.

La plus grande chaleur du foleil fit monter l'ef-prit de vin dans le thermomètre qui y étoit ex-pofé, à 88 degrés, chaleur de 24 degrés plus grande que celle du fang des animaux. Les plan-tes font expofées à cette chaleur, & même à une beaucoup plus grande au-delà des tropiques, pen-dant quelques heures du jour; nous voyons auffi, par plufieurs de leurs feuilles qui fe fanent, qu'elles ne pourroient pas fubfifter long-temps fous cette chaleur, fi elles n'étoient rafraîchies par la nuit qui lui fuccède.

La chaleur ordinaire du foleil à midi, au mois de juillet, eft d'environ 50 degrés; celle de l'air à l'ombre au mois de juillet, prife fur un pied moyen, eft de 38 degrés ; la chaleur de mai & de juin eft de 17 à 30 degrés , chaleur la plus con-venable à la plus grande partie des plantes, & la plus favorable à leur vigueur & à leur accroif-fement : la chaleur du printemps & de l'automne fe doit prendre depuis le 10e jufqu'au 20e degré ; & celle de l'hiver, du point de la congélation jufqu'au 10e degré.

La chaleur d'une couche de fumier de cheval, trop grande pour les plantes , furpaffe 85 degrés; chaleur à peu près égale à celle qu'a probable-ment le fang dans les fièvres chaudes.

La chaleur convenable à la fanté des végétaux, d'une couche de fumier de cheval dans du bon & fin terreau où étoient les racines de concombres bien venans, étoit en février de 56 degrés, ce qui eft à peu près la chaleur du fein , & celle qu'il faut pour couver les œufs. La chaleur de l'air fous les cloches de verre fur cette couche, étoit de 34 degrés ; de sorte que les racines avoient 26 degrés de chaleur de plus que les plantes au dessus de terre. La chaleur de l'air libre étoit alors de 17 degrés.

Il a passé maintenant dans un usage aussi ordinaire que raisonnable, de régler la chaleur des serres, soit qu'il y ait du feu ou non, par le moyen des thermomètres qu'on y place : même, pour plus grande exactitude, plusieurs personnes ont les noms des principales plantes étrangères écrits sur leur thermomètre, vis-à-vis les degrés de chaleur qui, selon l'expérience qu'on en a faite, conviennent à ces différentes plantes. J'ai appris que plusieurs jardiniers curieux, des environs de Londres, se servent des thermomètres de M. Fowler, où sont écrits les noms des plantes suivantes, vis-à-vis les degrés de chaleur qui leur conviennent ; ce qui répond à peu près aux degrés suivans, au dessus de la congélation dans mes thermomètres :

SAVOIR,

Le Melocactus	31 degrés.
L'Ananas	29 degrés.
Le Piment	26 degrés.
L'Euphorbe	24 degrés.
Le Cierge	21 deg. $\frac{1}{2}$.
L'Aloès	19 degrés.
Le Figuier d'Inde	16 deg. $\frac{1}{2}$.
Le Ficoïde	14 degrés.
L'Oranger	12 degrés.
Et le Myrte	9 degrés.

M. Boyle, en plaçant un thermomètre dans une cave de 130 pieds de longueur, percée en droite ligne dans un rocher faisant face à la mer, trouva

trouva que l'efprit de vin demeuroit en hiver &
en été toujours un peu au deffus du tempéré ; la cave
étoit couverte de 80 pieds de terre. *Ouvrages de
Boyle , vol. 3 , p. 54.*

Je numérotai mes fix thermomètres. Le (N°. 1.)
qui étoit le plus court, fut expofé au fud à l'air
libre ; je plaçai la boule du (N°. 2.) à 2 pouces fous terre ; celle du (N°. 3.) à 4 pouces fous
terre ; celle du (N°. 4.) à 8 pouces ; celle du (N°. 5.)
à 16 , & celle du (N°. 6.) à 24 pouces fous terre ;
& , afin de connoître plus exactement la chaleur
de la terre à ces différentes profondeurs, je plaçai
près de chaque thermomètre un tube de verre
rempli d'efprit de vin coloré , à la même hauteur
que les thermomètres : ce tube de verre doit être
fcellé aux deux bouts , & de même longueur que
les tiges des thermomètres , qui doivent porter
une règle coulante , fur laquelle on aura marqué
les degrés de chaque thermomètre , & un ftyle au
dos de la règle pour le tube correfpondant. Lorfque l'on veut faire une obfervation , il faut faire
mouvoir le ftyle jufqu'à ce qu'il pointe jufte au
fommet de l'efprit de vin dans le tube , afin de
prélever la chaleur ou le froid qui affecte la tige ,
& de n'avoir par conféquent que le degré de chaleur ou de froid qui affecte la boule à la profondeur où on l'aura placée. Je garantiffois les tiges
de mes thermomètres contre les groffes injures de
l'air , en les enfermant dans des tuyaux quarrés de
bois. Les boules étoient placées dans de la bonne
terre au milieu de mon jardin.

Le 30 de juillet , je commençai à garder un
journal des élévations & des abaiffemens de ces
thermomètres. Pendant le cours du mois d'août
fuivant, j'obfervai que lorfque l'efprit de vin dans

D

le thermomètre (N°. 1.) exposé au soleil, s'élevoit à midi à 48 degrés; le thermomètre (N°. 2.) étoit à 45 degrés, le (N°. 5.) à 33, & le (N°. 6.) à 31; les (N°. 3 & 4.) à des degrés intermédiaires; les (N°. 5 & 6.) demeuroient à peu près aux mêmes degrés, jour & nuit, jusqu'à la fin du mois d'août; car alors les jours devenant plus frais & plus courts, & les nuits plus longues & plus froides, ils descendirent à 25 ou 27 degrés.

Mais une chaleur aussi considérable, à 2 pieds de profondeur sous la surface de la terre, doit nécessairement avoir une grande force pour élever l'humidité qui se trouve à cette profondeur, & même doit influer sur celle qui est au dessous: cette humidité doit donc monter continuellement & abondamment jour & nuit pendant l'été; car la chaleur, à 2 pieds de profondeur, est à peu près la même le jour & la nuit. L'impulsion des rayons du soleil donne à cette humidité un mouvement preste d'ondulation, qui, séparant & raréfiant les particules aqueuses, les oblige à monter en forme de vapeurs; & la force des vapeurs chaudes & renfermées (comme sont celles qui sont à 1, 2 ou 3 pieds de profondeur en terre), doit être assez considérable pour leur faire pénétrer les racines des plantes : nous pouvons raisonnablement fonder cette conjecture sur la grande force de la vapeur dans l'éolipile, dans la machine qui amollit les os, & dans celle qui élève l'eau par le moyen du feu.

Sans ces réservoirs d'humidité, les plantes périroient infailliblement sous les chaleurs brûlantes des tropiques, qu'elles souffrent plusieurs mois de suite, sans être rafraîchies par la moindre pluie; car, quoique les rosées y soient plus abondantes que dans les pays feptentrionaux , cependant , puifque les chaleurs y font auffi beaucoup plus grandes , il faut que l'évaporation du jour excède autant la rofée de la nuit, que l'évaporation d'un jour d'été furpaffe la rofée de la nuit dans nos climats; ainfi cette rofée d'été ne peut faire du bien aux racines des arbres , la chaleur du jour la faifant difparoître avant qu'elle ait eu le temps de pénétrer à une profondeur tant foit peu confidérable: mais le grand bien que fait la rofée dans les temps chauds, vient de ce qu'elle eft fucée par les feuilles & les autres parties hors de terre des végétaux ; car cela les rafraîchit dans l'inftant , & cette rofée leur fournit même affez d'humidité pour fuppléer à la grande diffipation qui s'en fait les jours fuivans.

Il eft donc probable que les racines des arbres & des plantes font , par le moyen de la chaleur du foleil, toujours arrofées d'une humidité nouvelle, qui a même quelque force pour s'infinuer dans les racines. Sans cette force active que le foleil communique à cette humidité , les racines ne pourroient tirer leur nourriture que des parties humides les plus voifines ; & par conféquent la terre qui fert d'enveloppe aux racines devroit être toujours plus sèche, à mefure qu'elle en approche de plus près, ce que je n'ai cependant pas obfervé. L'on voit, par les Expériences XVIII & XIX , que les racines ne pourroient tirer que très-difficilement affez de nourriture pendant les ardeurs de l'été, fi la chaleur pénétrante du foleil ne travailloit à leur en amener : c'eft donc par ce principe & par l'attraction des vaiffeaux capillaires, que la sève entre par les racines , & s'élève dans le tronc & les branches des végétaux, d'où elle paffe

D ij

dans les feuilles, où cette même chaleur, trouvant plus de prife fur leur large furface, communique à la sève un mouvement d'ondulation qui
l'oblige à fortir en abondance, & à s'élever avec
rapidité dans les airs.

Mais, vers la fin du mois d'octobre, la force
du foleil étant bien diminuée, & le thermomètre
(N°. 1.) étant à 3 degrés au deffus du point de la
congélation, le (N°. 2.) à 10 degrés, le (N°. 5.)
à 14, & le (N°. 6.) à 16, ces vives ondulations
de l'humidité de la terre, & de la sève dans les végétaux, doivent auffi diminuer beaucoup; ainfi les
feuilles étant privées de leur nourriture par la cef-
fation de ce mouvement qui la leur amenoit, elles
commencent par fe faner, & tombent peu de
temps après.

Les plus grands froids de l'hiver fuivant, fe firent
dans les douze premiers jours de novembre; l'efprit de vin du thermomètre (N°. 1.) baiffa de 4
degrés au deffous de la congélation; le thermomètre (N°. 6.) étoit à 6 degrés au deffus; la glace
fur les étangs étoit épaiffe d'un pouce. La plus
grande chaleur du foleil contre une muraille expofée au midi, un jour de gelée fort ferein & fort
calme au folftice d'hiver, fut de 19 degrés, & à
l'air libre, feulement de 11 degrés au deffus du
point de la congélation. Du 10 janvier jufqu'au
29 de mars, la faifon fut fort sèche, & les blés
verts étoient plus beaux que de mémoire d'homme; mais du 29 de mars 1725, au 29 feptembre fuivant, il plut tous les jours peu ou beaucoup, excepté dix ou douze jours vers le commencement de juillet; & tout l'été fut fi froid,
que l'efprit de vin ne monta dans le thermomètre
(N°. 1.) qu'à 24 degrés, fi ce n'étoit quelque-

fois pendant des inftans de foleil; le (N°. 2.) ne monta qu'à 20 degrés ; les (N°. 5 & 6.) à 24 & 23 degrés, avec fort peu de variations. Ainfi pendant tout l'été les parties des racines qui étoient à 2 pieds fous terre, eurent 3 ou 4 degrés de chaleur de plus que celles qui étoient feulement à 2 pouces de profondeur. En général, la chaleur pendant tout l'été 1725, foit au deffus ou au deffous de la terre, n'étoit pas plus grande que la chaleur du milieu du mois de feptembre précédent.

Cette année 1725 ayant été, auffi-bien dans cette île que chez les nations voifines, remarquable par l'humidité & le froid de l'été, & l'année 1723, par une féchereffe très-grande, il ne fera pas mal-à-propos de les comparer ici, & de décrire les différentes influences qu'elles ont eues fur leurs productions.

M. Miller, dans fes Mémoires fur l'année 1723, obferve : « Que l'hiver étoit doux & fec jufqu'en
» février, qu'il plut prefque tous les jours, ce qui
» retarda le printemps. Pendant les mois de mars,
» avril, mai, juin, & pendant la moitié de juillet,
» la féchereffe fut extrêmement grande, le vent
» nord - eft régna pendant la plus grande partie
» de ce temps ; les fruits étoient avancés & affez
» bons, mais les herbes potagères, fur-tout les
» féves & les pois, manquèrent. Du 15 jufqu'à
» la fin de juillet, le temps fut fort humide, ce
» qui fit venir les fruits fi vîte, que la plupart
» pourrirent fur l'arbre, & c'eft ce qui fit que les
» fruits d'automne ne fe trouvèrent pas bons. Il y
» avoit une très-grande quantité de fort gros me-
» lons, mais ils n'avoient point de goût ; grande
» abondance de pommes; plufieurs efpèces d'ar-
» bres fleurirent au mois d'août, & produifirent

» en octobre de petites pommes & des poires ; l'on
» eut auffi dans le même mois beaucoup de fraifes
» & de framboifes ; le froment étoit bon ; il y eut
» peu d'orge, & ce peu fe trouva d'une matu-
» rité fort inégale ; il y en eut même qui ne mûrit
» point du tout, pour avoir été femé trop tard, &
» avoir manqué de pluie néceffaire à fon accroif-
» fement ; il y avoit un nombre infini de guêpes.
» Ce qui arriva aux houblons dans cet été de fé-
» chereffe, eft rapporté dans l'Expérience IX.

   » L'hiver fuivant 1724 fut très-doux : dès le
» mois de janvier le printemps fe fit fentir, & plu-
» fieurs plantes printanières, comme les cro-
» cus, les polyanthes, les hépatiques & les nar-
» ciffes, étoient en fleur : l'on remarqua qu'un
» grand nombre des plants de choux-fleurs furent
» gâtés par la nielle, dont il y eut plus cet hiver
» que de mémoire d'homme. En février le temps
» fut froid & piquant, ce qui endommagea les
» productions hâtives ; enfuite il devint variable,
» & continua de l'être jufqu'en avril ; de forte
» qu'une bonne partie des fruits précoces en efpa-
» lier tombèrent. Au 6 de mai il fit une gelée
» piquante, qui fit beaucoup de mal aux plan-
» tes & aux jeunes fruits. L'été fut en général
» modérément fec ; les fruits furent affez bons,
» mais tardifs ; les melons & les concombres ne
» valoient prefque rien ; il y eut beaucoup de
» légumes. »

   Dans l'année froide & humide 1725, plufieurs
productions furent retardées d'un mois entier plus
qu'à l'ordinaire ; l'on n'avoit pas encore ferré la
moitié des blés au 24 d'août dans les parties méridionales d'Angleterre : il y eut fort peu de
melons & de concombres, & le peu ne s'en trouva

pas bon ; les plantes étrangères & délicates souffrirent beaucoup : il n'y eut presque point de rai-
sin, & le peu qu'il y en eut étoit petit, d'un grain
fort inégal sur la même grappe, & ne vint point
en maturité : les poires & les pommes étoient
vertes & insipides ; toutes les productions de la
terre ne mûrirent pas : la paille du blé étoit longue & grossière, cependant on en recueillit une
assez bonne quantité : l'orge fut abondant à la
montagne, mais d'une qualité fort grossière : les
féves & les pois vinrent bien, & furent abondans :
il y eut peu de guêpes, & peu d'autres insectes,
excepté des mouches sur les houblons ; ils réussirent fort mal dans tout le royaume. M. Austin de
Cantorbéry m'envoya le détail suivant, pour
m'apprendre comment il avoit fait dans ce pays-
là, où il y en eut beaucoup plus qu'à Farhnam, &
qu'en plusieurs autres endroits.

« A la mi-avril, la moitié des pousses de hou-
» blons n'avoit pas encore paru hors de terre ; de
» sorte que les planteurs ne savoient comment
» faire pour planter les perches à leur avantage ;
» &, en ouvrant les mottes, on voyoit que ce
» défaut des pousses étoit causé par une grande
» multitude de vers de différente espèce, qui ron-
» geoient les racines : on attribuoit leur multipli-
» cation à la sécheresse longue & non interrom-
» pue des trois mois précédens. Vers la fin d'avril,
» les mouches attaquèrent une bonne partie des
» ceps : l'inégalité de l'accroissement avoit été si
» grande, que vers le 20 de mai, des ceps des
» houblons, les uns s'étoient élevés à 7 pieds,
» d'autres à 3 ou 4, d'autres seulement assez pour
» s'entortiller à la perche, & d'autres enfin n'é-
» toient pas encore visibles ; cette inégalité se

D iv

» conferva dans le même rapport pendant toute la
» durée de leur accroiſſement : les mouches s'at-
» tachèrent alors aux feuilles des ceps les plus
» avancés, mais en plus petit nombre qu'elles ne
» firent ailleurs. Vers la mi-juin, les mouches
» augmentèrent, mais non pas aſſez pour empê-
» cher l'accroiſſement : dans des plantations éloi-
» gnées, elles ſe multiplièrent ſi fort, qu'elles
» furent, pour ainſi dire, obligées de jeter en
» eſſain vers la fin du mois. Le 27 de juin, il parut
» quelques taches de moiſiſſure : de ce jour juſqu'au
» 9 de juillet, le temps fut fort ſec & fort beau ;
» &, dans cette ſaiſon où l'on diſoit que les hou-
» blons des autres provinces étoient noirs & ma-
» lades, & paroiſſoient être ſans reſſource de gué-
» riſon, les nôtres ne laiſſoient pas de ſe ſoute-
» nir aſſez bien, au ſentiment des plus habiles
» planteurs ; il eſt cependant vrai que les plus
» grandes feuilles avoient perdu leur couleur,
» qu'elles étoient fanées, & que la moiſiſſure
» étoit un peu augmentée ; elle augmenta même
» conſidérablement du 9 juillet au 23 : mais la
» vermine & les mouches diminuèrent par la pluie
» abondante & journalière ; & enſuite la moiſiſ-
» ſure, qui avoit paru s'arrêter, augmenta beau-
» coup une ſemaine après, principalement dans
» les terres où elle avoit d'abord paru. Vers la
» mi-août, les ceps avoient pris leur entier accroiſ-
» ſement, tant en tige qu'en branche ; les plus hâ-
» tifs commençoient à être en houblons, & les
» autres en fleurs : la moiſiſſure s'étendit juſque
» dans les cantons où l'on ne l'avoit point apper-
» çue auparavant, & non-ſeulement elle attaqua
» les feuilles, mais elle tacha les têtes des hou-
» blons ; &, vers le 20 d'août, il y en eut pluſieurs

» d'infectés , & même des branches entières ab-
» folument corrompues. Jufqu'ici la moitié des
» plantations avoient échappé , & même la moi-
» fiffure n'augmentoit pas beaucoup ; mais les
» vents continuels & les pluies abondantes qui fe
» firent pendant plufieurs jours de la femaine fui-
» vante , les dérangèrent fi fort , que la plupart
» commencèrent à décheoir , & même devinrent
» à rien ; & des plants qui étoient encore fains,
» & qui étoient reftés en fleur , les uns ne purent
» devenir houblons ; & , de ceux qui le devinrent,
» la plupart étoient fi petits , qu'ils excédoient de
» fort peu la groffeur d'une de leur tête , quand
» ils font en fleur : nous ne commençames à les
» cueillir qu'au 8 de feptembre , dix-huit jours
» plus tard que l'année précédente : la récolte fut
» de 200 livres fur un arpent, qui même ne furent
» pas bons. » Les meilleurs fe vendirent couram-
ment, pendant cette année , 16 livres fterlings le
cent pefant, au marché de Way-hill.

Les vignes fouffrirent auffi beaucoup du froid &
de l'humidité prefque continuelle de l'année
1725, elles s'en fentirent même l'année fuivante ;
& nous avons des preuves convaincantes dans les
quatre ou cinq dernières années, que l'humidité
ou la féchereffe de l'année précédente influe confidérablement fur les productions de la fuivante ;
auffi dans l'année 1722, dont tout l'automne ,
dès le commencement du mois d'août, fut fort
fec, auffi-bien que tout l'hiver fuivant, l'été
d'après fut abondant en raifin. L'anné 1723 fut remarquable par fa féchereffe, auffi y eut-il l'année
fuivante une très-grande quantité de raifins. L'année 1724 fut modérément sèche , & les vignes
produifirent au printemps fuivant une affez bonne

quantité de grappes ; mais par l'humidité & le froid de l'année 1725 , elles avortèrent & ne produi-sirent qu'avec peine quelques raisins : l'humidité extrême de cette année ne se borna pas seulement à ses propres productions, elle s'étendit à celles des années suivantes ; car, malgré les saisons favorables de 1726 , l'on n'eut que peu de raisins, excepté çà & là dans quelques terres fort sèches. Les vignerons prévoient ceci de bonne heure , lorsqu'en ébour-geonnant ils s'apperçoivent que les branches à fruit ne sont pas mûres ; car c'est-là la raison qui les empêche de porter du fruit. La première production des vignes en 1726 , ayant donc man-qué par-là dans plusieurs endroits, elles en pous-sèrent une seconde qui n'eut pas le temps de venir à maturité avant les saisons froides.

M. Miller m'envoya le Mémoire suivant, sur le long & rigoureux hiver de l'année 1728; on y verra l'effet qu'il eut sur les plantes & les arbres de ce pays-ci , & des contrées voisines.

« L'automne commença par des vents froids » de nord & d'est, & dès le commencement de » novembre il geloit toutes les nuits ; mais à la » vérité, cette gelée ne pénétroit pas plus avant » dans la terre que le dégel du jour. Vers la » fin de novembre les vents du nord devinrent » extrêmement froids , & furent suivis d'une » neige, qui dans une nuit tomba en si grande » abondance , qu'elle rompit par son poids les » grosses branches , & même abattit les têtes de » plusieurs arbres toujours verts , qu'elle avoit » chargés.

» Le vent du nord plaça cette neige sous un » temps obscur & couvert; mais après cela le ciel » s'éclaircit, & le soleil parut assez chaque jour

» pour fondre la neige qui lui étoit expofée, ce
» qui faifoit encore pénétrer la gelée plus avant
» dans les terres. On remarquoit que la férénité de
» ces jours étoit obfcurcie le foir par de grands
» brouillards qui flottoient dans les airs près de la
» furface de la terre, & qui ne difparoiffoient
» qu'à la nuit, dont le froid les condenfoit, & les
» faifoit tomber ; ce fut alors que les nuits com-
» mencèrent à être extrêmement froides : l'efprit
» de vin dans les thermomètres de M. Fowler,
» baiffa à 18 degrés au-deffous du point de la con-
» gélation. Le laurier-thym, la phyllirea, l'ala-
» terne, le romarin & plufieurs autres plantes dé-
» licates, commencèrent à fouffrir, fur-tout celles
» qui avoient été coupées & ébranchées jufqu'à
» tige nue, auffi-bien que celles qui avoient été
» taillées tard en été. Dans ce temps auffi, plu-
» fieurs arbres perdirent leur écorce, dont quel-
» ques-uns même étoient d'une groffeur confidé-
» rable, & entr'autres deux planes d'Amérique au
» Jardin du Roi à Chelfea ; ils avoient 40 pieds
» de hauteur, & demi-braffe de groffeur, & ils
» fe trouvèrent tous deux écorcés prefque depuis
» le pied jufqu'au fommet du côté de l'oueft. Dans
» une pépinière de M. Francis Hurft, l'écorce
» tomba à plufieurs grands poiriers du côté d'oueft
» & de fud-oueft. Dans plufieurs autres endroits,
» j'obfervai le même accident au même côté des
» arbres.

» Vers la mi-décembre, le froid fe relâcha, &
» parut fe fixer jufqu'au 23, qu'un vent d'eft ex-
» trêmemant froid & piquant ramena, & fit con-
» tinuer la gelée dans toute fa rigueur jufqu'au 28,
» qu'elle commença à diminuer de nouveau, &
» qu'elle parut même ceffer par le changement

» du vent au fud, qui ne demeura pas long-temps
» fans revenir à l'eft, & ramener la gelée, quoi-
» que avec moins de force qu'auparavant.

» La gelée continua donc jufqu'au milieu de
» mars, cependant avec quelques petits intervalles
» de temps doux, qui faifoient avancer les fleurs
» printanières ; mais le froid qui furvint dé-
» truifit tellement ce commencement de vigueur,
» qu'au lieu de fleurir à leur ordinaire en janvier
» & février, elles ne parurent qu'à la fin de mars
» ou au commencement d'avril : nous pouvons ci-
» ter le crocus, les hépatiques, l'iris de Perfe, les
» hellébores noires, les fleurs polyanthes, les me-
» zeireons, & plufieurs autres.

» Les choux-fleurs que l'on avoit plantés pen-
» dant ces intervalles de gelée, périrent prefque
» tous, ou du moins furent tellement attaqués,
» qu'ils perdirent une grande partie de leurs
» feuilles, au lieu que ceux qui avoient été plan-
» tés au mois d'octobre, échappèrent à merveille :
» les féves hâtives & les pois précoces périrent
» prefque tous, auffi-bien que la plupart des arbres
» fruitiers & de fervice nouvellement tranfplan-
» tés.

» Les curieux perdirent infiniment ; il mourut
» un grand nombre d'arbres, d'arbriffeaux & de
» plantes qui, quoique expofés à la rigueur des
» faifons depuis plufieurs années, n'avoient nulle-
» ment fouffert du froid, comme la grenadille,
» l'arboifier, l'arbre de liége, plufieurs plantes
» aromatiques, comme le romarin, la lavande,
» le ftœchas, la fauge, le lentifque, la marjo-
» laine de Syrie : même plufieurs perfonnes les
» jettèrent, mais peut-être imprudemment ; car
» dans les terres chaudes & sèches, où on les avoit

» comme abandonnées, il y en eut plusieurs qui
» repoussèrent à la racine, quoique l'été fût fort
» avancé avant qu'elles eussent donné le premier
» signe de guérison.

» Dans les serres, les plantes souffrirent beau-
» coup par leur longue prison; car la plus grande
» partie des jours étant obscure, & le vent soufflant
» continuellement avec violence, l'on n'osoit ou-
» vrir les fenêtres pour en chasser les vapeurs nui-
» sibles qui se forment toujours dans un air enfer-
» mé; ce qui rendit la plupart des plantes languis-
» santes & malades, & les fit périr peu de temps
» après.

» La gelée n'étoit pas plus forte chez nous, que
» dans les autres endroits de l'Europe : on peut
» même dire qu'elle étoit moins rigoureuse à pro-
» portion; car dans les provinces méridionales de
» France, les oliviers, les myrtes, les cistes, &
» plusieurs autres arbres & arbrisseaux, qui y
» croissent presque d'eux-mêmes, moururent ab-
» solument; & dans les provinces septentrionales
» de France, comme aux environs de Paris, les
» boutons de plusieurs espèces de fruitiers fanèrent
» & périrent avant que de s'épanouir : les figuiers
» exposés à l'air libre, furent pareillement dé-
» truits.

» En Hollande, les pins, sapins, & les autres
» arbres résineux, ne purent résister, quoique la
» plus grande partie d'entr'eux soit originaire des
» Alpes, & d'autres contrées froides & monta-
» gneuses; mais je conçois que l'on doit attribuer
» leur destruction à leur situation dans un pays
» bas, où leurs racines vont aisément jusqu'à l'eau,
» ce qui leur fait plus de mal en hiver que la
» gelée.

» On obſerva en Hollande, que les arbres &
» arbriſſeaux originaires de Caroline & de Virgi-
» nie, échappèrent, tandis que ceux d'Italie,
» d'Eſpagne, & des provinces méridionales de
» France, périrent entièrement; ce qui doit enché-
» rir ces premiers arbres, ſur-tout ceux qui ſont
» propres à quelques uſages, ou recommandables
» par leur beauté.

» En Allemagne, l'hiver fut ſi rude, qu'il dé-
» truiſit preſque toutes les plantes & toutes les
» fleurs que l'on n'avoit pas tranſportées dans des
» ſerres, ou défendues contre la gelée par des cou-
» vertures.

» En Ecoſſe, le froid & la gelée firent de ſi
» grands dommages, que j'en vais décrire quel-
» ques particularités, tirées d'une lettre d'un cu-
» rieux obſervateur qui demeure auprès d'Edim-
» bourg.

» Vers le 20 de novembre il y eut, dit-il,
» beaucoup de neiges, qui durèrent dix jours, &
» fondirent ſans aucune pluie; après quoi, juſqu'au
» milieu de décembre, il fit un aſſez beau temps
» pour l'hiver; mais alors il tomba par orage &
» par des vents violens de nord-eſt, une grande
» quantité de neige qui demeura ſur la terre, d'une
» grande épaiſſeur, juſqu'au 12 de janvier : pen-
» dant ce temps il geloit très-rigoureuſement, mais
» enſuite le froid diminua, & la neige fondit petit
» à petit. Vers la fin de janvier j'obſervai dans ma
» ſerre, que les fleurs & les jeunes rejetons des
» orangers, & les autres arbres étrangers, com-
» mençoient à paroître & à ſe préparer tous à l'ou-
» vrage de la végétation : nous avions en pleine
» terre les cyclamens printaniers, les pri-
» mevères, les aconites d'hiver, les héllebores,

» les polyanthes & les hyacintes d'hiver, en fleurs.

» Mais avant que de fuivre plus loin le détail
» du temps de ce rigoureux hiver, je veux vous faire
» part de mes penfées fur cette végétation qui fut
» fi précoce, malgré la grande intenfité du froid
» dans vos climats. D'abord il faut obferver que
» la neige tomba chez nous par des orages, &
» dans une faifon où cette gelée n'avoit pas encore
» pénétré la terre; de forte que la neige conferva
» la chaleur de la terre, & la garantit de la gelée
» qui ne fit qu'une croûte de glace à la furface de
» la neige. Pendant cette faifon, le vent d'eft qui
» nous vient de la mer, dont nous ne fommes qu'à
» huit milles, fouffla prefque toujours ; il n'étoit
» donc pas chargé d'autant de froid, que s'il nous
» fût parvenu après avoir parcouru un efpace de
» plus de deux cents milles de terre couverte de
» neige ; nous eûmes ce temps jufqu'au 5 de fé-
» vrier, qu'il tomba beaucoup de neige par un
» orage violent de vent fud-oueft, ce qui empêcha
» nos fleurs printanières de paroître, la gelée
» ayant pénétré la terre avant la chute de cette
» neige, qui continua pendant la plus grande par-
» tie du mois de février : elle ne nous empêcha
» pas de jouir quelquefois d'un beau foleil qui
» excita l'accroiffement des concombres & des
» melons ; mais pendant les nuits il geloit très-
» fort, ce qui détruifit une grande quantité de
» plantes qui n'étoient point couvertes.

» Tout étoit tranquille alors ; les fleurs des abri-
» cotiers & des pêchers continuoient à groffir, &
» n'étant pas ouvertes, elles fouffroient peu : pour
» les lauriers-thyms, ils fouffrirent extrêmement
» pendant cette rigoureufe faifon, fur-tout lorfque
» la neige fondue pénétra jufqu'à leurs racines.

» Un vent violent de fud-oueſt, très-piquant &
» très-froid, ſouffla pendant tout le temps que la
» neige mit à fondre, elle reſta même juſqu'au 12
» de mars dans les endroits où le ſoleil ne pouvoit
» donner; il fit enſuite un temps fort doux pendant
» fix jours, ce qui nous fit ſortir nos œillets, dont
» nous perdîmes beaucoup; le vent froid continua
» toujours, mais variable, du fud-oueſt au nord-
» oueſt, & quelquefois au nord-eſt. Vers le 23
» mars il devint nord-eſt & nord, & le froid étoit
» très-grand. Le ſoir le vent diminuoit, & le ſoleil
» ſe cachoit; le mercure baiſſa cette nuit du 23
» dans le baromètre : à deux heures du matin, un
» ouragan terrible amena, par un vent nord-eſt, de
» la neige de 6, 10 & 12 pieds de hauteur en plu-
» ſieurs endroits, avec un froid exceſſivement per-
» çant : cette neige continua de tomber juſqu'à
» dix heures du matin, que le vent tourna au nord-
» oueſt avec une impétuoſité incroyable & un
» froid extrême; ce fut alors que des troupeaux
» entiers de mouton & d'autre bétail périrent en
» grand nombre, & furent perdus dans les mon-
» tagnes de neiges; & que beaucoup de pauvres
» gens, en allant les chercher, triſte & terrible
» ſouvenir! ſubirent le même ſort, & furent enſe-
» velis dans la neige.

   » Tous les abricots & toutes les pêches en eſ-
» paliers qui étoient alors en fleur, furent dé-
» truites avec les arbres qui les portoient, dont
» l'écorce creva. »

   J'ai ſouvent obſervé, par le moyen de mes thermomètres, que lorſqu'il fait les ſoirs ou les matins
cette eſpèce de brouillard qui voltige, qui s'attache facilement, & qui ordinairement annonce
le beau temps, l'air, qui les jours précédens étoit

beaucoup

beaucoup plus chaud, devient tout d'un coup, par l'abſence du ſoleil, de pluſieurs degrés plus froid que la ſurface de la terre, qui étant environ 1500 fois plus denſe que l'air, ne peut pas être altérée ſi vîte par les changemens ſubits de chaleur & de froid; d'où il eſt probable que ces brouillards ne ſont autre choſe que des vapeurs qui s'élèvent par la chaleur de la terre, & qui ſont bientôt condenſées & rendues viſibles par la fraîcheur de l'air. J'ai obſervé cette même différence de froid & de chaud ſur l'air & l'eau, en mettant, dans un temps de brouillard pareil à celui que je viens de décrire, mon thermomètre qui avoit été expoſé toute la nuit à l'air libre en été, dans l'eau d'un étang, un inſtant avant le lever du ſoleil.

CHAPITRE II.

Expériences ſur la force avec laquelle les Arbres tirent l'humidité.

DANS le premier Chapitre, on a vu la grande quantité de liqueurs que les végétaux tirent & tranſpirent; je me propoſe dans celui-ci de faire voir avec quelle force ils la tirent.

Comme les végétaux manquent de cette puiſſante machine qui, dans les animaux, par ſes dilatations & contractions alternatives, oblige le ſang de couler dans les artères & les veines, la nature les a dédommagés, en leur fourniſſant d'autres moyens actifs & puiſſans pour tirer, élever & tenir en mouvement la sève qui les anime; on en jugera par les expériences de ce Chapitre & du ſuivant.

E

Je commencerai par une expérience fur les racines, que la nature a, par providence, eu foin de couvrir d'une efpèce de couloir très-fin, & d'un tiffu fort épais & fort ferré ; enforte qu'il ne peut rien paffer dans les racines, qui ne puiffe aifément auffi paffer par les feuilles, & être rejeté par la tranfpiration, feul chemin que puiffent prendre les excrémens des végétaux.

EXPÉRIENCE XXI.

LE 13 d'août de l'année fort sèche 1723 , je creufai à 2 pieds $\frac{1}{2}$ de profondeur, à la racine d'un poirier d'Angleterre, & je découvris une racine n (*Pl. V. fig. 10.*) de $\frac{1}{2}$ pouce de diamètre ; je coupai l'extrémité de la racine en i, & je mis le chicot i n, dans le tuyau de verre $d\ r$, qui avoit 1 pouce de diamètre & 8 pouces de longueur, le cimentant bien en r ; je joignis à ce premier tuyau de verre un autre tuyau $d\ z$, qui avoit 18 pouces de longueur, & $\frac{1}{4}$ de pouce de diamètre intérieurement.

Je tournai en haut le bout d'en bas de ce dernier tuyau $d\ z$, je le remplis d'eau ; puis, en y appliquant mon pouce pour l'empêcher de fortir, je le remis dans fa première fituation, enforte que fon extrémité z trempoit dans le mercure qui étoit dans la cuvette x ; après quoi j'ôtai mon doigt qui bouchoit le bout du tuyau z.

La racine tira l'eau avec tant de vigueur, qu'en 6 minutes le mercure avoit monté dans le tuyau $d\ z$, à la hauteur z, c'eft-à-dire, à 8 pouces.

A huit heures le lendemain matin, le mercure avoit baiffé de 2 pouces, quoique la racine i trempât encore de 2 pouces dans l'eau. Tandis que la racine tiroit l'eau, il fortoit un nombre infini de bulles d'air en *i* , qui fe logèrent dans la partie *r* la plus élevée du tuyau , lorfque l'eau l'eut quittée en s'abaiffant.

EXPÉRIENCE XXII.

LA XIe. Expérience nous montre la grande force avec laquelle les branches tirent l'eau, puifqu'une branche avec fes feuilles a pour tirer une puiffance plus grande , & tire en effet l'eau avec plus de force qu'une colonne d'eau de 7 pieds de hauteur n'en a pour la pouffer dans le même temps à travers une longueur de 13 pouces de tige. Dans l'Expérience fuivante , nous aurons encore une plus grande preuve de leur force de fuccion.

Le 25 de mai, je coupai fur un jeune pommier vigoureux, une branche *b* (*Pl. V. fig. 11.*) d'environ 3 pieds de longueur, je lui laiffai tous fes rameaux & toutes fes feuilles : le diamètre *i* de fa tige étoit de $\frac{3}{4}$ de pouce ; j'en mis l'extrémité dans le verre cylindrique *e r* , qui avoit un grand pouce de diamètre intérieur , & 8 pouces de longueur ; je liai & cimentai bien le tuyau en *r*, après avoir auparavant ajufté & plié une bande de peau de mouton tout autour de la tige, pour la faire joindre & s'adapter au tuyau en *r ;* enfuite je cimentai la jointure avec un mélange de cire & de térébenthine, qui faifoit un maftic fort & gluant , en les fondant d'abord enfemble, & les laiffant refroidir : fur ce maftic , j'appliquai plufieurs veffies mouillées, liant bien le tout avec de la ficelle ; & je joignis au tube *e r*, un autre plus petit tube *e ʒ* , de $\frac{1}{4}$ de pouce de diamètre intérieur , & de 18 pouces de longueur. L'épaiffeur de ce tuyau de verre doit être au moins de $\frac{1}{8}$ de pouce , autrement il pourroit caffer en faifant cette expérience.

Ces deux tubes étoient cimentés ensemble en *e*, d'abord avec un ciment dur, & dont on se sert ordinairement pour la machine du vide : je m'en servois pour tenir ces deux tuyaux bien joints l'un à l'autre ; mais ce ciment dur, tant par la longue humidité, que par les différentes dilatations & contractions du verre & du ciment, se séparoit du verre dans les temps chauds, & donnoit entrée à l'air : pour prévenir cet inconvénient, j'appliquai sur la jointure le mastic de cire & de térébenthine, avec une vessie mouillée que j'attachai par dessus. Si l'on se sert de craie pulvérisée, au lieu de poudre de brique pour faire le ciment dur, il en est plus liant, & il ne se délaie pas si facilement dans l'eau.

Lorsque la branche fut ainsi fixée au tuyau, je la tournai en bas, & les tuyaux en haut ; puis je les remplis tous deux d'eau, & j'appliquai le bout de mon doigt sur l'ouverture du petit tuyau ; après quoi je la plongeai aussi vîte qu'il me fut possible dans la cuvette de verre *x*, pleine de mercure & d'eau.

Lorsque la branche étoit perpendiculaire, comme dans la figure, sa tige trempoit de 6 pouces dans l'eau, savoir de *r* en *i*.

Cette eau fut tirée par la branche à sa coupe transversale *i* ; & à mesure qu'elle montoit dans les vaisseaux séveux de la branche, le mercure montoit de la cuvette *x* dans le tube *e* ζ, de sorte qu'en une demi-heure le mercure étoit à ζ, à 5 pouces $\frac{1}{4}$ de hauteur.

Cette élévation du mercure ne montre pas encore toute la force avec laquelle la sève est tirée ; car, tandis que la branche suçoit l'eau, sa coupe transversale étoit toujours couverte d'un nombre

infini de bulles d'air qui en fortoient, & qui s'ef-
forçoient d'occuper un efpace qu'elles agrandif-
foient à mefure que la branche tiroit l'eau : la
hauteur du mercure étoit donc feulement proportionnelle à l'excès de la quantité d'eau tirée par
la branche, fur la quantité d'air qui en étoit forti
par cette partie de la tige.

Si cette quantité d'air qui fortoit par la tige
dans le tuyau, eût pu être égale à la quantité d'eau
tirée par la branche, le mercure n'auroit point du
tout monté, parce qu'il ne fe feroit point trouvé
de place pour lui dans le tuyau.

Mais fi, fur douze parties d'eau, la branche en
tire neuf, & qu'il ne forte en même temps de la
tige que trois parties d'air dans le tuyau, le mercure doit néceffairement alors monter à 6 pouces ou environ, & toujours ainfi proportionnellement, felon les différens cas.

Dans cette Expérience & dans plufieurs autres
qui fuivent, & qui font de la même efpèce, j'obfervai que le mercure montoit plus haut pendant
un beau foleil que dans tout autre temps, & auffi
que vers le foir il defcendoit de 3 ou 4 pouces, &
remontoit le jour fuivant lorfque la chaleur reve-
noit ; mais rarement s'élevoit-il à la même hauteur que d'abord ; car j'ai toujours trouvé que les
vaiffeaux féveux, après la coupe, perdent tous les
jours de cette facilité qu'ils ont de laiffer paffer
l'eau ou la sève ; car celle de la vigne n'entre jamais dans la tige avec tant de liberté trois ou quatre jours après la coupe, qu'elle le faifoit auparavant, c'eft-à-dire, immédiatement après la coupe, probablement parce que les vaiffeaux capillaires de la coupe font rétrécis par la réplétion ex-
traordinaire des véficules & des autres interftices.

E iij

En rognant le bout de la tige de 1 pouce ou 2, la branche tiroit mieux, mais cependant jamais avec tant de force ou de liberté, que lorsque la branche venoit d'être séparée de l'arbre.

Je fis cette même Expérience XXII sur un grand nombre de branches de différentes grosseurs & longueurs, & de différentes espèces, dont voici les principales.

E X P É R I E N C E XXIII.

LE 6 & le 8 de juillet, je fis cette Expérience avec plusieurs rejetons de vigne de l'année, dont chacun avoit deux grandes verges * de longueur.

* La verge est une mesure de 3 pieds d'Angleterre.

Le mercure monta beaucoup plus lentement que dans l'Expérience sur la branche de pommier: par un beau soleil il s'élevoit plus vîte & plus haut que dans tout autre temps; mais jamais ces branches de vigne ne purent le tirer plus haut de 4 pouces le premier jour, & de 2 pouces le troisième.

Après le coucher du soleil, le mercure baissoit quelquefois entièrement, puis remontoit le jour suivant, lorsque le soleil donnoit sur la branche.

Et j'ai observé que, lorsqu'il se trouvoit quelques-unes de ces branches de vigne au nord d'un gros tronc de poirier, le temps de la plus grande élévation du mercure étoit à six heures du soir, que le soleil commençoit à donner sur ces branches.

E X P É R I E N C E XXIV.

LE 9 d'août, à dix heures du matin, par un beau soleil, je fis la même expérience avec une branche de pommier de nonpareil, chargée de vingt pommes & de tous ses rameaux: elle avoit 2 pieds de longueur, & sa coupe transversale étoit de $\frac{5}{8}$ de pouce de diamètre. D'abord elle éleva le mercure très-vigoureusement ; car en sept minutes il monta jusqu'à z, à 12 pouces de hauteur. Le mercure étant 13 $\frac{2}{3}$ de fois plus pesant spécifiquement que l'eau, il est facile de voir à quelle hauteur ces différentes branches auroient élevé l'eau dans ces expériences ; car une branche qui peut élever le mercure à 12 pouces, élèvera l'eau à 13 pieds 8 pouces, auxquels il faut encore ajouter la colonne d'eau depuis *r* jusqu'à z ; car cette colonne d'eau est soulevée par le mercure.

Dans le même temps, je fis aussi l'expérience sur une branche de reinette dorée, de 6 pieds de longueur : le mercure ne monta qu'à 4 pouces ; ses élévations par des branches de même espèce & de grandeurs à peu près égales, étant plus ou moins grandes, selon le plus ou moins de liberté avec laquelle l'air sortoit par la tige. Dans l'expérience précédente sur la branche de nonpareil, j'avois avec ma bouche un peu sucé au petit bout du tuyau, pour en tirer quelques bulles d'air, avant que de le tremper dans le mercure : (ces bulles d'air sortent encore mieux par le moyen d'un fil de fer, que l'on promène çà & là dans toute la longueur du tube) : cette succion en fit sortir quelques-unes ; &, quoique ce fût en petite partie, je ne laissai pas de trouver dans cette expérience & dans plusieurs autres, qu'après une pareille succion l'eau entroit avec plus de liberté dans la tige, & même en plus grande quantité que le volume d'air qu'on en avoit tiré par la succion ; probablement parce que ces bulles d'air arrêtent dans les vaisseaux séveux l'élévation de l'eau, à peu près comme on le voit dans les tuyaux capillaires de verre.

E iv

Lorsqu'après cette succion, le mercure est arrivé à sa plus grande élévation, ce qu'il fait quelquefois en sept minutes, & d'autres fois en une demi-heure ou une heure, il commence ensuite à baisser, & continue de descendre jusqu'à 5 ou 6 pouces de hauteur, à laquelle la branche l'auroit élevé sans l'aide de la succion de la bouche.

Mais lorsque, sans cette succion, le mercure est dans un jour fort chaud tiré par la branche à 5 ou 6 pouces de hauteur, il y demeure ordinairement plusieurs heures pendant la chaleur du soleil, parce que pendant tout ce temps l'humidité tirée par la branche s'exhale en abondance par les feuilles, ce qui augmente la force de la tige pour tirer l'eau plus abondamment, comme il est clair par plusieurs expériences du premier Chapitre.

Lorsque, dans un tuyau de verre fixé à une branche, & dont l'extrémité trempe dans le mercure, le mercure qui y est élevé baisse pendant la nuit, il ne montera pas lorsque le soleil donnera sur lui la matinée suivante, à moins que vous n'ayez rempli d'abord le tuyau avec de l'eau ; car si la moitié ou le quart du grand tube *e r* est rempli d'air, cet air sera raréfié par la chaleur du soleil ; & cette raréfaction fera baisser l'eau dans le tube, & empêchera par conséquent le mercure de monter.

Mais lorsque le premier jour les branches, comme les rejetons de vigne, Expérience XXIII, ne tirent qu'une petite quantité d'eau, le mercure monte le second & le troisième jour, lorsque le soleil donne dessus la branche, sans qu'il soit nécessaire de remettre dans le tube la petite quantité d'eau qu'elle en a tirée.

EXPÉRIENCE XXV.

AFIN de faire de pareilles expériences sur de plus grosses branches, qui, selon toutes les apparences, devoient élever le mercure plus haut que les petites, je fis souffler des verres de la figure de ceux qui sont ici représentés (*Pl. V. fig. 12.*); je les pris de différentes grosseurs en r, de 2 pouces jusqu'à 5 pouces de diamètre, avec une grosse boule proportionnelle en c, dont la tige z approchoit autant qu'il étoit possible de $\frac{1}{4}$ de pouce en diamètre, sur 16 pouces de longueur.

Je cimentai un de ces vaisseaux de verre à une branche b de pommier vigoureux, & d'une écorce unie, longue de 12 pieds, & de 1 pouce $\frac{3}{4}$ de diamètre en i; je remplis d'eau le vaisseau de verre, & j'en trempai le petit bout dans le mercure x, qui ne monta qu'à 4 pouces, quoique l'eau fût tirée en abondance; mais l'air sortoit trop vîte de la tige en i, pour que le mercure pût s'élever.

Plusieurs autres expériences me convainquirent que les branches de deux, trois ou quatre ans, sont les plus propres & les plus puissantes à élever le mercure : les vaisseaux de celles qui sont plus vieilles sont trop larges, & l'air passe trop librement à travers leurs écorces, & sur-tout à travers les vieilles plaies des boutons coupés ; ce que nous prouverons plus évidemment dans le Chapitre V.

EXPÉRIENCE XXVI.

A midi, le 30 juillet, (soleil & nuages précédés de vingt-quatre heures de pluies continuelles) je coupai une branche de pommier de pommes d'or bb, (*Pl. VI. fig. 13.*) de 3 pieds de longueur ;

elle avoit plufieurs rameaux tous chargés de feuilles : fon diamètre étoit, en *p*, à très peu près de
1 pouce ; je couvris de ciment le bout *p*, & je liai
par deffus une veffie mouillée.

Je coupai enfuite en *i* le principal rameau de
la cime dans un endroit *i*, où il avoit $\frac{1}{2}$ pouce
de diamètre, & je cimentai en *i* le tube $z\,r$;
puis, rempliffant ce tube avec de l'eau, j'en fis
tremper le bout dans le mercure *x*, enforte que
cette branche étoit renverfée, & avoit le chicot
du rameau *i* de fa tête dans le tuyau de verre *r i*.

Elle tira l'eau avec une telle force, qu'elle fit
élever le mercure dans une progreffion prefque
égale à 11 pouces $\frac{1}{2}$ en trois heures ; (le foleil
étoit alors très-chaud) : l'eau fut tirée de forte qu'il
n'en refta point dans le tuyau *r i* ; &, lorfque le
tuyau fut vide, l'extrémité *i* de la branche n'étant
plus dans l'eau, les bulles d'air paffèrent plus
librement de *r* en *i* ; & comme l'eau pendant ce
temps ne pouvoit être tirée, puifque la tige n'y
trempoit pas, le mercure baiffa de 2 ou 3 pouces en une heure.

A quatre heures $\frac{1}{4}$ je remplis de nouveau la
jauge avec de l'eau ; par ce moyen, le mercure
remonta de la cuvette dans le tube à 6 pouces
le premier quart d'heure, & une heure après, à
la même hauteur qu'auparavant, de 11 pouces $\frac{1}{2}$:
dans une heure $\frac{1}{4}$ il monta encore de $\frac{1}{4}$ de pouce ;
mais une demi-heure après il commença douce-
ment à baiffer, parce que le foleil déclinant, la
tranfpiration des feuilles diminuoit, & par conféquent la fuccion de l'eau par la branche en *i* ;
car fon extrémité *i* trempoit alors de 1 pouce
dans l'eau.

Le 31 juillet il plut tout le jour, & le mercure

ne monta que de 3 pouces, & demeura à cette hauteur toute la nuit fuivante. Le premier d'août beau foleil: le mercure monta jufqu'à 8 pouces; ceci montre encore la puiſſance de cet aſtre pour faire élever le mercure.

Cette expérience nous fait voir que les branches tirent indifféremment, & auſſi-bien par leurs rameaux coupés que par leurs tiges; nous en aurons encore des preuves plus convaincantes dans le quatrième Chapitre.

EXPÉRIENCE XXVII.

POUR éprouver fi les branches tireroient, après les avoir dépouillées de leurs écorces, avec la même force que lorfqu'elles en font revêtues, je pris deux branches que j'appelle *M* & *N*; je fixai *M* comme dans l'expérience précédente, la tête en bas, après avoir ôté toute l'écorce de *i* en *r*; je fixai enfuite de la même façon la branche *N*, auſſi dépouillée de fon écorce de *i* en *r*, mais avec fa tige en bas: les deux branches élevèrent le mercure jufqu'à *z*, à 8 pouces; de forte qu'elles tirèrent chacune avec une égale force à leurs deux extrémités, & cela fans écorce.

EXPÉRIENCE XXVIII.

LE 13 d'août, je dépouillai de fes feuilles une branche de pommier, & je fixai le bout de fa tige dans la jauge; elle éleva d'abord le mercure à 2 pouces $\frac{1}{2}$, mais il baiſſa bientôt par le défaut de tranfpiration qui fe fait fi abondamment par les feuilles: l'air même entroit dans la jauge prefque auſſi vîte que la branche pouvoit tirer l'eau.

EXPÉRIENCE XXIX.

JE voulus essayer aussi de trouver avec quelle force les branches pourroient tirer par leurs petites extrémités, lorsqu'elles sont dans leur état naturel sur les arbres; & pour cela le 2 d'août je cimentai bien la jauge $i\,z$ (*Pl. VI. fig. 14.*) à la branche b d'un pommier nain de pommes d'or, le même dont une des branches m'avoit servi pour l'Expérience XXVI; je courbai la branche, afin de pouvoir faire tremper le petit bout de la jauge dans le mercure : cette branche tira l'eau par sa coupe transversale en i, de sorte que le mercure monta à 5 pouces obliquement, & à 4 pouces perpendiculairement dans le tuyau z.

Dans cette expérience-ci, comme dans plusieurs autres qui précèdent, il y avoit plusieurs plaies sur la partie de la branche ri, qui provenoient du retranchement d'un grand nombre de petits rejetons & d'yeux gonflés, que j'avois été obligé de couper pour faire entrer aisément la branche dans le tuyau : si l'on couvre ces plaies avec des boyaux de mouton, & qu'on les lie par dessus avec de la ficelle, on empêchera en bonne partie l'air de sortir par ces plaies, ce qui est un inconvénient ; mais j'ai toujours trouvé que mes expériences réussissoient mieux lorsque la partie de la branche que je destinois à faire entrer dans le tuyau $i\,z$, étoit sans plaie & sans cicatrice ; car alors la liqueur y entroit avec plus de liberté, & il en sortoit beaucoup moins d'air.

Le même jour je fixai de la même manière la jauge à un abricotier : il tira le mercure à 3 pouces de hauteur ; &, quoique l'eau que contenoit le tuyau fût en peu de temps toute sucée par l'abri-

Pl. 3.

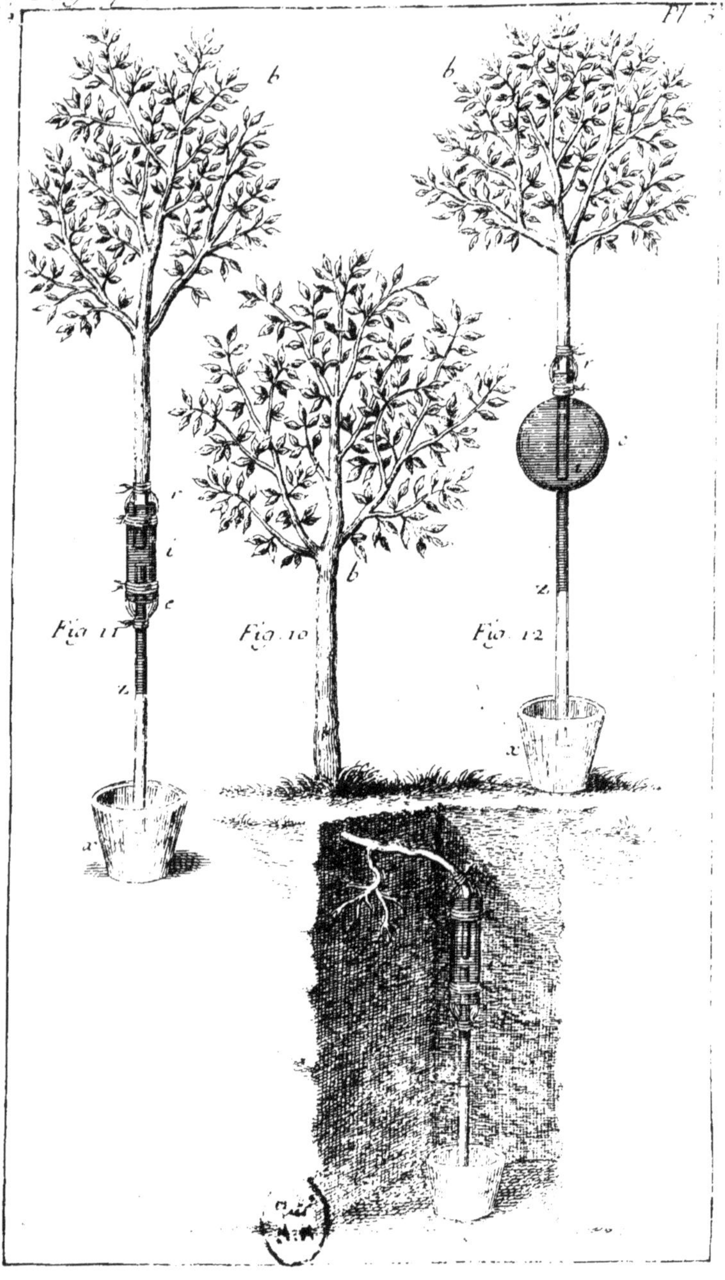

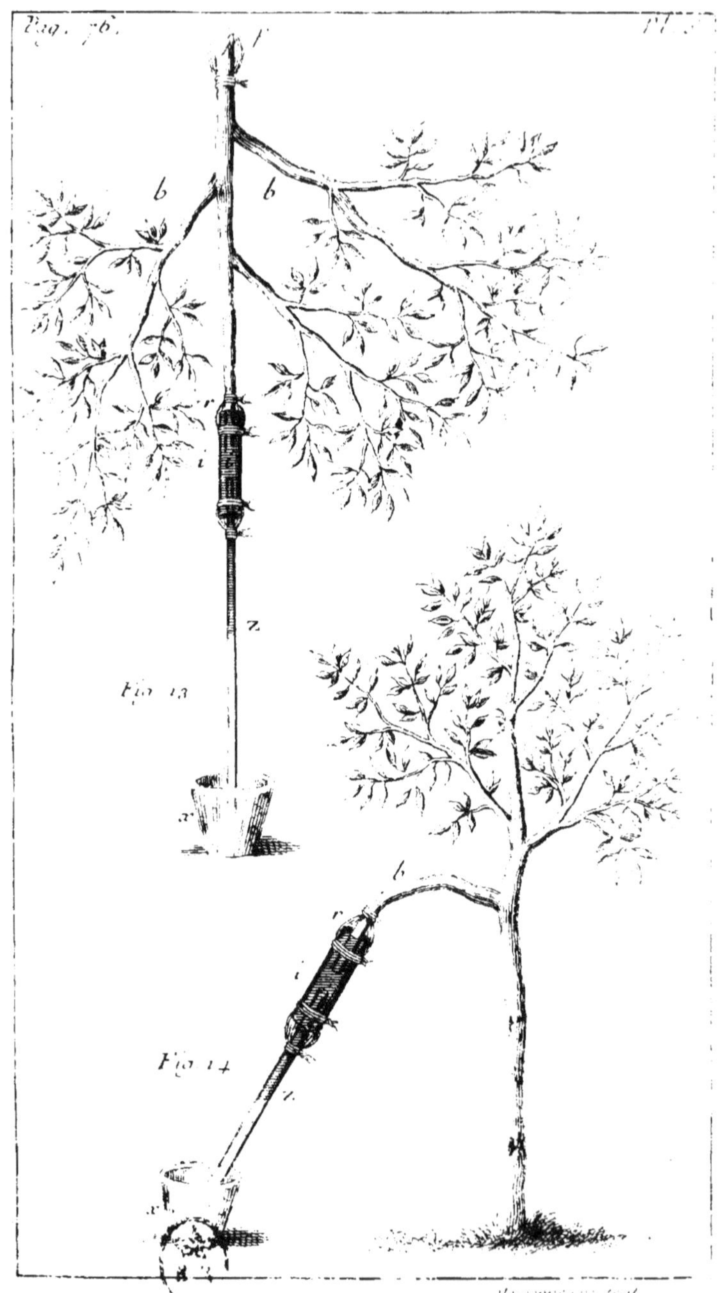
Pag. 76.
Fig. 13.
Fig. 14.

cotier, le mercure ne laiſſa pas de monter de 1 pouce chaque jour, & de baiſſer la nuit, & cela pendant pluſieurs jours; de ſorte que la branche doit néceſſairement tirer beaucoup d'air le jour, & le rendre la nuit.

EXPÉRIENCE XXX.

VOICI encore une preuve, dans l'expérience ſuivante, de la force des feuilles pour élever la sève.

Le 6 d'août je cueillis une groſſe pomme * *a*, (*Pl. VII. fig. 15.*) avec une petite tige de 1 pouce $\frac{1}{2}$ de longueur, & douze feuilles *g* qui y étoient attachées.

* *Ruſſet pip-pin.*

Je cimentai bien, & je mis le bout de cette petite tige au dedans du tuyau *d z*: ce tuyau avoit 6 pouces de longueur, & $\frac{1}{4}$ de pouce de diamétre intérieur; la tige tira l'eau, & éleva le mercure en *z*, à 4 pouces de hauteur.

Je fixai de la même manière une autre pomme de la même groſſeur & du même arbre, à un pareil tuyau: je lui avois ôté les feuilles; elle n'éleva le mercure qu'à 1 pouce.

Je fixai de même une petite branche à fruit, ſemblable aux tiges des deux pommes, mais qui ne portoit que douze feuilles ſans pomme; elle éleva le mercure à 3 pouces.

Enfin je pris une petite branche à fruit, pareille aux autres, ſans feuilles & ſans pomme; elle éleva le mercure à $\frac{1}{4}$ de pouce.

Ainſi une petite tige avec une pomme & des feuilles, éleva le mercure à 4 pouces; une pareille petite tige avec des feuilles ſans pomme, éleva le mercure à 3 pouces; & une autre avec une pomme ſans feuilles, à 1 pouce.

Un coing avec deux feuilles attachées à ſon

pédicule, éleva le mercure à 2 pouces $\frac{1}{2}$, & le foutint à cette hauteur pendant un temps confidérable.

Une branche de menthe, fixée de la même manière, éleva le mercure à 3 pouces $\frac{1}{2}$; elle auroit par conféquent élevé l'eau à 4 pieds 5 pouces.

Expérience XXXI.

J'éprouvai aussi la force de fuccion fur un très-grand nombre de différens arbres, en fixant la jauge à leurs branches comme dans l'Expérience XXII.

Le poirier, le coignaffier, le cerifier, le noyer, le pêcher, l'abricotier, le prunier, le prunellier, l'aubepin, le grofellier blanc, le fureau d'eau, & le fycomore, élevèrent le mercure de 6 à 3 pouces : ceux qui tiroient l'eau avec le plus de liberté dans les expériences du premier Chapitre, élevoient auffi plus haut le mercure, excepté le châtaignier, qui, quoiqu'il tirât l'eau avec beaucoup de liberté, n'éleva cependant le mercure qu'à 1 pouce, parce que l'air paffoit fort vîte de fes vaiffeaux féveux dans la jauge.

Les arbres fuivans n'élevèrent le mercure que depuis 1 jufqu'à 2 pouces ; favoir, l'orme, le chêne, le châtaignier, le noifetier franc, le figuier, le mûrier, le faule, le marfaule, l'ofier, le frêne, le tilleul, & le grofellier rouge.

Tous les arbres & toutes les plantes qui fuivent, auffi-bien que les arbres toujours verts, n'élevèrent point du tout le mercure ; favoir, le laurier, le romarin, le laurier-thym, la phyllirea, le genêt, la rue, l'épine-vinette, le jafmin, les branches de concombres & de courges, & les topinambours.

E X P É R I E N C E XXXII.

NOUS avons encore une preuve de la grande force avec laquelle les végétaux tirent l'humidité, dans l'expérience suivante.

Je remplis prefque abfolument de pois & d'eau (*Pl. XV. fig. 37.*) le pot de fer *a b*, & je mis deffus les pois un couvercle de plomb, entre lequel & les côtés du pot, il y avoit affez de jour pour laiffer paffer l'air qui fortoit des pois ; je mis alors 184 livres deffus le couvercle : les pois qui tiroient l'eau fe dilatèrent avec tant de force, qu'ils foulevèrent le couvercle avec tout le poids dont il étoit chargé.

La dilatation des pois eft toujours égale à la quantité d'eau qu'ils tirent ; car fi l'on met un petit nombre de pois dans un vaiffeau, & que ce vaiffeau foit abfolument rempli d'eau, quoique les pois fe dilatent environ le double de leur groffeur naturelle, l'eau ne coule cependant pas par deffus les bords du vaiffeau, ou du moins très-peu, & cela à caufe de l'expanfion des petites bulles d'air qui fortent des pois.

Je voulus favoir s'ils élèveroient un poids beaucoup plus grand ; & pour cela, par le moyen d'un levier dont l'extrémité étoit chargée de plufieurs poids, je comprimai différentes quantités d'autres pois dans le même pot avec une force de 1600, 800, & 400 livres ; mais quoique dans ces expériences les pois fe dilataffent, ils ne foulevèrent cependant pas le levier, parce que le tròp grand poids dont ils étoient chargés, repouffoit & preffoit dans les interftices des pois les parties qui auroient augmenté leur volume, ce qui les rem-

pliſſoit proportionnellement, & leur faiſoit prendre une figure de dodecaèdres aſſez régulière.

Nous voyons par cette expérience, la grande
force avec laquelle les pois ſe dilatent; & ſans
doute c'eſt une partie conſidérable de cette même
force, qui non-ſeulement pouſſe & fait ſortir la
plume hors de terre, mais auſſi qui donne à la petite radicule qui ſort du pois & à toutes les jeunes
fibres, la force de pénétrer, percer & ſe ramifier
au dedans de la terre.

Expérience XXXIII.

Nous voyons dans les expériences de ce
Chapitre, pluſieurs grands exemples de la puiſſance
efficace de l'attraction, ce principe univerſel, &
dont l'activité ſe montre dans tous les différens
ouvrages de la nature; il réſide, pour ainſi dire,
plus éminemment dans les végétaux, dont les plus
petites parties ſont, avec un ordre extrême, diſpo-
ſées de la façon la plus convenable pour attirer
par leurs forces unies la nourriture qui leur eſt
propre.

Nous trouverons par l'expérience ſuivante, que
les particules des végétaux & des autres corps,
quoique déſunies, ne laiſſent pas d'avoir une forte
puiſſance d'attraction lorſqu'on les mêle confu-
ſément.

Il eſt évident que les particules du bois ſont ſpécifiquement plus peſantes, & par conſéquent plus
fortes d'attraction que l'eau; car d'abord pluſieurs
eſpèces de bois vont au fond de l'eau; d'autres,
comme le liège, n'y vont pas d'abord, mais ſi on
leur donne le temps de laiſſer remplir d'eau leurs
interſtices, ils vont auſſi au fond de l'eau; c'eſt ce
que je ſais du docteur Deſaguilliers, qui trouva
qu'un

qu'un liège qui avoit féjourné dans l'eau pendant quatre ans, étoit enfuite fpécifiquement plus pefant que l'eau : les autres bois enfin, comme le kinkina, vont au fond de l'eau lorfqu'ils font réduits en poudre très-fine, les petites cavités qui les font furnager ne fubfiftant plus.

Afin d'éprouver la force de fuccion des cendres de bois, je remplis un tuyau de verre $c r i$, (*Pl. VI. fig. 16.*) de 3 pieds de longueur, & de $\frac{7}{8}$ de pouce de diamètre, de cendres de bois bien sèches & bien paffées à un tamis fin, & je les bourrai afin de les bien preffer : à l'extrémité i du tuyau, j'attachai un morceau de toile pour empêcher les cendres de tomber : enfuite je cimentai bien en r le tuyau c à la jauge $r z$; & lorfque je l'eus abfolument remplie d'eau, j'en fis tremper le bout dans le mercure de la cuvette x ; & enfin au deffus o du tuyau c, je fixai par une vis la jauge $a b$, dans laquelle il y avoit du mercure.

Les cendres tirèrent l'eau, & élevèrent le mercure de x à z, à 3 ou 4 pouces, en peu d'heures ; mais les trois jours fuivans il ne monta que d'un pouce, $\frac{1}{2}$ pouce, $\frac{1}{4}$ de pouce, & ainfi de moins en moins ; de forte qu'en cinq ou fix jours il ceffa de s'élever : fa plus grande hauteur fut de 7 pouces, ce qui eft égal au poids d'une pareille colonne de 8 pieds d'eau.

Ceci n'eut qu'un fort petit effet fur le mercure dans la jauge fupérieure $a b$; il s'éleva feulement d'un pouce ou un peu plus, au deffus de fon niveau dans la branche a, comme s'il eût été tiré par les cendres qui pompoient l'air en a, pour fuppléer à quelques bulles qui s'en étoient échappées par i.

Mais lorfque je féparai le tuyau $c o$ de la jauge

F

$r\,z$, & que je mis l'extrémité i dans un vaiffeau d'eau en toute liberté, alors cette eau n'étant pas gênée & retenue comme dans la jauge $r\,z$, elle s'éleva plus vîte & plus haut dans le tuyau $c\,o$ plein de cendre, & elle fit baiffer le mercure en a; de forte qu'il étoit plus bas de 3 pouces que dans la branche b; cet effet fut caufé par la fortie de l'air mêlé parmi les cendres, qui fut obligé de céder fa place à l'eau, & de s'élever en a.

Je remplis un autre tuyau de 8 pieds de longueur, & de $\frac{1}{2}$ pouce de diamètre, avec du *minium* ou plomb rouge, & je le fixai comme $c\,o$ aux jauges $r\,z$, $a\,b$; le mercure monta graduellement jufqu'à z, à 8 pouces.

Dans ces deux expériences, l'extrémité i du tuyau étoit couverte d'un nombre infini de bulles d'air qui fe fuccédoient continuellement, à peu près comme à la coupe tranfverfale des branches dans les expériences de ce Chapitre; mais dans celles-ci comme dans celles-là, la quantité de ces bulles d'air diminuoit tous les jours, de forte qu'à la fin il n'en fortoit que fort peu, l'eau rempliffant fi fort les parties de l'extrémité i qui y étoit plongée, qu'il n'y avoit plus de place pour laiffer paffer l'air.

Au bout de vingt jours je tirai le plomb rouge hors du tuyau, & je trouvai que l'eau avoit monté de 3 pieds 7 pouces : elle fe feroit fans doute encore plus élevée, fi elle n'eût pas été chargée par le mercure dans la jauge z; ce qui fit qu'elle ne monta dans les cendres qu'à 20 pouces, tandis que de l'eau libre auroit monté à 30 ou 40 pouces.

Le chevalier Ifaac Newton, dans fon *Optique*,

queſt. 31, obſerve « que l'eau s'élève à une ſi
» grande hauteur par la ſeule action des particu-
» les de cendres qui ſe trouvent ſur la ſuperficie
» de l'eau ; car les particules de ces cendres qui
» ſe trouvent dans l'eau, la tirent ou la repouſ-
» ſent auſſi-bien en haut qu'en bas. L'action des
» particules de cendres eſt donc très-forte ; mais
» comme ces particules de cendres ne ſont pas ſi
» denſes ni ſi compactes que celles du verre, leur
» action n'eſt par conſéquent pas ſi forte que celle
» du verre ; car le mercure eſt ſoutenu par le verre
» à une hauteur de 60 ou 70 pouces : d'où l'on
» voit que le verre agit avec une force qui de-
» vroit tenir l'eau ſuſpendue à une hauteur de plus
» de 60 pieds.

» C'eſt par la même raiſon qu'une éponge ſuce
» l'eau ; & que dans les corps des animaux les glan-
» des, ſelon leur nature différente & leur texture,
» tirent & ſéparent différens ſucs du ſang. »

Et c'eſt auſſi par le même principe que les plantes tirent l'humidité avec tant de vigueur par
leurs petits tuyaux capillaires, comme nous l'a-
vons ſi bien vu dans les expériences précédentes. Cette humidité s'exhale par la chaleur dans
la tranſpiration, & donne ainſi de la liberté aux
vaiſſeaux ſéveux pour tirer continuellement de
la nourriture nouvelle, ce qu'ils ne pourroient
faire, s'ils en étoient tout-à-fait remplis ; car,
faute de cette tranſpiration, la ſève doit néceſſairement croupir ; & les vaiſſeaux ſéveux, qui
ſont ſi bien faits pour élever la ſève à de grandes hauteurs, en raiſons réciproques de leurs
très-petits diamètres, doivent devenir inutiles.

F ij

CHAPITRE III.

Expériences sur la force de la sève de la Vigne dans le temps qu'elle pleure.

Nous avons vu dans le premier Chapitre plusieurs exemples de la grande quantité de liqueur tirée & transpirée par les arbres ; dans le second nous avons vu la force avec laquelle ils la tirent ; je me propose dans celui-ci de rapporter des expériences qui démontrent la grande force avec laquelle la vigne chasse la sève dans la saison qu'elle pleure.

EXPÉRIENCE XXXIV.

Le 30 de mars, à trois heures après midi, je coupai un cep à l'aspect du couchant, à 7 pouces au dessus de la terre : le chicot restant *c*, (*Pl. VII. fig. 17.*) étoit uni & sans aucun rameau ; il étoit âgé de quatre ou cinq ans, & avoit $\frac{1}{4}$ de pouce de diamètre : je fixai au sommet du chicot, par le moyen d'un collet de cuivre *b*, un tuyau de verre *b f*, de 7 pieds de longueur, & de $\frac{1}{4}$ de pouce de diamètre ; j'assurai la jointure *b* avec du mastic fait de cire & de térébenthine fondues ensemble, que j'entourrai & que je couvris bien par dessus avec des vessies mouillées, qui faisoient même plusieurs tours, & qui étoient liées fortement avec de la ficelle ; je joignis un second tuyau *f g* au premier, & à ce second j'en joignis un troisième *g a*, de sorte que tous trois ensemble faisoient un tuyau continu de 25 pieds de hauteur.

Comme le cep ne pleuroit pas d'abord dans le tuyau, j'y verfai de l'eau à la hauteur d'environ deux pieds : elle fut fucée par le cep, de forte qu'avant huit heures du foir il n'en reftoit plus que 3 pouces. Pendant la nuit il plut un peu. Le lendemain matin, à fix heures & demie, l'eau s'étoit élevée de 3 pouces au deffus du point où elle avoit baiffé le foir précédent à huit heures. Le thermomètre qui pendoit dans mon veftibule étoit à 11 degrés au deffus de la congélation. Le 31 de mars, depuis fix heures & demie du matin jufqu'à dix heures du foir, la sève s'étoit élevée jufqu'à 8 pouces $\frac{1}{4}$. Le 1er d'avril, à fix heures du matin, gelée blanche, & le thermomètre étant à 3 degrés $\frac{1}{2}$ au deffus du point de la congélation, la sève s'étoit élevée depuis les dix heures de la veille à 3 pouces $\frac{1}{4}$; elle continua ainfi à monter journellement jufqu'à 21 pieds de hauteur, & probablement elle fe feroit encore élevée plus haut, fi la jointure *b* n'eût pas fait eau plufieurs fois; car après l'étanchement elle montoit quelquefois à raifon de 1 pouce en trois minutes, de forte qu'elle fe feroit élevée à 10 pieds & plus dans un jour. Dans le temps de l'abondance des pleurs, la sève s'élevoit nuit & jour, mais plus le jour que la nuit, & plus encore dans le temps le plus chaud du jour que dans tout autre temps; mais lorfqu'elle baiffoit un peu, ce qui n'alloit qu'à 2 ou 3 pouces, c'étoit toujours après le coucher du foleil : ce que j'attribue principalement au rétréciffement & à la contraction du maftic en *b*, qui fe refroidiffoit. Quand le foleil donnoit chaudement fur le cep, l'on en voyoit fortir & monter à travers de la sève une quantité fi grande de bulles d'air, qu'el-

les faifoient beaucoup de mouffe au deffus de la
sève dans le tuyau, ce qui montre la grande
quantité d'air tiré par les racines & la tige.

Cette expérience nous fait voir la grande énergie de la racine, & fa puiffance pour pouffer en
haut la sève dans le temps que la vigne pleure :
je voulus donc effayer fi je pourrois retrouver
cette puiffance dans la vigne lorfque la faifon de
fes pleurs eft paffée, & pour cela,

EXPÉRIENCE XXXV.

LE 4 de juillet à midi, je coupai un cep de
vigne à 3 pouces de terre, afpect du fud, & je
fixai au chicot un tube de 7 pieds de hauteur,
comme dans l'expérience précédente ; je le remplis d'eau, que la racine tira le premier jour à
raifon d'un pied par heure : le fecond jour elle
tira beaucoup moins & plus lentement ; cependant l'eau baiffoit toujours, mais fi infenfiblement, qu'à midi je ne pouvois la voir baiffer,
tant elle étoit ftationnaire.

Par l'Expérience III fur la vigne dans le pot
de jardin, nous voyons cependant qu'une très-
grande quantité de sève paffoit tous les jours à
travers la tige, pour fuppléer à la tranfpiration des
feuilles : donc, fi cette grande quantité eût été
pouffée en haut par une puiffance inhérente dans
la tige ou dans les racines, elle auroit auffi été
pouffée en haut dans cette expérience ; & par
conféquent la sève auroit monté en abondance
de la tige dans le tube.

Mais puifque cette élévation de sève ceffe auffitôt que la vigne eft féparée de fa tige, il eft aifé
de voir que c'est parce qu'on a détruit la princi-

pale caufe de fon élévation, favoir, la grande tranfpiration des feuilles.

Car, quoiqu'il foit évident par plufieurs expériences, que la sève entre dans les vaiffeaux féveux des plantes avec beaucoup de vigueur, & qu'il foit très-probable qu'elle foit élevée dans ces vaiffeaux par les fortes ondulations de la chaleur du foleil, qui, par la communication de ce mouvement d'ondulation, caufent une contraction & une dilatation aux véficules & aux vaiffeaux féveux; cependant il paroît clair que ces tuyaux féveux capillaires n'ont que très-peu de puiffance pour pouffer la sève au-delà de leur orifice, dans une autre faifon que celle des pleurs: mais lorfque leur puiffance eft aidée par l'évaporation de la sève, ils peuvent par leurs fortes attractions, & par la chaleur bienfaifante du foleil, tirer & élever l'humidité pour fuppléer à la grande quantité de sève qui fe diffipe par la tranfpiration. On peut s'affurer de ce que nous difons ici, en réfléchiffant un peu fur les Expériences XIII, XIV, XV & XLIII, dans laquelle dernière expérience nous voyons évidemment qu'une grande quantité d'eau paffe par l'entaille faite à 2 ou 3 pieds au deffus du pied de la tige; cependant cette entaille demeure toujours sèche, parce que la force de l'attraction des feuilles eft beaucoup plus grande que la force de preffion de la colonne d'eau.

Expérience XXXVI.

Le 6 avril, à neuf heures du matin, (pluie le foir précédent) je coupai un cep de vigne, afpect du fud, en *a*, (*Pl. VII. fig. 18.*) à 2 pieds 9 pouces de terre: le chicot *a b* étoit fans rameaux, & avoit

$\frac{7}{8}$ de pouce de diamètre; je lui fixai la jauge *a y*, dans laquelle je versai du mercure. A onze heures du matin le mercure étoit monté à *z*, 15 pouces plus haut que dans la branche *x*, où la force de la sève qui sortoit de la tige en *a*, l'obligeoit de baisser.

A quatre heures après midi, le mercure étoit descendu de 1 pouce dans la branche *z y*.

Le 7 avril, brouillard; à huit heures du matin il avoit fort peu monté; à onze heures du matin le brouillard avoit disparu, & le mercure s'étoit élevé à 17 pouces.

Le 10 avril, à sept heures du matin, le mercure étoit à 18 pouces de hauteur: je versai alors du mercure sur celui qui étoit déja dans la jauge, ensorte que la surface *z* du mercure étoit de 23 pouces plus haute que la surface *x*; ce nouveau poids ne fit rentrer que fort peu de sève dans la tige, ce qui montre bien avec quelle force absolue la sève en sort: à midi le mercure avoit baissé d'un pouce.

Le 11 avril, à sept heures du matin, beau soleil; il étoit à 24 pouces $\frac{3}{4}$, & à sept heures après midi à 18 pouces.

Le 14 avril, à sept heures du matin, à 20 pouces $\frac{1}{4}$ de hauteur: à neuf heures du matin, beau soleil assez chaud, à 22 pouces $\frac{1}{2}$; nous voyons ici que la chaleur du soleil du matin donne à la sève une nouvelle vigueur: à 11 heures du matin le même jour, il n'étoit plus qu'à 16 pouces $\frac{1}{2}$; la grande transpiration de la tige l'avoit fait baisser.

Le 16 avril, pluie à six heures du matin; le mercure étoit à 19 pouces $\frac{1}{2}$; à quatre heures après midi, à 13 pouces. La sève, dans l'Expérience XXXIV, monta, ce jour 16 avril, depuis midi, de 2 pouces ; au lieu que dans celle-ci la sève baissa par la transpiration de la tige, qui étoit trop courte dans l'autre expérience pour faire un effet bien sensible.

Le 17 avril à onze heures du matin, pluie & chaleur : le mercure étoit à 24 pouces $\frac{1}{4}$; à sept heures après midi, pluie douce & temps assez chaud, à 29 pouces $\frac{1}{2}$: c'est cette pluie qui fit monter la sève tout le jour, parce qu'elle diminuoit la transpiration.

Le 18 avril, à sept heures du matin, le mercure étoit à 32 pouces $\frac{1}{2}$; il se seroit élevé plus haut, s'il y en avoit eu davantage dans la jauge, car il fut tout poussé par la sève dans la branche *y z* : de ce jour 18 avril jusqu'au 5 mai, la force de la sève diminua par degrés.

A la plus grande élévation du mercure 32 pouces $\frac{1}{2}$, cette force étoit égale à celle de la pression d'une colonne d'eau de 36 pieds 5 pouces $\frac{1}{3}$ de hauteur.

On doit ici attribuer la force de la sève qui monte le matin, à l'énergie de la tige & des racines.

Cette même force de la sève dans une autre jauge pareille à la première, & fixée au pied d'une vigne qui portoit un cep de 20 pieds de longueur, éleva le mercure à 38 pouces, ce qui revient à 43 pieds 3 pouces $\frac{1}{3}$ d'eau.

Cette force est environ cinq fois plus grande que la force du sang dans la grande artère crurale d'un cheval, sept fois plus grande que la force du sang dans la même artère d'un chien, & huit fois plus grande que la force du sang dans la même artère d'un daim. Je trouvai ces différentes forces

du sang dans ces animaux, en les attachant tout
vivans sur leur dos, & en ouvrant la grande artère crurale gauche dans l'endroit où elle commence à entrer dans la cuisse ; car je fixai à cette
artère, par le moyen de deux petits tuyaux de
cuivre qui couloient l'un sur l'autre, un tube
de 10 pieds de longueur, & de $\frac{1}{8}$ de pouce de
diamètre intérieur : le sang d'un cheval s'éleva
dans ce tube à 8 pieds 3 pouces, & le sang d'un
autre cheval à 8 pieds 9 pouces : le sang d'un
petit chien, à 6 pieds $\frac{1}{2}$; celui d'un gros épagneul,
à 7 pieds ; & le sang d'un daim, à 5 pieds 7 pouces.

EXPÉRIENCE XXXVII.

Le 4 avril je fixai trois jauges *a b c*, (*Pl. VIII.
fig. 19.*) dans lesquelles il y avoit du mercure, à
une vigne, aspect du sud, qui, depuis le pied *i*
jusqu'à son extrémité *r u*, avoit 50 pieds de
longueur; la muraille contre laquelle elle étoit, en
avoit 11 $\frac{1}{2}$ de hauteur; il y avoit 8 pieds de *i* à *k*,
6 pieds $\frac{1}{2}$ de *k* à *e*, 1 pied 10 pouces de *e* à *a*,
7 pieds de *e* à *o*, 5 pieds $\frac{1}{2}$ de *o* à *b*, 22 pieds
9 pouces de *o* à *c*, & 32 pieds 9 pouces de *o* à *u*.

Les branches sur lesquelles je fixai les jauges
a & *c* étoient vigoureuses, & n'avoient que deux
ans ; mais la branche *o b* étoit bien plus vieille.

Le mercure fut poussé en bas par la force de la
sève dans les branches 4, 5, 13 des trois jauges, de
sorte qu'il s'éleva à 9 pouces plus haut dans les
autres branches.

Le jour suivant, à sept heures du matin, le
mercure étoit dans la jauge *a* à 14 pouces $\frac{1}{4}$ de hauteur, dans la jauge *b* à 12 pouces $\frac{1}{4}$, & dans la
jauge *c* à 13 pouces $\frac{1}{2}$: les plus grandes hauteurs

furent de 21 pouces pour *a*, de 26 pour *b*, &
de 26 pour *c*.

Le mercure baissa constamment par la retraite
de la sève, qui se faisoit environ sur les neuf
ou dix heures du matin, lorsque le soleil commençoit à devenir chaud. Dans une matinée fort
humide ou de brouillard, la sève se retiroit plus
tard, savoir à midi, ou quelque temps après que
le brouillard étoit passé.

Vers les quatre ou cinq heures du soir, que le
soleil ne donnoit plus sur la vigne, la sève recom-
mençoit à pousser & à faire élever le mercure
dans les jauges; mais son élévation la plus prompte
étoit depuis le lever du soleil, jusqu'à 9 heures $\frac{1}{2}$
du matin.

Dans la plus vieille tige *b*, la sève jouoit plus
librement; aussi étoit-elle la plus promptement
affectée par les variations de la chaleur, du froid,
de l'humidité & de la sécheresse.

Le 20 avril, temps où la saison des pleurs est
vers sa fin, *b* commença la première à pomper le
mercure de 6 à 5, de sorte qu'il étoit de 4 pouces plus haut dans cette branche que dans l'autre;
mais le 24 avril, après une nuit de pluie, *b* poussa
le mercure à 4 pouces plus haut dans l'autre branche.

a ne commença de pomper qu'au 29 avril,
neuf jours après *b*; *c* ne commença qu'au 3 de
mai, treize jours après *b*, & quatre jours après
a : le 5 de mai, à sept heures du matin, *a* poussa le
mercure de 1 pouce, & *c* de 1 pouce $\frac{1}{2}$; mais
vers le midi toutes trois pompèrent.

J'ai souvent observé sur d'autres vignes auxquelles j'avois fixé dans le même temps de pareilles jauges, que les vieilles branches dans la

même vigne commençoient les premières à pomper.

Nous voyons dans cette expérience la grande force de la sève à 44 pieds 3 pouces de la racine, puisqu'elle est égale à la force de la preſſion d'une colonne d'eau de 30 pieds 11 pouces $\frac{3}{4}$ de hauteur.

Nous voyons aussi par cette expérience, que cette force ne vient pas seulement de la racine, mais qu'elle doit venir aussi de quelque puiſſance inhérente dans la tige & dans les branches; car la branche *b* suivoit plus aisément les variations du chaud, du froid, de la sécheresse & de l'humidité, que les deux autres branches *a*, *c*; & de plus *b* pompoit neuf jours avant *a*, & treize jours avant *c*, qui pendant tout ce temps pouſſoient toutes deux leur sève, au lieu de la pomper.

Les vignes & les pommiers continuent de pomper à toutes leurs branches pendant tout l'été, comme je l'ai trouvé en leur fixant de semblables jauges au mois de juillet.

Expérience XXXVIII.

Le 10 mars, commencement de la saison des pleurs, (qui cependant arrive pluſieurs jours plus tôt ou plus tard, selon le chaud, le froid, l'humidité ou la sécheresse du printemps), je retranchai d'une vigne *b f c g* (*Pl. IX. fig.* 20.) une branche en *b*, âgée de trois ou quatre ans, & je cimentai bien à l'ergot *b* un collet de cuivre taraudé par dedans, pour recevoir un autre collet de cuivre à vis que j'y joignis, & qui étoit bien cimenté au tuyau de verre *z*, de 7 pieds de longueur, & de $\frac{1}{4}$ de pouce de diamètre, (diamètre que j'ai trouvé

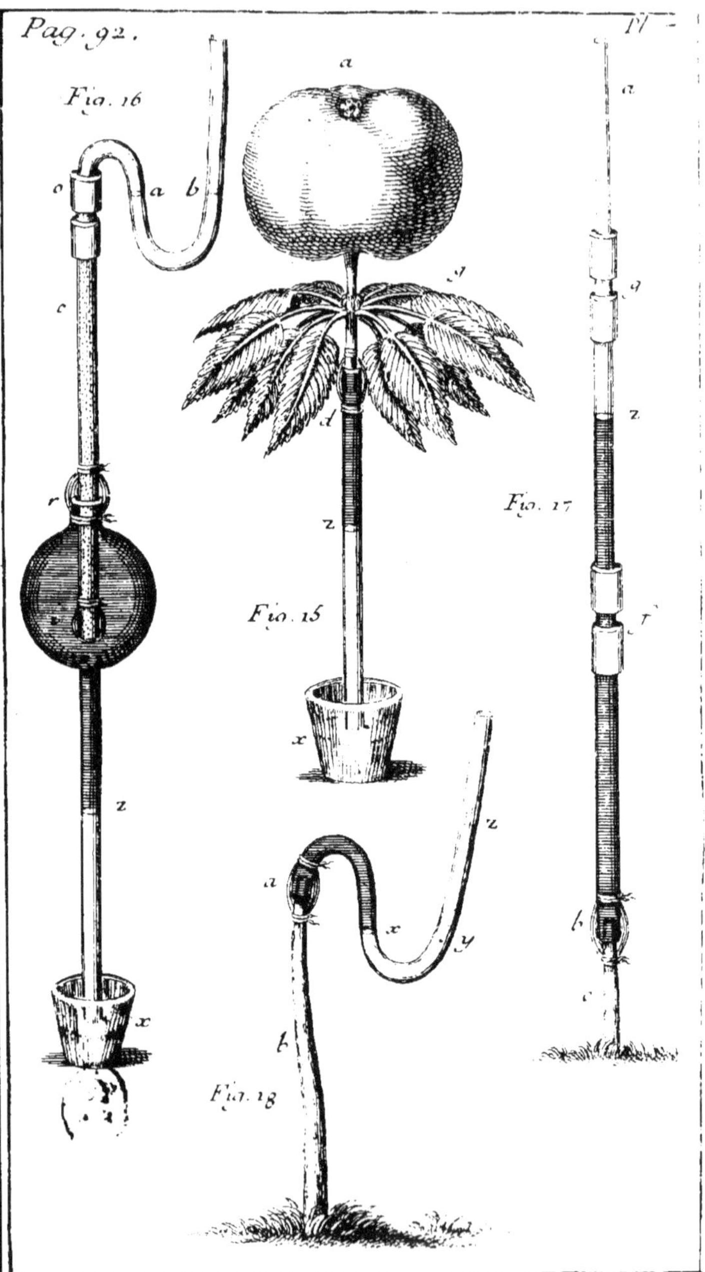
Pag. 92.
Pl.
Fig. 16
Fig. 15
Fig. 17
Fig. 18

Pl. 8.

Fig. 13

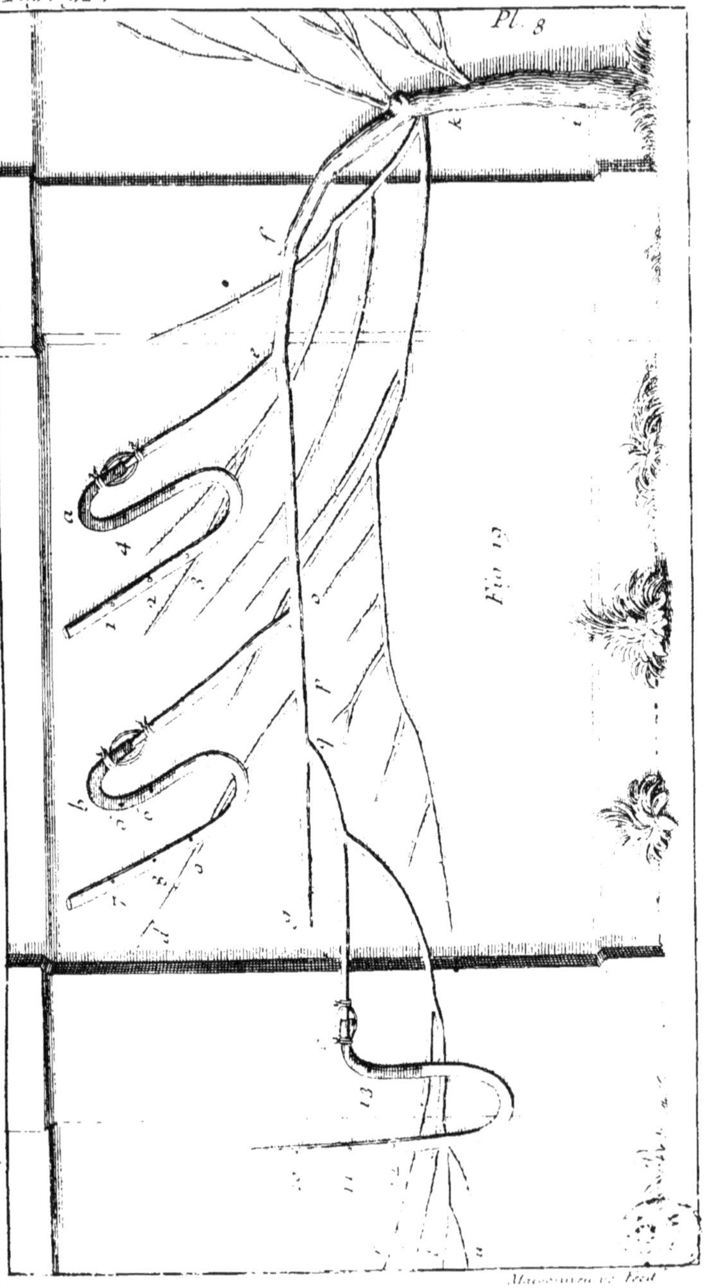

le p[illegible]
nus c[illegible]
j'ai p[illegible]
gran[illegible]
un d[illegible]
amo[illegible]
eux [illegible]
en Ca[illegible]
mais a[illegible]
les p[illegible]
ervo[illegible]
d'éch[illegible]
plant[illegible]
A[illegible]
des a[illegible]
la ma[illegible]
branc[illegible]
que j[illegible]
ai d[illegible]
vec [illegible]
Lo[illegible]
he,
nde [illegible]
omm[illegible]
[illegible]
ateur[illegible]
gard[illegible]
[illegible]

le plus convenable) : à ce premier tuyau j'en joignis d'autres aussi taraudés & à vis, & cela jusqu'à
38 pieds de hauteur ; ils étoient tous appuyés &
garantis par des tuyaux de bois de 3 pouces, dont
l'un des côtés s'ouvroit comme le battant d'une
armoire : ces tuyaux de bois servoient à garantir
ceux de verre de la gelée, qui, en glaçant la sève
pendant la nuit, les auroit infailliblement cassés ;
mais au commencement d'avril, lorsque le danger
des plus fortes gelées fut presque passé, je ne me
servois pour appuyer mes verres que de perches
d'échafaud, ou de deux longues pointes de fer
plantées dans la muraille.

Avant de donner le détail des élévations &
des abaissemens de la sève dans les tuyaux, voici
la manière de cimenter le collet de cuivre *b* à la
branche de la vigne : je la rapporte ici, parce
que j'eus de la peine à réussir, & que j'y rencon-
trai des difficultés ; ainsi cela demande à être fait
avec beaucoup de précaution.

Lorsque j'avois donc dessein de couper la branche, j'enlevois d'abord soigneusement l'écorce
rude & fibreuse avec mes ongles, de peur d'endommager l'écorce verte du dessous ; je coupois
ensuite la branche en *i*; (*Pl. IX. fig. 21.*) & immédiatement après je liois à la tige un boyau sec de
mouton *i f*, de sorte que la sève ne pouvoit aller
ailleurs, & par conséquent y étoit toute retenue ;
je frottois ensuite avec un drap chaud la tige en
i, jusqu'à ce qu'elle fût bien sèche, & je l'entou-
rois d'un papier fort, en forme d'entonnoir *x*,
que je liois bien serré à la tige en *x*, en attachant
avec des épingles les plis du papier de *x* en *i*; je
faisois couler ensuite le collet de cuivre *r* par dessus le boyau *r i*, & je versois dans l'instant du

maſtic fondu, fait de poudre de brique, dans l'entonnoir de papier ; j'enfonçois dans ce maſtic le
collet de cuivre, que j'avois eu ſoin de tremper &
d'échauffer auparavant dans le même maſtic, afin
de le faire mieux prendre au maſtic dans l'entonnoir : quand le maſtic étoit froid, j'ôtois le boyau,
& je fixois deſſus mes tuyaux de verre à vis &
écrous.

Mais trouvant de l'inconvénient dans ce ciment chaud, parce que cette chaleur faiſoit périr
les vaiſſeaux ſéveux près de l'écorce, (ce qui étoit
évident, parce qu'elle perdoit ſa couleur) j'ai
fait uſage depuis du maſtic froid de cire & de térébenthine, que j'avois ſoin de bien couvrir avec
des veſſies mouillées & de la ficelle, comme dans
l'Expérience XXXIV.

Au lieu de collets de cuivre qui ſe joignoient
à vis, j'ai ſouvent (ſur-tout avec les jauges,
Expériences XXXVI & XXXVII.) fait uſage de
deux anneaux qui étoient tournés, & dont l'un
des deux alloit un peu en rétréciſſant, de façon
que l'un entroit dans l'autre, & s'y adaptoit
exactement.

Cette façon de joindre les deux anneaux de
cuivre les empêchoit de faire eau, ſur-tout ſi
on les enduiſoit auparavant d'un peu de maſtic
doux ; &, pour empêcher que la force de la ſève
ne les déſunît en montant, je les ſerrois & les
fixois par pluſieurs tours de ficelle, à des élévations faites exprès ſur ces anneaux.

Quand je voulois ſéparer mes anneaux, je trouvois que, dans tout autre temps que celui d'un
ſoleil bien chaud, j'étois obligé de fondre le ciment, en appliquant des fers chauds ſur le dehors
des anneaux.

Il est nécessaire de garantir du soleil, par plusieurs doubles de papier, les jointures des anneaux; sans cette précaution, la chaleur fondra & dilatera souvent le mastic, ensorte qu'il sera poussé avec force en haut au dedans du tube, ce qui gâte l'expérience.

Les vignes auxquelles j'avois fixé mes tuyaux dans cette expérience, avoient 20 pieds de hauteur depuis leurs racines jusqu'à leur sommet; & ces tuyaux étoient fixés à différentes hauteurs *b*, depuis 2 pieds jusqu'à 6 au dessus de terre.

Le premier jour la sève montoit dans le tuyau, suivant les forces & l'abondance des pleurs de la vigne, de 1, 2, 5, 12, 15 ou 25 pieds; mais, lorsqu'elle étoit à sa plus grande hauteur de chaque jour, elle baissoit constamment vers le midi.

Si le milieu du jour étoit bien frais, la sève ne baissoit que depuis onze heures ou midi jusqu'à deux heures; mais s'il faisoit fort chaud, la sève commençoit à baisser dès les neuf ou dix heures du matin, jusqu'à quatre, cinq ou six heures du soir; ensuite elle étoit stationnaire pendant une heure ou deux; après quoi elle commençoit à s'élever insensiblement, mais fort peu pendant la nuit, ni jusqu'au soleil levé; mais ensuite elle s'élevoit plus vîte & plus haut que dans tout autre temps du jour.

Plus la coupe de la vigne étoit fraîche, & plus le temps étoit chaud, plus aussi la sève s'élevoit & baissoit dans un jour, comme de 4 ou 6 pieds.

Mais après cinq ou six jours, depuis celui de la coupe, les élévations & les abaissemens de la sève n'étoient plus si grands, les vaisseaux séveux s'étant contractés par la réplétion de la coupe transversale.

Mais fi je rognois la tige d'un œil ou deux, en
y fixant de nouveau mon tube, je voyois la sève
monter & defcendre très-confidérablement.

L'humidité & la chaleur modérée donnoient
plus de vigueur à la sève.

Si le commencement ou le milieu de la faifon
des pleurs étoit favorable, le mouvement de la
sève en étoit plus violent; mais cette vigueur
diminuoit extrêmement, & dans un inftant, par
les vents froids d'eft.

S'il faifoit un vent froid & un temps mêlé de
foleil & de nuage, le matin, tandis que la sève
montoit, on la voyoit fenfiblement defcendre
lorfque le foleil étoit couvert du nuage, & cela
à raifon de 1 pouce par minute; & elle continuoit de baiffer jufqu'à plufieurs pouces, fi le
nuage continuoit auffi à cacher le foleil pendant
affez de temps pour cela; mais fitôt que la nuée
faifoit place aux rayons du foleil, la sève re-
commençoit à monter, & fuivoit dans fes alternatives le foleil & l'ombre, comme la liqueur du
thermomètre fuit dans les fiennes le chaud & le
froid: ce qui doit nous porter à croire que probablement l'élévation de la sève dans la faifon des
pleurs, fe fait de la même manière.

Dans trois tuyaux fixés autour de mon veftibule, à des vignes plantées, l'une à l'afpect de
l'eft, l'autre à celui du fud, & la dernière à celui
de l'oueft, la sève commença le matin à s'élever
d'abord dans le tube à l'eft, enfuite dans celui du
fud, & enfin dans celui de l'oueft; & conféquemment elle baiffa vers l'heure de midi, d'abord
dans le tube à l'eft, enfuite dans le tube au fud,
& à la fin dans le tube à l'oueft.

De deux branches qui fortoient à 15 pouces
de

de terre d'un vieux cep, afpect de l'oueft, fi l'une étoit tournée au fud & l'autre à l'oueft, & qu'on leur fixât les tuyaux de verre en même temps, la sève s'élevoit le matin comme le foleil, mais d'abord dans le tube au fud, & enfuite dans le tube à l'oueft ; & conféquemment elle commençoit à baiffer dans le tube au fud, & enfuite dans le tube à l'oueft.

La pluie & la chaleur modérée après un jour fec & froid, faifoient monter la sève continuellement le jour fuivant ; ainfi, au lieu de defcendre à midi, elle montoit feulement plus doucement : dans ce cas, la racine tire de la terre, & fait fortir par la coupe de la tige, plus d'humidité que la tige n'en peut tranfpirer.

La sève monte de meilleure heure le matin dans des temps frais qu'après des chaleurs, peut-être parce que dans les temps chauds, comme il s'en fait une grande évaporation, les racines ne peuvent pas y fuppléer fi vîte que dans des temps frais, où il s'en fait beaucoup moins.

Dans le commencement de la faifon des pleurs, je coupai, à 2 pieds de terre, un farment vigoureux de deux ans, & je lui fixai un tuyau de 25 pieds de longueur : la sève monta fi vigoureufement, qu'au bout de deux heures elle s'en alloit par deffus le fommet du tuyau, qui étoit de 7 pieds plus haut que celui de la vigne ; & fans doute elle auroit encore monté plus haut, fi on avoit adapté un plus long tube à la branche.

Dans des tuyaux fixés à deux farmens de la même tige, mais quatre ou cinq jours l'un après l'autre, la sève montoit plus haut dans le dernier fixé : fi cependant, tandis qu'on fixoit le fecond tube, la branche perdoit beaucoup de sève,

G

elle baiſſoit dans le premier tube ; mais enſuite leurs ſèves ne ſe mettoient point en équilibre , elles étoient dans leurs tuyaux à des hauteurs bien inégales : ce que l'on doit attribuer à la difficulté que trouve la ſève à paſſer par les vaiſſeaux capillaires , contractés & rétrécis par la réplétion de la tige de la première coupée.

Dans les temps fort chauds , il s'élevoit une ſi grande quantité de bulles d'air , qu'elles faiſoient une mouſſe haute de 1 pouce dans le tuyau , au deſſus de la ſève.

Je fixai une petite machine pneumatique au ſommet d'un long tuyau , dans lequel la ſève étoit à 12 pieds de hauteur; il en ſortit une grande abondance de bulles d'air , quoique la ſève ne s'élevât pas , mais même baiſſât un peu après que j'eus pompé.

Dans l'Expérience XXXIV , où le tube étoit fixé à un chicot de vigne fort court & ſans aucun rameau , nous trouvons que la ſève monta continuellement tout le jour , & le plus vîte dans la plus grande chaleur du jour ; au lieu que , dans les Expériences XXXVII & XXXVIII , nous trouvons que la ſève baiſſe conſtamment par la chaleur vers le milieu du jour , & toujours plus vîte dans le temps de cette plus grande chaleur : ainſi nous pouvons raiſonnablement conclure (en nous ſouvenant auſſi de la grande tranſpiration des arbres dans le premier Chapitre) que l'abaiſſement de la ſève par la chaleur vers le milieu du jour , doit s'attribuer à la tranſpiration des branches , plus grande alors qu'à toute autre heure du jour , puiſqu'elle décroît avec la chaleur vers le ſoir , & que probablement elle ceſſe tout-à-fait la nuit, lorſque les roſées tombent; mais lorſque vers la

fin d'avril le printemps eſt avancé , & que la vigne a beaucoup augmenté ſa ſurface par la pouſſe
de pluſieurs petits rameaux , & l'expanſion de pluſieurs feuilles , la tranſpiration augmente proportionnellement , & par conſéquent fait ceſſer , juſqu'au printemps ſuivant , cette abondance de ſève
qui forme les pleurs.

Cela ſe fait de la même façon dans tous les arbres qui pleurent; car ces pleurs ceſſent auſſitôt
que les jeunes feuilles ſont aſſez étendues pour
tranſpirer abondamment , & faire ſortir la ſève
ſuperflue; auſſi voyons-nous que l'écorce des chênes & de pluſieurs autres arbres ſe ſépare aiſément au printemps , par la lubricité que lui donne
cette abondance de ſève ſuperflue ; mais auſſitôt
que les feuilles ſe trouvent ſuffiſamment étendues
pour laiſſer tranſpirer cette ſève , l'écorce ne ſe
ſépare plus facilement , & même s'attache fermement au bois.

EXPÉRIENCE XXXIX.

JE voulus eſſayer de ſavoir ſi la tige de la vigne ſe contraċtoit & ſe dilatoit par la chaleur ,
le froid , l'humidité , la ſéchereſſe , dans la ſaiſon
des pleurs ou dans une autre ſaiſon ; & pour cela
je fixai , en février , à la tige d'une vigne , un inſtrument tel , que ſi elle ſe fût dilatée ou contractée ſeulement de la centième partie de 1 pouce ,
elle auroit fait baiſſer ou hauſſer fort ſenſiblement
de $\frac{1}{10}$ de pouce l'extrémité de l'inſtrument , qui
étoit fait d'un fil de cuivre long de 18 pouces :
mais je ne m'apperçus pas du moindre mouvement , ſoit par la chaleur ou le froid , dans la
ſaiſon des pleurs ou dans les autres ſaiſons; ſeulement , toutes les fois qu'il pleuvoit , la tige ſe

dilatoit affez pour élever l'extrémité de l'inftrument ou du levier de $\frac{3}{10}$ de pouce, & lorfque la
tige étoit sèche elle baiffoit d'autant.

Cette expérience montre que la sève eft, même
dans la faifon des pleurs, retenue dans fes propres vaiffeaux, & qu'elle ne traverfe pas en tous
fens les interftices de la tige, comme il eft probable que le fait la pluie, qui, en pénétrant par
les pores de la tranfpiration dans tous les interftices de la tige, en caufe la dilatation.

CHAPITRE IV.

*Expériences fur le mouvement latéral de la
sève, la communication latérale des vaiffeaux féveux, & le libre paffage de la sève
des petites branches à la tige, comme de
la tige aux petites branches; avec quelques
Expériences concernant la circulation ou
la non-circulation de la sève.*

EXPÉRIENCE XL.

AFIN de trouver s'il y a dans les végétaux une
communication latérale de la sève & des vaiffeaux féveux, telle que la communication du
fang dans les animaux par les ramifications latérales de leurs vaiffeaux fanguins,

Le 15 d'août, je pris une jeune branche de
chêne chargée de feuilles, de $\frac{7}{8}$ de pouce de diamètre à fa coupe, & de 6 pieds de longueur;
7 pouces du bout de la tige, je fis une groffe entaille d'un pouce de long, d'une profondeur égale

& qui pénétroit jufqu'à la moëlle; à 4 pouces plus haut du côté oppofé, je fis une autre entaille toute pareille; enfuite je mis le bout de la tige dans l'eau : la branche tira & tranfpira, en deux nuits & deux jours, 13 onces; tandis qu'une autre branche de chêne, pareille à la première, mais un tant foit peu plus groffe, & fans entaille dans fa tige, tranfpira 25 onces d'eau.

J'effayai dans le même temps la même expérience fur une branche de cerifier * ; elle tira & tranfpira 23 onces en neuf heures le premier jour, & 15 onces le jour fuivant.

* *Duke Cherry.*

Dans le même temps, je pris une autre branche du même cerifier, & je fis fur la tige quatre entailles quarrées, & pareilles à celles que je viens de décrire, de 4 pouces au deffus les unes des autres, & qui pénétroient jufqu'à la moëlle ; la première au nord, la feconde à l'eft, la troifième au fud, & la quatrième à l'oueft : la tige de cette branche étoit menue, de 4 pieds de longueur fans rameaux, excepté à fon fommet ; cependant elle ne laiffa pas de tirer, en fept heures de jours, 9 onces, & en deux jours & deux nuits, 24 onces.

Nous voyons dans ces expériences, que la sève fe communique latéralement avec une très-grande liberté, & que par conféquent il y a des vaiffeaux féveux latéraux ; car ces grandes quantités de liqueurs ont néceffairement paffé latéralement par les entailles ; auffi, par les Expériences XIII, XIV & XV fur les bâtons, il s'en évaporoit peu par les entailles (1).

____

(1) M. Hales eftime que, d'une grande quantité d'eau pompée par les branches, il s'en diffipe peu par les entail-

Et, afin d'essayer s'il arriveroit la même chose
à des branches sur l'arbre, dans leur état naturel,

---

les; & il le pense ainsi, pour avoir observé dans les précédentes Expériences XIII, XIV, XV, que les branches taillées dissipoient peu par leurs extrémités. Il en conclut que
l'eau a dû passer parallélement à ces branches taillées, &
s'évaporer par les feuilles : ce qui veut dire que l'eau, en
jaillissant par les fibres longitudinales de la branche, &
trouvant sa route interrompue & arrêtée par la taille, est
remontée latéralement, & a poursuivi son cours, en mar-
chant par d'autres canaux parallèles à ces premiers. D'où
l'on peut conjecturer que ces canaux ou fibres longitudinales sont, comme les artères & les veines de notre corps,
ramifiées en d'autres petits vaisseaux, tous communiquans
entr'eux, lesquels, étant répandus & distribués par toute
la substance de l'artère, tant du bois que de l'écorce, donnent par-tout un passage libre au fluide nutritif.

Cette idée est vraiment juste & naturelle, & paroît très-
bien confirmée par les expériences. Quelqu'un cependant
un peu trop scrupuleux pourroit objecter que, puisque la
section transversale de la première branche a un peu moins
de 3 pouces, pour cause du diamètre qui est de $\frac{7}{8}$ de pouces (Exp. XL.) ; ainsi ces deux tailles, chacune d'un pouce
de largeur, n'en occupent que $\frac{2}{3}$, & ne coupent conséquemment que $\frac{2}{3}$ des fibres longitudinales de la branche, l'autre
partie demeurant presque entière. Que la majeure partie
des 13 onces d'eau qu'on dit avoir été absorbées par les
branches, peut s'être soulevée par ces fibres entières, &
dans les parties tronquées seulement ce peu qui s'est éva-
poré par les incisions. Ceci paroît encore se confirmer davantage, en réfléchissant que l'autre branche semblable,
qui surpassoit un peu en grosseur la branche taillée, en atti-
roit un peu moins que le double, c'est-à-dire 25 onces.
Dans les autres branches, où on a fait quatre incisions,
le diamètre de la section transversale n'étant point indiqué,
ni la largeur de ces incisions, on ne peut savoir si les fibres
longitudinales étoient toutes tronquées, ou si, sans les avoir
incisées, elles avoient sucé une plus grande quantité d'eau ;
l'expérience n'ayant point été faite avec les branches semblables, comme dans le paragraphe 1er. Donc, pour éviter

je fis à une branche de cerisier deux semblables
entailles opposées, & à 3 pouces l'une de l'autre :

---

cette difficulté, j'ai imaginé de répéter d'une manière plus
décisive ces expériences, dont il résultât que le sentiment
de M. Hales, relativement au mouvement latéral, fût
mieux établi, ou qu'enfin le contraire se prouvât.

Pour cela, je me procurai deux branches de cerisier, à
peu près semblables, dont l'une, qui avoit plus de feuilles
& qui étoit un peu plus courte, avoit dans son extrémité
inférieure $\frac{3}{4}$ de pouce de diamètre, & dont l'autre un peu
plus longue, mais plus dégagée de feuilles, avoit $\frac{7}{12}$ de
pouce de diamètre. Je coupai la première horizontale-
ment, dans les quatre parties opposées, de quatre incisions
distantes l'une de l'autre, dans la longueur du rameau, de
3 pouces ou environ, la plus basse commençant à environ
un demi-pied au dessus de l'extrémité. Ces quatre incisions
occupoient chacune la quatrième partie de la circonférence, & pénétroient jusqu'à la moëlle, qui demeuroit découverte à la hauteur d'environ deux lignes, ayant ôté
toute l'écorce & le bois, de manière que le creux repré-
sentoit grossièrement la figure de la quatrième partie d'un
cylindre haut de deux lignes, dont la base étoit la coupure
ou bien la section de la branche.

Ces deux rameaux placés vers les *14 heures d'Italie*, par
leurs extrémités dans des bocaux pleins d'eau, en attirèrent pendant toute la matinée suivante jusqu'à l'heure du
midi ; savoir, celui qui avoit été incisé, 6 onces, & l'autre 7. Alors, laissant-là la première branche, je fis deux
incisions opposées semi-circulaires sur la seconde, l'une,
à environ 1 pied & demi au dessus de l'extrémité, éloignée
de l'autre d'environ 3 pouces, & aussi profondes toutes
deux que celles de l'autre branche, dans la même hauteur
de deux lignes jusqu'à la moëlle. En plongeant de nouveau
la branche dans l'eau, elle attira, dans l'espace de vingt-
quatre heures, 6 onces.

Or, ces deux expériences, jointes à celles de M. Hales,
me paroissent démontrer clairement la communication latérale des vaisseaux par lesquels circule la sève dans les
arbres ; parce que, si ces vaisseaux n'avoient point latéralement des ramifications communiquantes entr'eux, il n'au-

G iv

les feuilles de cette branche confervèrent leur verdure pendant huit ou dix jours, auffi long-temps que les feuilles de toutes les autres branches du même arbre confervèrent la leur.

Le même jour, je veux dire le 15 d'août, je fis deux femblables entailles oppofées, à 4 pouces l'une de l'autre, fur une jeune branche de chêne, dont la fituation étoit horizontale ; elle étoit vigoureufe, & avoit 1 pouce de diamètre : dix-huit jours après, plufieurs feuilles de cette branche commencèrent à jaunir, tandis que toutes les feuilles des autres branches confervèrent leur verdure.

Le même jour, j'enlevai de l'écorce de la largeur de 1 pouce, tout autour d'une femblable branche du même chêne : dix-huit jours après,

---

roit pu, dans ces deux branches, monter à une hauteur confidérable, que cette petite quantité d'eau qui y pénétroit par les fibres de la moëlle, toutes les autres fibres de l'écorce & du bois ayant été coupées par les quatre incifions dans la première branche, & par les deux incifions femi-circulaires dans la feconde branche. Les feuilles par conféquent auroient dû fe faner, le fuc de la moëlle ne fuffifant pas pour les nourrir, d'autant plus que je tins ces deux branches dans une chambre bien fermée pendant la nuit, & qu'elles furent expofées pendant certaines heures du jour aux rayons du foleil. Malgré cela, j'obfervai que les feuilles fe confervèrent fraiches dans la branche taillée ou incifée, & dans celle qui ne l'étoit pas ; & toutes deux attirèrent prefque la même quantité d'eau. Si donc, trouvant le chemin droit, l'eau paffe néanmoins dans les parties fupérieures, il faut néceffairement qu'elle ait d'autres routes, c'eft-à-dire, d'autres vaiffeaux latéraux par lefquels elle puiffe paffer, en traverfant, pour ainfi dire, l'efpace de l'une à l'autre incifion. *Note de Mademoifelle Ardinghelli, tirée de la traduction italienne que cette favante phyficienne donna de cet ouvrage en 1756.*

les feuilles étoient aussi vertes que celles de toutes les autres branches du même arbre ; mais les
feuilles de cette branche & de la précédente,
tombèrent en hiver de bonne heure , tandis que
toutes les autres, excepté celles du sommet, demeurèrent sur l'arbre pendant tout l'hiver.

Le même jour , je fis quatre entailles semblables, de 2 pouces de largeur, à neuf pouces les
unes des autres, sur une branche perpendiculaire à
l'horizon, d'un pommier de reinette doré ; le diamètre de cette branche avoit 2 pouces $\frac{1}{2}$, & les
entailles faisoient face aux 4 points cardinaux ;
les pommes & les feuilles se portoient aussi-bien
que celles des autres branches du même arbre.

Nous voyons encore ici la liberté du passage
latéral de la sève, lorsque le passage direct est
plusieurs fois interrompu.

EXPÉRIENCE XLI.

LE 13 d'août à midi , je pris une grosse branche de pommier, dont je cimentai la coupe
transversale *x* (*Pl. X. fig.* 22.) du gros bout de
la tige , & je couvris le ciment avec une vessie
mouillée que je liai bien par dessus ; ensuite je
coupai le maître rameau du sommet en *b*, où il
avoit $\frac{6}{8}$ de pouce de diamètre ; après quoi j'en
mis l'extrémité dans une bouteille d'eau *b*, ensorte que la branche étoit renversée, & avoit la
grosse extrémité *x* de sa tige en haut.

En trois jours & deux nuits la branche tira &
transpira 4 livres 2 onces $\frac{1}{2}$ d'eau, & les feuilles conservèrent leur verdure ; celles d'un rameau séparé du même arbre dans le même temps,
& qui n'avoit pas été mis dans l'eau, se fanèrent

quarante heures auparavant celles-ci : d'où l'on voit, aussi-bien que par la grande quantité de liqueur tirée & transpirée, que l'eau passoit avec une grande liberté de *b* en *e f g h*, & de-là descendoit dans les branches respectives pour s'exhaler par les feuilles.

Cette expérience peut servir à nous expliquer la raison pourquoi la branche *b* (*Pl. X. fig. 23.*) qui a poussé de la racine *c x*, se porte fort bien, quoique l'on suppose ici la racine hors de terre, & coupée en *c* ; car nous voyons, par plusieurs expériences du premier & du second Chapitres, que la branche *b* attire la sève en *x* avec une grande force ; & il est clair par cette expérience-ci, que la sève seroit aussi aisément tirée en bas de l'arbre à *x*, qu'elle seroit tirée en haut de *c* en *x*, si l'extrémité *c* de la racine étoit en terre. Il n'est donc pas merveilleux que la branche *b* se porte bien, quoiqu'il n'y ait point là de circulation de sève.

Cette Expérience XLI & l'Expérience XXVI montrent aussi comment de trois arbres (*Pl. XI. fig. 24.*) qui sont arqués & greffés les uns aux autres en *x* & *z*, celui du milieu croît & se porte bien, soit qu'on l'ait coupé par les racines, ou que, l'ayant déraciné, on l'ait tellement greffé avec les autres, qu'il soit suspendu en l'air ; car il tire sa nourriture avec grande force en *x* & *z* des deux autres arbres *a* & *c*, auxquels il est anastomosé ; & cela, de la même manière que les branches renversées tirent l'eau dans les Expériences XXVI & XLI.

Et c'est par la même raison que les sureaux, les saules, les marsaules, les ronces, les vignes, & la plupart des arbrisseaux, croissent dans un

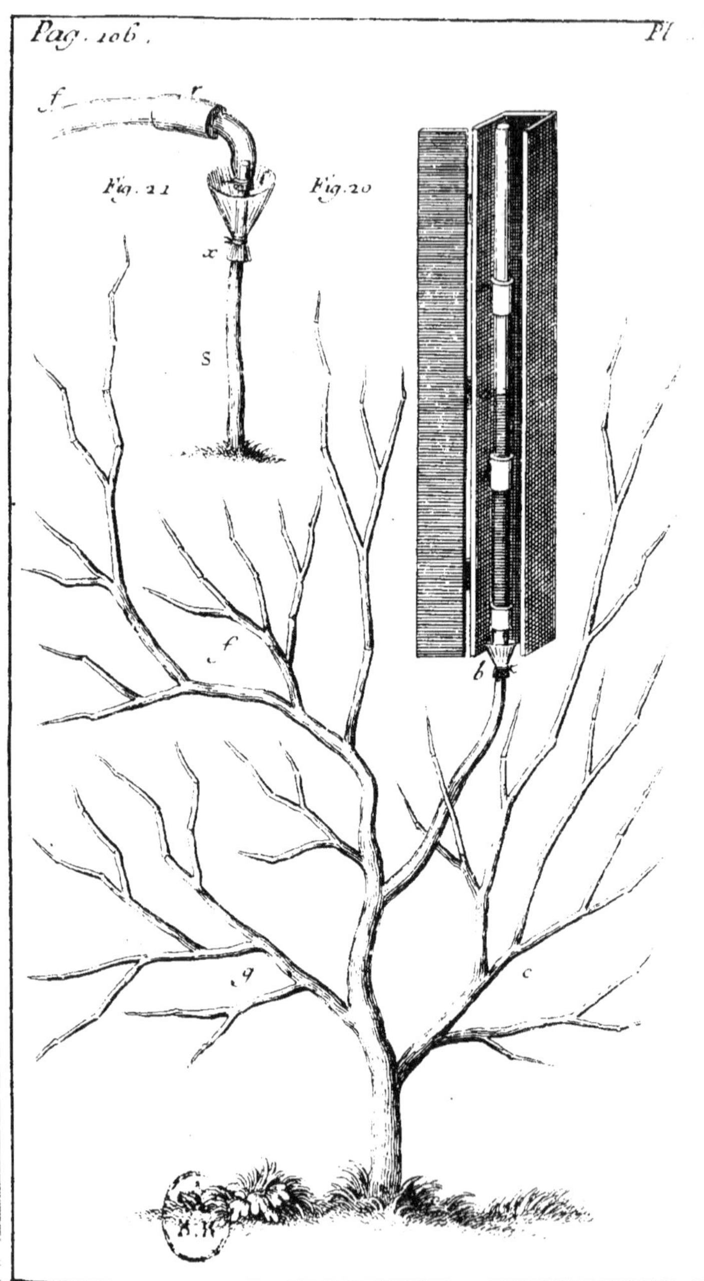
f
Fig. 21
x
S
Fig. 20
f
b
q
c
Pl.

Maréchal in. Fecit

état renversé avec le sommet de leurs branches en bas dans la terre.

EXPÉRIENCE XLII.

LE 27 de juillet, je répétai l'expérience de M. Perrault (1) ; & pour cela je pris des branches

-----

(1) C'est une des expériences que M. Perrault apporte en preuve de la circulation de la sève dans les arbres, proposée comme une nouvelle découverte à l'Académie des Sciences, dès sa première institution en 1667 . sans savoir qu'un médecin de Hambourg l'avoit publiée deux ans auparavant. Quelques-uns prétendent même qu'Hippocrate l'avoit indiquée, dans son ouvrage intitulé *De Naturâ Puerorum*, quand il dit : *In arbore mutuam quamdam diftributionem ex imis ad fumma , & contra fieri debere ;* & peu après: *Arborem alimentum ex fuperioribus & inferioribus partib s capeffere.* Si cela eft, il faut croire qu'Hippocrate avoit découvert la circulation, puifque la feule analogie qui fe trouve entre les plantes & les animaux pouvoit le lui faire penfer. C'eft le fentiment de MM. Perrault, Malpighi, Duhamel & plufieurs autres , auxquels s'opposèrent MM. Duclos, Dodart, la Quintinie, & avec plus de chaleur que les autres M. Magnol, qui, dans un traité particulier, répond en détail à tous les argumens de M Perrault, & foutient que, de vingt-cinq expériences citées pour fonder fon fyftême, il en eft beaucoup de fauffes, & d'autres qui, quoique vraies en elles-mêmes, font fauffes, malgré cela, dans leurs conféquences. Telle eft, par exemple, celle que M. Hales a voulu répéter, & l'autre encore qu'il rapporte Chap. III, par lefquelles M. Perrault & fes partifans prétendent démontrer la circulation de la sève dans les arbres ; parce que fi la racine *c* (*Pl. IX. fig. 20.*) & la branche *b* (*Pl. XII. fig. 25.*) hors de l'eau, végètent & produifent de nouvelles feuilles & des rejetons, il faut, comme ils ne reçoivent point la sève directement, il faut, dis-je, qu'ils la reçoivent par la circulation. Magnol prétend que la sève pénètre directement & dans les racines & dans la branche, & defcendant par les mêmes

de cerifier *, de pommier, de grofeiller rouge
avec deux rameaux fur chacune ; j'en plongeai

canaux par lefquels elle feroit naturellement paffée dans
leur pofition naturelle.

Cette opinion eft cependant la même que celle que M.
Hales confirme par l'expérience qu'il rapporte Chap. III.
De même qu'il n'y a pas lieu de douter, dans cette expérience, que l'eau qui defcend de la cime dans le tronc,
defcend enfuite dans les branches, par ces mêmes canaux
par lefquels elle feroit montée des racines ; de même, dans
la *Pl. X. fig. 23*, la racine *c x* reçoit par le haut fa nourriture du petit monceau de terre, de même qu'elle l'auroit
reçue par le bas, fi l'extrémité inférieure eût été plantée ;
&, dans l'expérience de M. Perrault, l'eau qu'abforbe la
branche *c n*, arrivée à *n s*, va en plus grande partie nourrir
la branche *b*, par les mêmes routes par lefquelles elle avoit
pénétré en montant de l'extrémité inférieure du tronc *x* ;
& de cette manière la végétation peut d'autant mieux s'expliquer, que, dans l'hypothèfe de la circulation dans laquelle les racines & la branche ne recevant que la sève
qui revient de l'écorce, il eft certain qu'elles en reçoivent
bien moins que d'ordinaire, & ne pourroient par conféquent fe nourrir & entretenir leurs feuilles comme d'ordinaire. Indépendamment que, dans l'expérience de M. Perrault, on conçoit difficilement comment cette circulation
peut s'exécuter, (parce qu'on doit fuppofer qu'il y a dans
les plantes une double ramification de vaiffeaux, les uns
deftinés à conduire la sève des racines à la cime, les autres
à la rapporter de la cime aux racines, comme Albert Séba
& Frédéric Ruyfch difent, dans les *Tranfactions Philofophiques*, l'avoir obfervé à l'égard des artères & des veines
du corps humain). Il eft certain que ces vaiffeaux, que
l'on peut encore appeler veines & artères, devront s'unir
à l'extrémité fupérieure des plantes, de manière que la fin
de l'artère fera le commencement de la veine ; & avoir
dans leurs racines de petits orifices féparés, c'eft-à-dire, les
artères pour recevoir la sève de la terre, & les veines
pour la divifer, la rendre plus tenue. Or, cela pofé, fi
vous coupez les racines d'une plante, fi elle fe plante par
la cime dans l'eau, je demande comment cette eau péné

l'un *a c* (*Pl. XII. fig. 25.*) dans un grand vaiffeau
c d plein d'eau ; l'autre rameau *b* étoit à l'air en

---

trera en direction contraire dans les conduits bouchés de
cette plante ? Elle devra certainement fe faire un chemin
par les pores, qui font également difpofés à l'introduire
dans les veines & dans les artères. Comment donc monte-
t-elle par une feule efpèce de vaiffeaux ? & comment, en
les retrouvant dans l'extrémité de la plante qui regardoit
les racines, peut-elle rentrer dans ceux-ci, par lefquels elle
eft montée dans les autres qui doivent la ramener en bas,
& l'embarraffer dans fon cours ? La même difficulté peut
avoir lieu pour les arbuftes qu'on plante par la cime ; ce
qui s'explique affez bien dans le fyftême de M. Hales, en
fuppofant que les vaiffeaux font par-tout les mêmes, ouverts également par l'une & l'autre extrémité, & qui donnent ainfi paffage à la sève.

Qu'on daigne lire, à cette occafion, l'expérience de Lewenhoeck, que les ennemis & les défenfeurs de la circulation
regardent également comme une très-forte preuve de leur
fyftême. La manière de juger des hommes eft telle, que du
même principe, ils tirent à leur avantage des conféquences
contraires. Lewenhoeck planta donc, comme il le rapporte,
Lettre 64, avril 1686, deux jeunes tilleuls ; &, quand il fut
sûr qu'ils avoient pris racine, il les plia tellement, que leurs
cimes s'abaissèrent jufque dans deux foffes qu'il avoit creu-
fées exprès pour les recouvrir ; ce qu'en effet il exécuta,
en laiffant feulement fortir l'extrémité des dernières branches ; & par le moyen de quelques pieux attachés aux arbres, & profondément fichés en terre, il les tint ainfi
courbés jufqu'au mois d'avril 1688, temps auquel, voyant
que leurs cimes avoient affez jeté de nouvelles branches, il
arracha de terre les vieilles racines, & les éleva en l'air,
où, après quatorze jours, il obferva qu'elles commençoient à jeter une quantité de bourgeons, qui enfuite formèrent des branches parfaites. Or, on peut déduire de
cette expérience cet argument en faveur de la circulation
de la sève ; & il me femble qu'on ne peut rien lui oppo-
fer : le voici. En admettant la circulation, il faut néceffairement concevoir que, pendant que le tilleul eft ainfi
planté par les deux extrémités, les artères & les veines doi-

toute liberté ; je pendis en même temps à une baluſtrade des branches de même eſpèce, que je

---

vent néceſſairement remplir les fonctions de veine & d'artère, les unes & les autres devant & reprendre & reporter la sève. D'où cette expérience ſe trouveroit contraire à une autre de M. Perrault, rapportée par les partiſans de la circulation, dans laquelle on voudroit prouver que ces canaux qu'il appelle montans & deſcendans, ſelon qu'ils conduiſent la sève de bas en haut ou de haut en bas, ſont abſolument différens entr'eux, & ne peuvent aucunement remplir réciproquement leurs fonctions.

Si on taille ou ſi on coupe une petite branche d'orme ſans nœud, & d'environ 3 doigts de hauteur, de manière qu'on puiſſe adapter un entonnoir de cire & par l'une & par l'autre extrémité ; en verſant de l'eau dans les deux entonnoirs, on aſſure qu'il ne paſſe dans la branche que l'eau verſée dans l'entonnoir de la partie ſupérieure, c'eſt-à-dire de celle qui regarde la cime de l'arbre, & qu'au contraire l'eſprit de vin pénètre très-librement dans la partie inférieure. En faiſant la même expérience ſur les autres eſpèces d'arbres, ils en concluent que l'eau, le fluide ou la sève qui monte des racines à la cime, eſt plus ſubtil & plus ſpiritueux ; & qu'au contraire le fluide qui deſcend de la cime aux racines eſt plus groſſier : choſe que je croirois aſſez volontiers, ſi je pouvois me perſuader de l'expérience. Mais je ne ſaurois concevoir comment l'eau ne peut, par le moyen de l'entonnoir, s'inſinuer dans les branches par les racines, puiſque l'humeur de la terre, qui n'eſt que de l'eau, s'y inſinue.

Mais en laiſſant là ce fluide de la terre, qui, raréfié par le ſoleil, peut être plus ſubtil que l'eau, nous ſavons que l'eau ordinaire, dans laquelle on plonge une branche par les racines, pénètre la branche. Comment donc ſe feroit-il que, verſée par l'entonnoir, elle n'y deſcendroit pas ? Seroit-ce que, dans cette poſition, la branche n'auroit pas la même force de l'attirer ? Mais il y a de plus encore la force de la gravité, qui doit la pouſſer en bas, & la faire pénétrer, ſinon dans les canaux montans, qui peut-être ſont trop étroits, au moins dans les canaux deſcendans, qui ſont ceux par leſquels on ſuppoſe qu'elle paſſe en la ver-

venois de couper : elles fe fanèrent, & moururent trois jours après, tandis que les rameaux *b* confervèrent leur vigueur & leur verdeur ; cependant, au bout de huit jours, le rameau *b* du cerifier fe fana, mais les rameaux *b* de grofeiller rouge & de pommier ne fe fanèrent qu'au onzième jour : d'où il eft clair, foit par la quantité que la tranfpiration doit diffiper en onze jours, & que les feuilles *b* doivent tirer pour conferver leur verdeur, foit par la confommation de l'eau dans le vaiffeau, que les rameaux *b* avoient tiré toute cette quantité à travers les feuilles, & l'autre rameau *c* qui étoit plongé dans l'eau.

Je répétai la même expérience fur des branches de vigne & de pommier, dont je mis les rameaux dans de grandes retortes pleines d'eau ; les feuilles y confervèrent leur verdeur pendant plufieurs femaines, & tirèrent des quantités confidérables d'eau.

Ceci montre combien il eft probable que les

---

fant par l'entonnoir appliqué à l'autre extrémité. Toutes ces raifons m'ont fait douter de l'expérience ; & je me fuis encore plus confirmée dans mon doute en y réfléchiffant, puifqu'ayant appliqué à quelques branches d'orme l'entonnoir par la partie des racines, & d'autres par les parties de la cime, j'ai vu que, fi des uns comme des autres quelques-uns laiffent pénétrer l'eau plus promptement, & d'autres plus lentement, aucuns même point du tout, cela ne vient que de quelque finuofité ou obftruction particulière à la branche, ou de quelque autre raifon que je ne puis trop marquer, n'ayant pas eu la facilité de recommencer l'expérience. D'ailleurs, me contentant d'avoir obfervé plus d'une fois l'eau paffer dans les petites branches d'un orme, par la partie des racines vers la cime, je crois pouvoir affurer que l'expérience de M. Perrault ne fe trouve pas toujours sûre, & ne conclut rien pour la circulation du fuc nutritif dans les arbres. *Note de Mademoifelle Ardinghelli.*

végétaux tirent la pluie & la rofée, fur-tout dans les faifons sèches.

Ce qui eft de plus confirmé par des expériences faites depuis peu fur des arbres plantés nouvellement ; car, en lavant fréquemment les troncs des arbres qui promettoient le moins, on a fu leur faire égaler & même furpaffer les autres arbres de la même plantation ; & M. Miller confeille « de » mouiller le foir la tête des arbres, & de laver » & nettoyer avec une broffe l'écorce tout autour » du tronc, ce qui eft, *dit-il*, d'une très-grande » utilité, & que j'ai fouvent éprouvé. » *Dictionnaire du Jardinier, Supplément, volume 2, fous le titre* Of Planting.

Expérience XLIII.

Le 20 d'août, à une heure après midi, je pris une branche *b* (*Pl. XII. fig. 26.*) de 9 pieds de longueur, 1 pouce $\frac{3}{4}$ de diamètre, chargée de fes rameaux & de fes feuilles ; je la cimentai bien au tuyau de verre *a*, par le moyen d'un fiphon de plomb en *l*, mais auparavant j'enlevai l'écorce & la couche ligneufe de l'année précédente, jufqu'à 3 pouces de hauteur en *r*; je remplis enfuite d'eau le tuyau *a*, qui avoit 12 pieds de hauteur & $\frac{1}{2}$ pouce de diamètre, après avoir fait une entaille *y* dans l'écorce & la couche ligneufe de l'année précédente, à 12 pouces au deffus de l'extrémité de la tige : l'eau fut tirée par la branche à raifon de 3 pouces $\frac{1}{2}$ dans une minute. Une demi-heure après, je vis clairement que le bas de l'entaille y devenoit plus humide, tandis que la partie fupérieure de l'entaille paroiffoit dans le même temps blanche & sèche.

Mais,

Mais, dans ce cas, l'eau monte du tuyau dans la branche, en paffant néceffairement à travers le bois de l'intérieur de la branche, puifque celui de la dernière année avoit été enlevé de 3 pouces tout autour de la tige. Si donc la sève, dans fon cours naturel, defcendoit par cette couche ligneufe de la dernière année, ou par un chemin pris d'entr'elle & l'écorce (comme bien des gens l'ont cru), l'eau feroit auffi defcendue par cette même couche ligneufe, ou par l'écorce, & auroit par conféquent humecté d'abord la partie fupérieure de l'entaille y, tandis qu'au contraire ce fut la partie inférieure qui devint humide, & non la fupérieure.

Je répétai cette expérience avec une groffe branche de cerifier *, mais je ne vis pas plus d'humidité à la partie fupérieure qu'à l'inférieure de l'entaille; ce qui feroit cependant néceffairement arrivé, fi la sève fût defcendue par la couche ligneufe de la dernière année, ou par l'écorce.

Ce fut la même chofe fur une branche de coignaffier.

Remarquez que, lorfque dans l'une de ces branches je faifois une entaille en q, 3 pieds au deffus de r, je n'y voyois ni ne pouvois y fentir aucune humidité, quoiqu'il paffât dans le même temps par cette entaille une grande quantité d'eau; car la branche tiroit à raifon de 4, 3, ou 2 pouces par minute, d'une colonne d'eau d'un demi-pouce de diamètre. La raifon de cette féchereffe de l'entaille q paroît claire par l'Expérience XI, parce que la partie fupérieure de la branche au deffus de l'entaille tire & tranfpire trois ou quatre fois plus d'eau que la pefanteur d'une colonne d'eau, de 7 pieds de hauteur dans le tuyau, ne peut en

* *Duke Cherry.*

pouffer du bas de la tige jufqu'à *q*, qui en eft éloigné de 3 pieds : donc l'entaille doit être néceffairement sèche, malgré la grande quantité d'eau qui y paffe, puifque la tige & les branches au deffus de l'entaille tirent avec vigueur l'humidité, afin de fuppléer à la grande tranfpiration des feuilles.

EXPÉRIENCE XLIV.

LE 9 d'août, à dix heures du matin, je fixai, comme dans l'expérience précédente, une brande cerifier * de 5 pieds de hauteur & de 1 pouce de diamètre : mais je n'enlevai point l'écorce, non plus que la couche ligneufe au bout de la tige ; je me contentai, après avoir rempli d'eau le tuyau, d'enlever, 3 pouces au deffus du bout de la tige, une tranche d'écorce large de 1 pouce : la partie inférieure devint très-humide, tandis que la fupérieure demeura sèche (1).

* *Duke Cherry.*

---

(1) Ces expériences détruifent entièrement le fyftême de M. Perrault relativement à la circulation du fluide nutritif dans les arbres. S'il étoit vrai, comme il le fuppofe avec la plupart des botaniftes, qu'il monte tout par la fubftance ligneufe jufqu'à l'extrémité des feuilles, & qu'il defcend des feuilles par les fibres de l'écorce pour nourrir les racines, qui ne pourroient fe nourrir directement d'une humeur de la terre trop groffière & point digérée ; en coupant l'écorce, la partie inférieure de l'écorce, à l'endroit où elle eft coupée, ne devroit jamais être humide, mais feulement la partie fupérieure. Le contraire eft cependant arrivé dans les expériences faites par M. Hales, c'eft-à-dire, que c'eft toujours la partie inférieure qui s'eft trouvée humide, & rarement la partie fupérieure. De plus, les plantes dont on coupe l'écorce en rond, devroient périr : nous voyons au contraire qu'elles continuent de végéter. On lit, dans l'*Hiftoire de l'Académie des Sciences*, qu'un

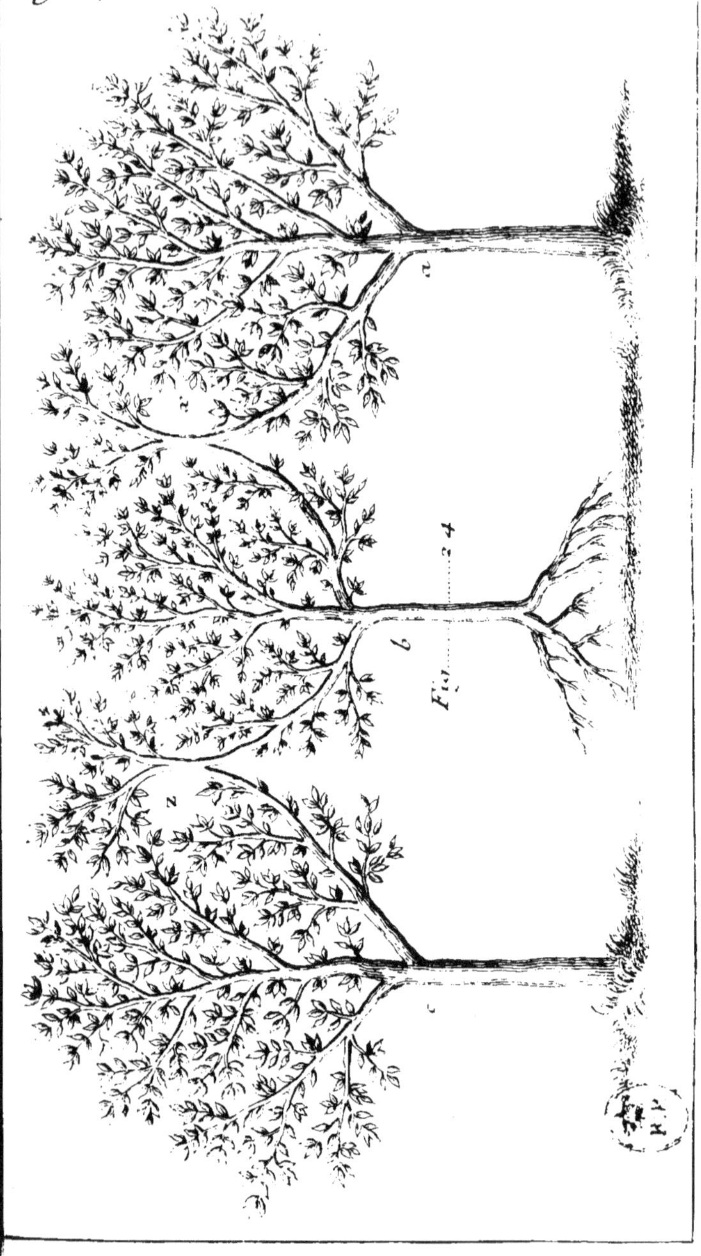

Fig. 24.

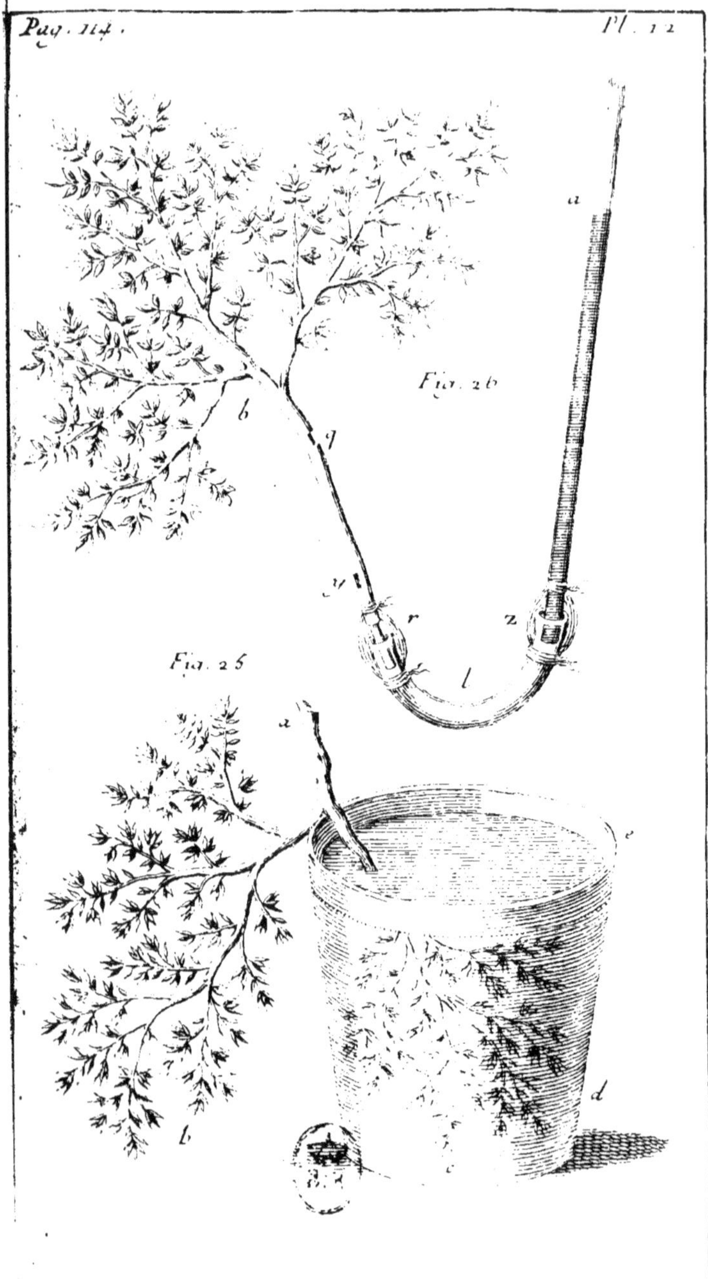
Fig. 26
a
b
q
r
z
l
Fig. 25
a
b
e
d
c

Le même jour, la même expérience réuffit de la même façon fur une branche de pommier.

Il eft donc probable que la sève monte entre l'écorce & le bois, auffi-bien que dans les autres parties; & puifque, par les autres expériences, nous avons trouvé que la plus grande partie de la sève eft élevée par la chaleur du foleil fur les feuilles; qui femblent avoir été faites larges & minces à ce deffein, il eft donc très-probable que la sève monte auffi par les parties

---

orme qui, au commencement de 1708, étoit entièrement dépouillé de fon écorce depuis les racines jufqu'à la cime, conferva néanmoins toute fa vigueur & fes feuilles, comme tous les autres arbres de la même efpèce. Il les auroit probablement confervées encore long-temps, fi le jardinier, qui le crut inutile, ne l'eût déraciné dans l'automne fuivant. Nous favons de plus que les oignons des plantes enterrés, pouffent des racines avant de jeter aucune feuille en dehors: qu'une plante vigoureufe, coupée près de la racine, repouffe, quoique dans l'hypothèfe que nous combattons, la racine, privée de fa nourriture, dût périr: que les oliviers, taillés de cette manière près de terre, repouffent de nouveaux rejetons, qui deviennent enfuite des arbres. Il eft donc certain que les racines n'ont pas befoin pour fe nourrir d'un fluide qui defcende des feuilles, mais qu'elles fe contentent de celui qu'elles reçoivent directement du terrain. Il eft encore certain que le fluide monte indifféremment par les fibres de l'écorce & du bois. D'où, en voulant admettre fa circulation, il faut fuppofer qu'il defcend indifféremment par les unes & les autres, non pour alimenter les racines, mais pour quelque autre fin que s'eft propofée la nature, & que nous ne connoiffons pas; ce qui n'eft point impoffible, & ne répugne nullement que cela fe faffe ainfi. Nous n'avons point, à la vérité, d'expérience pour le prouver, puifque toutes celles que les partifans de la circulation citent en leur faveur, peuvent également s'expliquer dans leur fyftême & dans le fyftême oppofé. *Note de Mademoifelle Ardinghelli.*

H ij

les plus expofées au foleil, telle qu'eft l'écorce;
& lorfque nous confidérons que les vaiffeaux féveux font fi fins, que la sève doit, pour y entrer,
être prefque réduite en vapeur, nous voyons aifément que la chaleur du foleil fur l'écorce doit
plutôt difpofer cette liqueur, ainfi raréfiée, à monter qu'à defcendre.

EXPÉRIENCE XLV.

LE 27 de juillet, je pris plufieurs branches de
grofeiller rouge, de vigne, de cerifier, de pommier, de prunier & de poirier; je mis le bout des
tiges dans des vaiffeaux remplis d'eau *x*, (*Pl. XIV.
fig. 31.*) après avoir auparavant enlevé l'écorce
de la largeur de 1 pouce à l'une des branches
comme en *z*, pour voir fi les feuilles *b* au deffus
de *z* conferveroient leur verdeur autant ou plus
de temps que les feuilles des autres rameaux *a c d*;
mais je n'y vis aucune différence, car les feuilles
fe fanèrent toutes en même temps : cependant, fi
le retour de la sève étoit arrêté en *z* (comme on
le doit fuppofer en admettant fa circulation), on
auroit dû s'attendre à voir les feuilles *b* vertes
plus long-temps que celles des autres rameaux;
ce qui cependant n'arriva pas : il n'y eut non
plus aucune marque d'humidité en *z*.

EXPÉRIENCE XLVI.

AU mois d'août, j'enlevai l'écorce de 1 pouce
de largeur autour d'une jeune branche de chêne
vigoureufe, & fituée fur l'arbre au nord-oueft;
les feuilles de cette branche, & d'une autre qui
avoient été toutes deux dans le même temps dépouillées de cette partie de leur écorce, tombèrent de bonne heure, c'eft-à-dire, vers la fin

d'octobre, tandis que les feuilles de toutes les autres branches du même arbre, excepté celles de la cime, reſtèrent deſſus tout l'hiver. Ceci eſt encore une preuve qu'il va moins de sève aux branches dont on a enlevé de l'écorce, qu'aux autres.

Le 19 avril ſuivant, les boutons de cette branche partirent, cinq ou ſix jours plus tôt que ceux des autres branches ſur le même arbre : on peut en attribuer la cauſe, avec aſſez de vraiſemblance, à la moindre quantité de sève crue que tirent ces branches écorcées ; car la tranſpiration dans toutes les branches, étant (toutes choſes pareilles) à peu près égale dans les branches dont la sève eſt en plus petite quantité, elle s'épaiſſira bien plus tôt, & pourra bien plus facilement ſe convertir dans cette ſubſtance glutineuſe propre & néceſſaire aux productions, que la sève plus crue & plus abondante des autres branches.

C'eſt par cette même raiſon que les pommes, les poires, & pluſieurs autres fruits, dont les inſectes ont rongé & coupé quelques-uns des grands vaiſſeaux ſéveux pour s'y loger & s'y nourrir, ſont en maturité pluſieurs jours avant les autres fruits des mêmes arbres ; & c'eſt auſſi pour cela que le fruit cueilli quelque temps avant ſa maturité, y viendra plus vîte que ſi on l'avoit laiſſé ſur l'arbre, quoique à la vérité il en ſoit moins bon. La cauſe de ces deux effets vient de ce que le fruit rongé du ver eſt privé d'une partie de ſa nourriture, & que le fruit cueilli vert eſt privé du tout.

Auſſi les fruits ſont-ils plus tôt mûrs à la cime des arbres, non-ſeulement parce qu'ils ſont plus expoſés au ſoleil, mais auſſi parce qu'étant plus éloignés de la racine, ils en tirent un peu moins de nourriture.

C'eſt ſans doute auſſi par la même raiſon que les plantes & les fruits ſont plus hâtifs dans les terrains ſecs, ſablonneux ou graveleux, que dans les terres humides; ſavoir, non-ſeulement parce que ces terres ſont plus chaudes, à cauſe de leur ſéchereſſe, mais auſſi parce que la plante n'en tire qu'une plus petite quantité de nourriture; car l'abondance de la ſève, en augmentant leur accroiſſement, retarde cependant leur maturité.

C'eſt encore par la même raiſon que les fruits ſont conſidérablement plus hâtifs ſur les arbres dont les racines ont été découvertes pendant quelque temps.

Au lieu que lorſque les arbres abondent trop en ſève crue, comme lorſque leurs racines ſont trop profondément plantées dans une terre humide & froide, ou lorſque les pêchers & les autres eſpaliers ſont trop gourmands en bois, ou bien encore, ce qui revient à peu près au même, lorſque la ſève ne peut pas être tranſpirée dans une proportion louable, comme dans les vergers où les arbres ſont trop près les uns des autres, pour que la tranſpiration ſe faſſe abondamment, ce qui laiſſe la ſève de ces arbres dans un état trop cru & trop peu digéré; dans tous ces cas, ils ne produiſent que très-peu ou point du tout de fruit.

Ainſi, dans les étés modérément ſecs (toutes choſes égales d'ailleurs), il y a ordinairement grande abondance de fruits, parce qu'alors la ſève eſt plus digérée, & a plus de conſiſtance, de vigueur & de fermeté pour pouſſer au dehors les boutons à fruit, que dans les étés frais

& humides. Cette obfervation s'eft trouvée vraie dans les années 1723 , 1724 & 1725. *Voyez* l'Expérience XX.

Mais revenons au mouvement de la sève. Après qu'elle a paffé par le tiffu fin & ferré de l'écorce des racines, on la trouve en abondance dans les parties les plus lâches , entre l'écorce & le bois, tout le long de l'arbre ; & fi de bonne heure au printemps, lorfque la sève commence à fe mouvoir, & qu'on peut aifément féparer l'écorce des chênes & de plufieurs autres arbres , on les examinoit près du fommet & du pied , je crois qu'on trouveroit l'écorce du pied humectée avant celle des branches fupérieures, tandis que ce devroit être celle-ci, fi la sève defcendoit par l'écorce. Je me fuis prefque affuré fur la vigne , que l'écorce du pied eft humectée la première.

Nous avons vu, dans les expériences précédentes, la grande quantité d'humidité que les arbres tirent & tranfpirent : quelle prodigieufe viteffe aura donc la sève, fi cette humidité , ou du moins fa plus grande partie, doit abfolument monter au fommet de l'arbre , defcendre enfuite, & enfin monter encore , avant que de s'exhaler par la tranfpiration ?

Le défaut de circulation dans les végétaux , eft en quelque façon compenfé par la quantité de liqueur que tire le végétal, beaucoup plus grande que celle de la nourriture qui entre dans les veines de l'animal; c'eft auffi ce qui accélère le mouvement de la sève. On peut fe fouvenir que , dans l'Expérience première , maffe pour maffe , le foleil tire & tranfpire , en vingt-quatre heures, dix-fept fois plus que l'homme.

Outre cela , le principal but de la nature dans

les végétaux, n'étant que de leur conserver & de maintenir cette espèce de vie végétale, il n'étoit pas besoin de donner à la sève le mouvement rapide & nécessaire au sang des animaux.

Dans ceux-ci, c'est le cœur qui met le sang en mouvement, & le fait continuellement circuler ; mais dans les végétaux nous ne pouvons découvrir d'autre cause du mouvement de la sève, que la forte attraction des tuyaux séveux capillaires, aidés des vives ondulations causées par la chaleur du soleil qui élève la sève jusqu'au sommet des plus hauts arbres, où elle s'exhale par les feuilles. Mais, lorsque la surface de l'arbre est devenue beaucoup plus petite par la perte de ses feuilles, la transpiration & le mouvement de la sève est aussi diminuée à proportion, comme il est évident par plusieurs des experiences précédentes. Donc le mouvement d'élévation de la sève est accéléré principalement par l'abondante transpiration des feuilles qui donnent aux tuyaux capillaires la liberté d'exercer leur grande puissance attractive : or ces vives ondulations de la chaleur, qui raréfient la sève & causent la transpiration, me paroissent de toutes façons des puissances très-peu propres pour faire descendre la sève de la cime des végétaux jusqu'à leurs racines.

Si la sève circule, ne l'auroit-on pas vue descendre & humecter les parties supérieures de ces larges entailles coupées dans ces branches qui trempoient dans l'eau, & dont l'extrémité des tiges fixées dans de longs tubes de verre, (Expériences XLIII & XLIV.) étoient pressées par de grandes colonnes d'eau ? Il est sûr que dans ces deux cas il passoit à travers la tige une très-grande quantité d'eau : on l'auroit donc néceffairement vue defcendre, fi le retour de la sève en bas fe fût fait par un mouvement de pulfion & de trufion, comme fe fait le retour du fang par les veines au cœur des animaux. En fuppofant cette pulfion, il faudroit qu'elle s'exerçât avec une force prodigieufe, pour pouvoir pouffer la sève à travers les tuyaux capillaires les plus fins : donc, s'il y a un retour de sève en bas, il faut qu'il fe faffe par attraction, & même par une attraction très-forte, comme nous pouvons le voir par plufieurs des expériences précédentes, fur-tout par l'Expérience II. Mais il eft difficile de concevoir où réfide & quelle eft cette énergie qui peut contre-balancer cette vafte puiffance que la nature exerce pour l'afcenfion de la sève dans la grande tranfpiration des feuilles.

Les exemples du jafmin & de la fleur de la paffion, ont été regardés comme de fortes preuves de la circulation de la sève, parce que leurs branches, quoique beaucoup au deffous de celles qui portent le bouton inoculé, prennent la même couleur que celles qui font au deffus; mais nous avons plufieurs preuves évidentes, dans la vigne & dans d'autres arbres qui pleurent, de l'alternative des mouvemens, tantôt progreffifs & tantôt rétrogrades de la sève, felon les différens temps du jour & de la nuit. Il eft donc fort croyable que la sève de tous les autres arbres fubit les mêmes alternatives de mouvement par celles du jour, de la nuit, du chaud, du froid, de l'humidité & de la féchereffe; car, dans tous les végétaux, la sève doit probablement reculer, & fe retirer en partie du fommet des branches lorfque le foleil les abandonne; car la raréfaction ceffant avec la chaleur, la sève raréfiée, & qui contenoit beaucoup d'air, se condensera, & occupera moins d'espace qu'elle ne faisoit : la rosée & la pluie seront même alors fortement tirées par les feuilles, comme il paroît par l'Expérience XLII, & par plusieurs autres, qui nous montrent que le tronc & les branches des végétaux, épuisés par la grande évaporation du jour, tirent des feuilles la sève & la rosée qu'elles avoient sucées la nuit, puisque, par plusieurs expériences du premier Chapitre, nous trouvons que les plantes augmentent considérablement en pesanteur pendant les nuits de pluie & de rosée, & que, par d'autres expériences sur la vigne dans le troisième Chapitre, nous trouvons que, excepté la saison des pleurs, le cep & les branches sont toujours dans un état de succion, causé par la grande transpiration des feuilles ; mais que la nuit, où cette transpiration cesse, la puissance de succion contraire prévaut, & tire aussi-bien la sève & la rosée par les feuilles, que l'humidité par les racines.

Nous avons encore la preuve de ceci dans l'Expérience XII, où, en fixant des jauges à mercure aux tiges de différens arbres qui ne pleurent pas, nous avons trouvé qu'ils étoient toujours dans un état de forte succion, puisqu'ils élevoient le mercure à plusieurs pouces : d'où il est aisé de concevoir comment une partie de la sève du bouton du jasmin jaune ou doré, qui a été greffé, peut être absorbée par le jasmin qui sert de sujet, & communiquer ainsi la même couleur aux autres branches, sur-tout si quelques mois après l'inoculation l'on coupe la tête du jasmin un peu au dessus de la greffe ; car les branches qui sont la contre-partie de la tige en étant séparées, la tige tire avec plus de force la liqueur du bouton.

Un autre argument pour la circulation de la sève, c'eſt qu'il y a des eſpèces de greffes qui infeƈtent les ſujets, & leur cauſent des chancres; mais par les Expériences XII & XXXVII, dans leſquelles les jauges à mercure étoient fixées à des tiges d'arbres nouvellement coupées, il eſt clair que ces tiges ſont dans un état de forte ſuccion, & que par conſéquent les ſujets infeƈtés de chancres peuvent auſſi-bien tirer la sève de la greffe, que la greffe peut elle-même la tirer du ſujet, comme on voit que les feuilles & les branches le font alternativement dans les viciſſitudes du jour & de la nuit (1).

---

(1) On peut encore expliquer de cette manière comment la glu & la moiſiſſure font périr les arbres; ce qui arrive, ſelon M. Perrault, parce que la glu & la moiſiſſure infeƈtent le ſuc nutritif qui retourne de la cime vers les racines; d'où il tire un autre argument favorable à la circulation. Mais quand la glu & la moiſiſſure peuvent infeƈter le ſuc nutritif d'une plante au point de la faire périr, il ſemble plus naturel de penſer qu'elles empoiſonnent celui qui monte des racines à la cime. Il dit plus: que ſi les rejetons tendres d'un arbre ont été rongés par quelques animaux, l'arbre tout entier languit & dépérit, parce que, par le moyen de la circulation, l'arbre tout entier reçoit les mauvaiſes qualités dont une de ſes parties eſt affeƈtée. Il dit encore qu'en liant dans la tige une plante abondante en ſuc, telle que l'*herbe au lait*, la tige ſe gonfle au deſſus de la ligature; ce qui prouve qu'il y a là un ſuc qui deſcend, plus groſſier que celui qui monte des racines: qu'en briſant une tige de pavot, quand il commence à mûrir, le ſuc qui ſort de la partie voiſine des racines eſt très-blanc, & celui de la partie ſupérieure jaunâtre. Ces expériences & d'autres ſemblables, rapportées par M. Perrault à l'appui de ſon ſyſtême, ſont toutes entièrement niées par M.

Cette puissance de succion dans le sujet est si grande, lorsque l'on a seulement greffé quelques branches d'un arbre, que les autres font, par leur forte attraction, mourir ces greffes ; & c'est pour cela que l'on a coutume de retrancher la plus grande partie des branches du sujet, on en laisse seulement quelques petites pour tirer la sève en haut.

L'exemple du chêne vert greffé sur le chêne anglois, semble nous fournir un très-fort argument contre la circulation ; car, s'il y avoit une circulation libre & uniforme & à travers le chêne & le chêne vert, pourquoi les feuilles du chêne

---

Magnol ; &, puisque M. Hales n'en dit rien, il y a lieu de penser qu'il les a également crues fausses. Mais quand bien même elles seroient vraies, & qu'elles démontreroient qu'il y a un fluide qui se porte de l'extrémité des branches vers les racines, il n'en seroit pas pour cela démontré que ce fluide circule dans les plantes. On pourroit soutenir avec la même probabilité le système de M. Dodart, qui dit que de même que le fluide de la terre monte par les racines vers les branches & les feuilles, de même il y a un autre fluide qui descend des branches & des feuilles vers les racines. Un des principaux argumens sur lesquels il fonde son opinion, est que si, dans le même jour, on taille deux arbres de la même espèce, & qu'après les avoir transplantés, & qu'ils auront pris racine, on coupe de ces nouvelles branches qui renaissent tous les ans, on voit que le tronc de cet arbre grossit moins que l'écorce, & que les branches poussent moins aussi ; ce qui prouve que les parties reçoivent quelque nourriture des branches. Il prétend que cette nourriture se forme de l'humide de l'air & de la rosée, lequel, étant pompé par les feuilles & les branches, descend dans le tronc & les racines, mais sans jamais remonter vers la cime, de même que le fluide de la terre, qui monte des racines à la cime, ne revient jamais aux racines ; ce qui conséquemment détruit l'hypothèse de la circulation. *Note de Mademoiselle Ardinghelli.*

tomberoient-elles en hiver , & non pas celles du chêne vert ?

L'on peut tirer de l'Expérience XXXVII un autre argument contre la circulation uniforme de la sève dans les arbres , telle qu'est celle du sang dans les animaux ; car nous avons trouvé par les trois jauges à mercure, toutes trois fixées à la même vigne , que les unes repompoient la sève, tandis que les autres continuoient à la pousser.

Dans le second volume de l'*Abrégé des Tranfactions philofophiques*, de M. Lewtorp , p. 708 , on y rapporte une expérience de M. Brotherfon, que voici.

Il fit au tronc d'un jeune noifetier *n*, (*Pl. XIII. fig.* 27.) une fente profonde en *x z*, dont il ouvrit & fépara du tronc les parties *x z*, l'une en haut & l'autre en bas ; il les empêcha de fe toucher & de toucher au tronc, par des coings *t* & *q*. L'année fuivante , la partie ou l'éclat fupérieur *x* avoit beaucoup crû, l'éclat inférieur *z* n'avoit pas crû : pour l'accroiffement du refte de l'arbre , il fut le même qu'il auroit été s'il n'y avoit point eu de fente faite au tronc. Je n'ai pas encore réuffi dans cette expérience : le vent a rompu à *x z*, tous les arbres que j'ai préparés de la forte ; mais s'il y avoit en *x* un bouton à feuilles, & s'il n'y en avoit point en *z*, il eft clair, par l'Expérience XLI, que ces feuilles devoient tirer beaucoup de nourriture à travers *t x*, & par-là le faire croître ; & je penfe que fi au contraire il s'étoit trouvé un bouton à feuille en *z*, & qu'il n'y en eût point eu en *x*, l'éclat *z* auroit alors crû davantage que l'éclat *x*.

Je fonde la raifon de ma conjecture fur l'expérience fuivante.

Je choisis deux pousses vigoureuses *ll aa* (*Planche XIII. fig. 28* & *29.*) d'un poirier nain : à la distance de $\frac{3}{4}$ de pouce, je leur enlevai l'écorce de $\frac{1}{2}$ pouce de largeur tout autour en plusieurs endroits, *2, 4, 6, 8,* & *10, 12, 14 :* chaque couche d'écorce qui restoit, avoit un bouton à feuille qui en produisit l'été suivant ; la seule couche 13 étoit sans bouton. Les couches 9 & 11 de *a a* crûrent & se gonflèrent à leurs extrémités inférieures jusqu'au mois d'août ; mais la couche 13 n'augmenta point du tout, & au mois d'août toute la pousse *a a* se fana & mourut ; mais la pousse *ll* vécut, & se porta fort bien. Toutes ces couches se gonflèrent beaucoup à leurs extrémités inférieures ; ce que l'on doit attribuer à quelque autre cause qu'à la sève arrêtée dans son retour en bas, puisque ce retour dans la pousse *ll* est intercepté, trois différentes fois, par l'enlèvement de l'écorce en *2, 4, 6.* Plus le bouton à feuille étoit gros & vigoureux, plus il produisoit de feuilles, & plus l'écorce adjacente se gonfloit à son extrémité inférieure.

La figure 30 représente le profil de l'une des partics *7, 8, 7, 6,* couverte d'écorce de la figure 28, elle la représente, dis-je, fendue en deux ; & nous pouvons y voir de quelle façon croît la couche ligneuse de l'année précédente, qui pousse un peu en haut vers *x x*, mais pousse & grossit plus en bas vers *z z :* nous pouvons y observer, que ce qui a poussé aux extrémités, est évidemment sorti du bois de l'année précédente par les interstices serrés *x r, z r ;* d'où il semble que l'accroissement des nouvelles couches ligneuses de l'année consiste dans l'extension de leurs fibres en long sous l'écorce. Il paroît encore évident que la sève ne descend pas entre l'écorce & le bois, comme le supposent ceux qui admettent la circulation, quand on pense que si l'écorce est enlevée de 3 ou 4 pouces de largeur tout autour, les pleurs de l'arbre au dessus de cet endroit dépouillé diminueront beaucoup ; car le contraire devroit arriver par l'interception de la sève refluante, en supposant qu'elle descend par l'écorce ; au lieu que, dans ce cas, nous pouvons fort bien rapporter la raison de cette diminution de pleurs aux preuves manifestes que nous avons, dans ces expériences, de l'attraction vigoureuse des feuilles transpirantes & des tuyaux capillaires pour élever la sève. Mais lorsque l'on a enlevé une bande d'écorce au dessous de l'endroit qui pleure, alors la sève qui est entre l'écorce & le bois au dessous de l'endroit écorcé, n'est plus soumise à l'action de la puissance attractive des feuilles, &c ; & conséquemment la plaie qui pleure ne reçoit pas aussi vîte qu'avant l'écorcement, les nouveaux suppléments de sève.

De-là nous pouvons aussi tirer l'idée d'une conjecture probable sur le gonflement plus grand à la partie supérieure des endroits écorcés, qu'à l'inférieure dans les bâtons alternativement écorcés *ll a a; (Pl. XIII. fig. 28 & 29.)* car ces parties inférieures étoient privées, par l'écorcement, de l'abondance de nourriture qui étoit portée aux parties supérieures des endroits écorcés, par la forte attraction des feuilles des boutons 7, &c. La couche d'écorce 13, *(fig. 29.)* qui ne crût ni ne se gonfla point du tout en haut, non plus qu'en bas, nous confirme encore dans cette idée ; car, comme elle étoit non-seulement privée de l'attraction des feuilles supérieures par l'écorcement

de l'endroit 12 , mais qu'elle étoit auffi fans aucun
bouton à feuille , qui par fes vaiffeaux féveux en-
racinés dans le bois, comme le font ceux de tous
les boutons à feuilles, lui auroit apporté de la
nourriture, il n'eft pas étonnant que cette écorce
en manquât. Si ces vaiffeaux féveux des boutons fe portoient en haut, au lieu de fe porter en
bas , comme ils font ordinairement , il eft très-
probable que, dans ce cas, les parties fupérieures
de chaque couche d'écorce, & non pas les inférieures, fe gonfleroient par la nourriture qui leur
eft apportée de l'intérieur du bois.

De-là nous pouvons voir auffi les raifons pourquoi, lorfqu'un arbre eft infructueux, on l'amène
à fruit en enlevant de l'écorce à fes branches ; car,
comme il paffe alors une moindre quantité de
sève, elle eft mieux digérée & mieux préparée
pour la nourriture du fruit, dont la production
femble demander plus de foufre & d'air, que la
production du bois & des feuilles. Cette conjecture eft fondée fur la grande quantité d'huile ,
qui fe trouve d'ordinaire plus abondamment dans
les femences & dans leurs vaiffeaux contenans ,
que dans les autres parties des plantes.

L'objection la plus confidérable contre ce mouvement progreffif de la sève fans circulation , eft
prife de ce que , s'il n'y a point de circulation de
sève , fon cours eft trop précipité pour qu'elle
puiffe acquérir un degré de digeftion & de con-
fiftance propre & convenable à la nutrition ; tandis que , dans les animaux, la nature perfectionne
les parties du fang , en leur faifant faire un long
cours avant que de les appliquer à la nutrition ,
ou de les chaffer par les fécrétions.

Mais lorfque nous confidérons que le grand
ouvrage

ouvrage de la nutrition dans les végétaux, auſſi-bien que dans les animaux (après que la nourriture eſt entrée dans les veines & les artères), ſe manœuvre principalement dans les petits tuyaux capillaires où la nature combine & choiſit, comme les plus propres à ſes différens deſſeins, les particules nutritives & actives que le mouvement du fluide qui leur ſert de véhicule avoit juſque-là tenues ſéparées; nous trouvons que la nature a formé & placé dans la ſtructure des végétaux tous les principes néceſſaires pour la perfection de cet ouvrage, puiſqu'ils ne ſont compoſés que d'un nombre infini de petits vaiſſeaux capillaires, de véſicules & de parties glanduleuſes.

De toutes ces expériences & ces obſervations, nous pouvons raiſonnablement conclure qu'il n'y a point de circulation de sève dans les végétaux, quoique beaucoup de gens d'eſprit aient été portés à croire le contraire par pluſieurs expériences & obſervations curieuſes; mais ſi l'on y fait attention, ces obſervations & ces expériences prouvent ſeulement le mouvement retrograde d'une partie de la sève du ſommet des plantes vers les parties inférieures, ce qui ſans doute a fait croire la circulation.

L'inſpection ſeroit le meilleur moyen de décider cette queſtion de la circulation de la sève; & je ne vois pas de raiſon qui doive nous faire déſeſpérer d'en venir à bout, puiſque nous en avons beaucoup pour croire que le mouvement progreſſif de la sève doit être conſidérable dans les plus gros vaiſſeaux de la queue tranſparente des feuilles, où il paſſe continuellement une ſi grande quantité de liqueur; & je ne doute preſque point que ſi nos yeux, armés de microſcopes, peuvent parvenir à cette connoiſſance, nous ne voyions la ſève progreſſive dans la chaleur du jour, devenir rétrograde dans les ſoirées fraîches & dans le temps des roſées.

CHAPITRE V.

Expériences qui prouvent qu'une quantité conſidérable d'air eſt tirée par les Plantes.

Tout le monde ſait que l'air eſt un fluide élaſtique & délié, dans lequel flottent des particules de différente nature ; qualités que le grand Auteur de la nature lui a données, pour en faire le ſouffle de vie des animaux & des végétaux, puiſque ſans air ces derniers ceſſeroient de croître & périroient, auſſi-bien que les premiers.

Nous avons déja vu dans les expériences ſur la vigne, Chapitre III, l'air monter en quantité & continuellement au deſſus de la ſève dans les tuyaux ; ce qui prouve évidemment l'abondance de l'air tiré par les végétaux, & tranſpiré avec la ſève par les feuilles.

EXPÉRIENCE XLVII.

Le 9 de ſeptembre, à 9 heures du matin, je cimentai la branche *b* d'un pommier, au tuyau de verre *r i e ʒ* (*Pl. V. fig. 11.*) ; je ne verſai point d'eau dans le tuyau, mais j'en mis le bout dans une cuvette *x* qui en étoit pleine. Trois heures après, je trouvai que l'eau avoit été élevée dans le tube à pluſieurs pouces en ʒ, ce qui prouve que la branche avoit tiré du tube *r i e* ζ une quantité confidérable d'air. La branche d'abricotier, Expérience XXIX, tira de même tous les jours de l'air.

EXPÉRIENCE XLVIII.

JE pris un bâton de bouleau, avec fon écorce deffus; il avoit 16 pouces de longueur, & $\frac{3}{4}$ de pouce de diamètre; je le cimentai bien en ζ, (*Pl. XIV. fig. 32.*) au trou du fommet du récipient *p p* d'une machine pneumatique, après avoir mis fon bout d'en bas dans une cuvette pleine d'eau *x*, & couvert de ciment fondu fon bout du deffus *n*.

Je pompai alors l'air du récipient : cela fit fortir continuellement un nombre infini de bulles d'air hors du bâton dans l'eau *x*, ce qui continua tout ce jour-là, la nuit fuivante, & jufqu'au lendemain à midi, que je gardai mon récipient vide d'air; je le confervai même affez long-temps en cet état, pour me bien affurer que l'air paffoit à travers les pores de l'écorce, & fuppléoit ainfi à cette longue fucceffion d'air qui paroiffoit en *x*. Je couvris de maftic cinq vieux yeux fur mon bâton entre ζ & *n*, d'où il étoit forti de petits rejetons qui avoient péri; l'air ne laiffa pas de continuer toujours à paffer librement en *x*.

Dans cette expérience & dans plufieurs autres fur des bâtons d'autres arbres, j'obfervai que l'air, qui ne pouvoit entrer qu'à travers l'écorce entre ζ & *n*, ne fortoit pas dans l'eau au bout du bâton par l'écorce ou par fes parties voifines feulement, mais qu'il fortoit auffi de la fubftance totale & intérieure du bois, & même d'un des plus gros vaiſſeaux de ce bois, comme j'en jugeai par la grandeur des baſes des hémiſphères d'air attachés à la coupe du bâton. Cette obſervation donne de la force à l'opinion du docteur Grew & de Malpighi, ſur la trachée des arbres.

Je cimentai enſuite ſur le récipient le verre cylindrique *y y*, & je le remplis d'eau, de ſorte qu'elle étoit de 1 pouce au deſſus du ſommet *n* du bâton.

L'air continua toujours à couler en *x* ; mais le courant d'air diminua beaucoup en une heure, & en deux il ceſſa abſolument, tous les paſſages qui pouvoient laiſſer entrer l'air frais pour ſuppléer à celui qui étoit tiré par le bâton, ayant été bouchés par l'eau.

Je tirai alors avec un ſiphon de verre, l'eau du cylindre *y y* ; malgré cela, il ne parut point d'air en *x*.

Je portai donc le récipient, avec le bâton dedans, auprès du feu, où je le laiſſai juſqu'à ce que l'écorce fût bien ſèche ; enſuite je le mis ſur la machine pneumatique, & je le vidai d'air : après cela, l'air ſortit en *x* avec autant de liberté que d'abord avant que l'écorce eût été mouillée, & continua ainſi pendant pluſieurs heures, que je gardai le récipient vide d'air.

Je fixai, comme le bâton de bouleau, un ſarment de vigne de trois ans, & qui avoit deux nœuds ; je mis la partie où étoit le nœud ſupérieur *r* au dedans du récipient, enſuite je pompai : l'air paſſoit fort librement dans l'eau *x*.

Je cimentai bien le bout du deſſus *n* de la branche ; je pompai de même, & l'air ſortit encore en *x*, quoique je pompaſſe fort long-temps ; mais il n'en paſſoit pas la vingtième partie en *x*, de ce qu'il en paſſoit lorſque l'extrémité *n* n'étoit pas couverte de maſtic.

Je renverſai alors la branche, & j'en mis le bout *n* à 6 pouces de profondeur dans l'eau *x*; je couvris de maſtic toute l'écorce depuis *z*, ſommet du récipient, juſqu'à la ſurface de l'eau *x*; enſuite je pompai, & l'air qui entroit par le ſommet du bâton au deſſus de *z*, ſortoit à travers l'écorce qui étoit plongée dans l'eau *x* : lorſque je ceſſois de pomper pour quelque temps, l'air ceſſoit de ſortir auſſi; mais ſi je pompois de nouveau, il reſſortoit encore.

J'ai trouvé la même choſe ſur des bâtons de bouleau & de mûrier : l'air ſortoit plus abondamment aux vieux yeux, comme s'ils euſſent été les endroits & les organes principaux de la reſpiration des arbres.

Le docteur Grew obſerve « que les pores ſont » ſi larges dans les tiges de quelques plantes, » comme dans la plus belle eſpèce des joncs » épais dont on fait les cannes, qu'un bon œil » peut les voir ſans l'aide des verres, mais qu'a- » vec ce ſecours le jonc paroît comme tout percé » avec de groſſes épingles; ſes trous reſſemblent » aſſez aux pores de la peau dans l'extrémité des » doigts, & de la paume de la main.

» Dans les feuilles de pin, qui ſont auſſi per- » cées, les trous offrent un fort joli ſpectacle à » l'obſervateur; ils ſont tous exactement rangés » par ordre & de file, dans la longueur des feuil- » les. » *Anat. des Plantes, page 127.*

Il eſt donc très-probable que l'air entre avec beaucoup de liberté dans les plantes, non-ſeulement avec le fond principal de la nourriture par les racines, mais auſſi à travers la ſurface de leurs

tiges & de leurs feuilles, sur-tout la nuit, lorsqu'elles passent de l'état de transpiration, à celui
d'une forte succion.

Je fixai de la même manière au sommet du récipient d'une machine pneumatique, mais sans le
verre cylindrique yy, de jeunes rejetons, debout
& renversés, de vignes, de pommiers, de chè-
vrefeuilles ; mais il ne sortit que peu ou point du
tout d'air des branches ou des feuilles, excepté
celui qui est contenu dans les sillons & dans les
petits pores innombrables des feuilles, qui sont
visibles au microscope. J'essayai aussi sur une sim-
ple feuille de vigne, soit en la trempant dans
l'eau x, & plaçant la queue hors du récipient,
soit en mettant la queue dans le verre d'eau x,
& la feuille hors du récipient ; mais je n'eus
point du tout, ou du moins que très-peu d'air par
ce moyen.

J'observai dans toutes ces expériences, que
l'air entre fort lentement par l'écorce des jeunes
branches & des rejetons, & qu'il passe bien plus
librement à travers la vieille écorce ; & que, selon les différentes espèces d'arbres, il les pénètre
avec plus ou moins de liberté.

Je fis la même expérience sur différentes racines d'arbres, l'air passoit très-librement de n
à x ; & lorsque le vaisseau de verre yy étoit
plein d'eau, & qu'il n'y en avoit point en x, l'eau
passoit à raison de trois onces en cinq minutes ;
& lorsque le bout du dessus n étoit couvert de
mastic, & qu'il n'y avoit point d'eau dans yy, il
entroit par l'écorce en zf de l'air, quoiqu'en
petite quantité, qui passoit à travers l'eau en x.

J'ai trouvé en mettant de la terre, prise dans
une allée de jardin, sous le verre renversé $zzaa$

plein d'eau, (*Pl. XV. fig. 35.*) qu'il y a dans la terre, de l'air dans un état d'élasticité, aussi-bien que dans un état de non élasticité, qui peut par conséquent fort bien entrer par les racines avec la nourriture. Cette terre, après avoir trempé pendant plusieurs jours, rendit un peu d'air élastique, quoiqu'elle ne fût pas à moitié dissoute ; & dans l'Expérience LXVIII, nous trouvons qu'un pouce cubique de terre rendit 43 pouces cubiques d'air par la distillation, dont une bonne partie, de fixe qu'il étoit, devint élastique par l'action du feu.

Je fixai de la même manière de jeunes racines tendres & fibreuses, avec le petit bout tourné en haut vers *n*, & le vaisseau *y y* étant plein d'eau : à mesure que je pompois, je voyois de grosses gouttes d'eau se succéder promptement, & tomber dans la cuvette *x*, où il n'y avoit point d'eau.

CHAPITRE VI.

Expériences chimico-statiques, pour tâcher de faire l'analyse de l'air, & pour connoître au juste la grande quantité d'air qui est contenue dans les substances animales, végétales & minérales, & juger de la grande liberté avec laquelle il reprend son élasticité, lorsque dans la dissolution de ces substances il s'en trouve séparé.

APRÈS avoir fait plusieurs expériences (comme on a vu dans le Chapitre précédent) pour prouver que l'air est tiré par les végétaux, non-seulement vers les racines, mais aussi en plusieurs endroits du tronc & des branches ; & après avoir vu très-clairement monter cet air en grande abondance, dans le temps des pleurs de la vigne, au dessus de la sève dans les tuyaux où elle étoit reçue, je me sentis porté à faire des recherches plus particulières sur la nature de ce fluide si nécessaire à la vie & à l'accroissement des animaux & des végétaux.

L'illustre M. Boyle a fait plusieurs expériences sur l'air ; & entr'autres découvertes, il trouva que les végétaux en peuvent produire une bonne quantité. Il mit des raisins, des prunes, des groseilles, des cerises, des pois, & différentes autres fortes de grains & de fruits, dans des récipiens pleins & vides d'air : tous ces végétaux produisirent une grande quantité d'air pendant plusieurs jours.

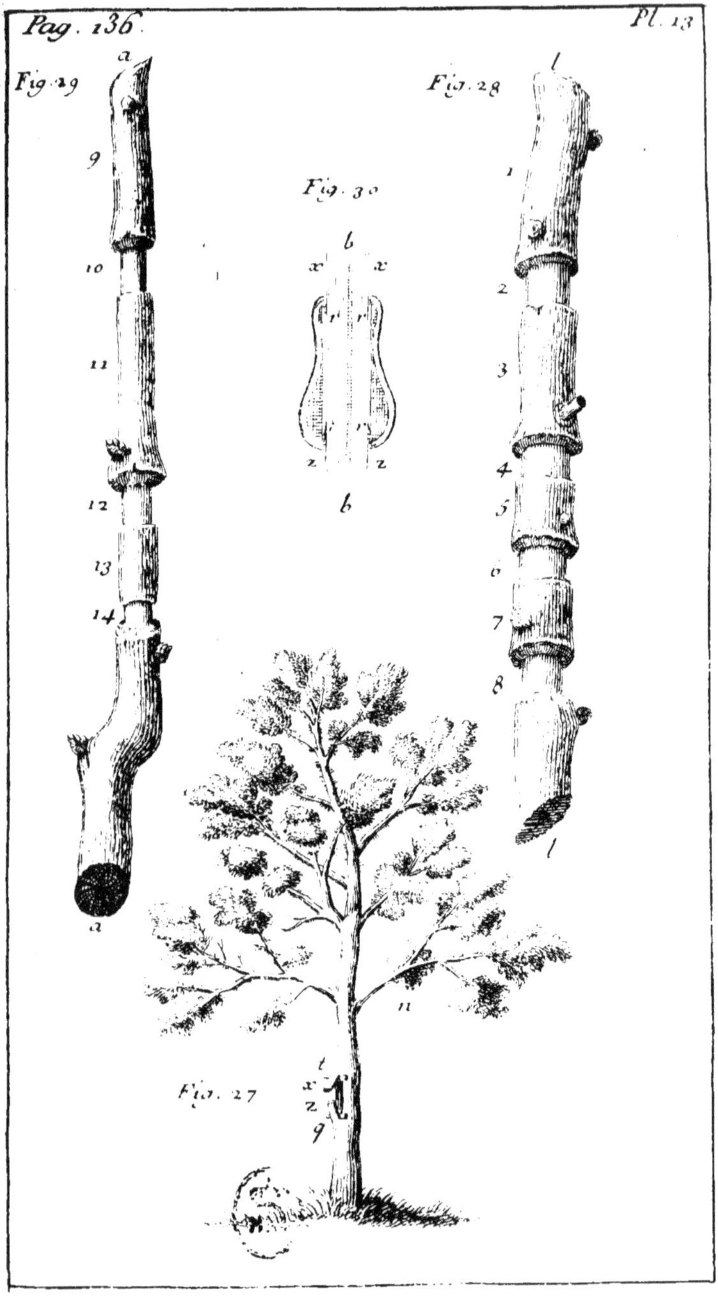

Pag. 136.
Pl. 13
Fig. 29
Fig. 28
Fig. 30
Fig. 27

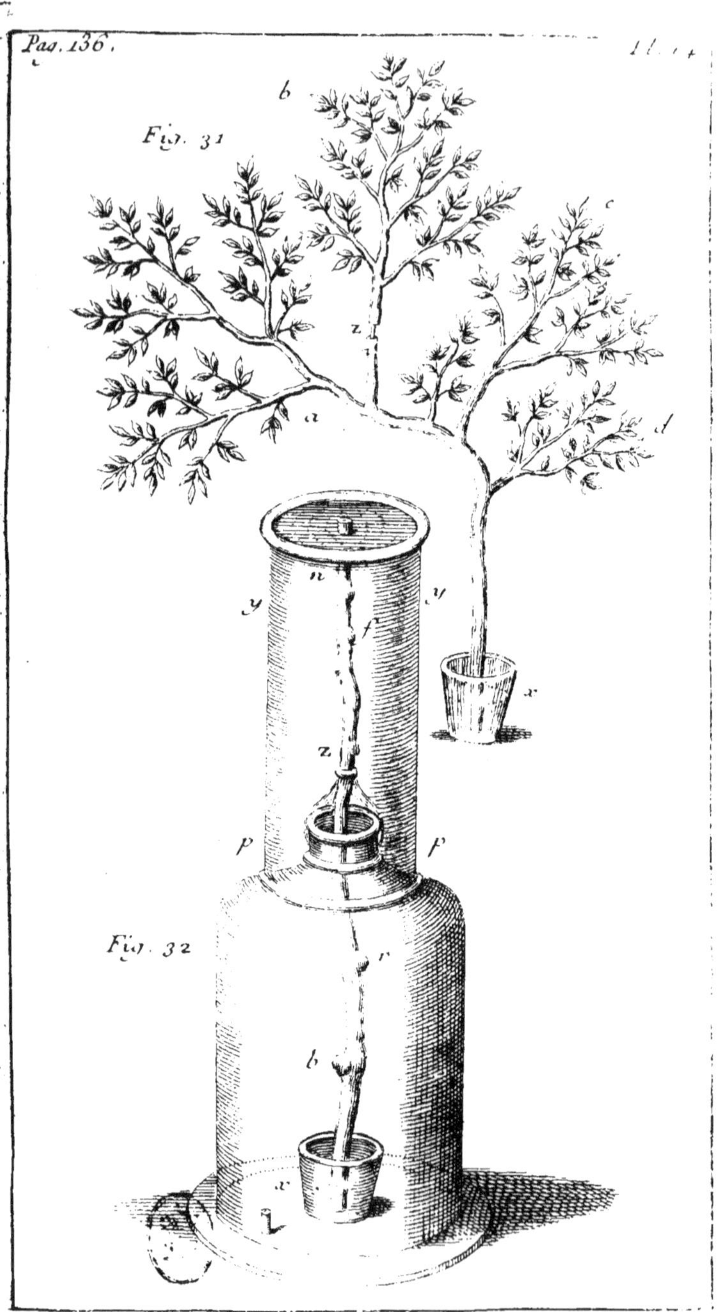
Fig. 31
Fig. 32

Dans le deffein de faire des recherches un peu plus profondes fur cette matière, & afin de trouver au jufte la quantité d’air que je pourrois tirer des différentes fubftances dans lefquelles il étoit logé & incorporé, je fis les expériences chimico-ftatiques qui fuivent.

Cette méthode étoit affez naturelle, puifque tout le progrès que l’on a fait ici dans la connoiffance de la nature des végétaux, eft dû aux expériences ftatiques. D’ailleurs, comme la nature dans toutes fes opérations agit conformément aux lois du mécanifme établi dans fa première inftitution, l’on doit raifonnablement conclure que la voie la plus convenable de faire des recherches, par des opérations chimiques, fur la nature d’un fluide trop délié pour être l’objet de notre vue, doit nous conduire d’abord à trouver quelque moyen pour connoître les influences de la méthode ordinaire d’analyfer les règnes animaux, végétaux & minéraux, fur ce même fluide; ce que j’ai fait en fixant, comme on va voir, des jauges hydroftatiques à des retortes & des matras.

Pour connoître la quantité d’air qui fort d’un corps quelconque, par la diftillation ou par la fufion, je mis premièrement la matière que j’avois envie de diftiller dans une petite retorte *r*, (*Pl. XVI. fig. 33.*) à laquelle je lutai bien en *a* un vaiffeau de verre *a b*, d’une très-grande capacité en *b*, avec un trou à fon fond : fouvent, au lieu de ce vaiffeau de verre, je me fervois d’un grand matras, au fond duquel je faifois un trou par le moyen d’un anneau de fer rouge ; le lut étoit de terre dont on fait les pipes, & de fleur de farine de fèves, bien mêlée avec du crin ; je le couvris de plufieurs veffies, liant fur le tout quatre petits bâtons qui fervoient d'atelles, pour renfoncer la jointure. Par le trou pratiqué au fond du matras, je faifois paffer la jambe d'un fiphon renverfé, dont l'extrémité aboutiffoit en z. Les chofes étant ainfi préparées, je foulevois la retorte, & je plongeois le matras jufqu'à fon fommet a dans un grand vaiffeau plein d'eau : comme l'eau entroit avec force par le fond du matras, l'air en étoit chaffé, & fortoit par le fiphon ; enfuite, lorfque le matras étoit plein d'eau jufqu'à z, où aboutiffoit l'extrémité de la jambe du fiphon, je bouchois avec mon doigt l'orifice de la jambe extérieure du fiphon, & dans le même temps je tirois hors du matras l'autre jambe du fiphon ; ainfi l'eau demeuroit dans le matras jufqu'à z, fans pouvoir defcendre. Je plaçai enfuite fous le matras, toujours pendant qu'il étoit dans l'eau, le vaiffeau $x\,x$; après quoi j'ôtai de dedans l'eau le vaiffeau $x\,x$, avec le matras qu'il contenoit, & je liai en z un fil ciré pour marquer la hauteur de l'eau ; enfin j'approchai la retorte du feu par degrés, & prenant bien garde de tenir toujours le matras bien à couvert de la chaleur du feu.

L'abaiffement de l'eau dans le matras montroit en quelle raifon l'air, & la matière qui étoit en diftillation, fe dilatoient dans la retorte : lorfque le fond de la retorte commençoit à être bien rouge, l'expanfion de l'air feul, prife fur le pied moyen, étoit à très-peu près égale à la capacité des retortes, de forte que l'air occupoit alors un efpace double : lorfque la retorte étoit expofée à un feu clair, & prefque prête à fe fondre, l'air occupoit un efpace triple, & quelquefois davantage ; & c'eft pour cette raifon que les plus petites retortes font les meilleures pour faire ces expériences.

L'expanfion des matières en diftillation étoit tantôt de fort peu, & tantôt de beaucoup de fois plus grande que celle de l'air dans la retorte, fuivant les différentes natures de ces fubftances.

Quand la matière que contenoit la retorte étoit fuffifamment diftillée, l'on éloignoit graduellement du feu la retorte, le matras, &c. Lorfqu'elle étoit un peu refroidie, on les portoit dans une autre chambre où il n'y avoit point de feu; & le jour fuivant, quelquefois même trois ou quatre jours après, lorfque tout étoit entièrement froid, je marquois le point y, où l'eau fe trouvoit alors dans le matras. Si l'eau étoit au deffous de z, l'efpace vide entre y & z montroit combien l'action du feu dans la diftillation avoit produit d'air, ou plutôt combien elle en avoit fait changer de l'état fixe à l'état élaftique; mais fi l'eau y fe trouvoit au deffus de z, l'efpace entre z & y qui étoit rempli d'eau, montroit la quantité d'air qui avoit été abforbée dans l'opération, ou plutôt qui avoit changé de l'état élaftique à l'état fixe, par la forte attraction des autres particules, que pour cela j'appelle abforbantes.

Lorfque je voulois mefurer la quantité de cet air nouvellement produit, je délutois le matras & la retorte : je bouchois avec du liège l'orifice a du matras; je le renverfois enfuite, & par le trou du fond je verfois de l'eau dedans jufqu'en z. J'avois pris dans un autre vaiffeau, (que j'avois pefé, & qui contenoit une certaine quantité d'eau) l'eau qu'il me falloit pour remplir le matras jufqu'à v; ainfi la quantité d'eau qui manquoit au poids du vaiffeau, que je repefois enfuite, étoit égale au volume de l'air nouvellement produit. Je mefurai la quantité d'air, & celle des matières dont il fortoit, par une mefure commune de pouces cubiques, prife de la gravité fpécifique des différentes fubftances, afin de voir plus aifément les rapports de la quantité d'air, & de celle de ces matières (1).

Voici maintenant les moyens dont je me fervis pour mefurer la quantité d'air produit ou abforbé par la fermentation caufée par les différens mélanges des fubftances fluides & folides ; ils me mirent en état de bien juger des effets furprenans de la fermentation fur l'air.

Je mis dans le matras *b* (*Pl. XVI. fig. 34.*) les matières ; puis je couvris le long col du matras, d'un verre cylindrique *a y* ; je les inclinai tous

___

(1) L'appareil dont M. Hales faifoit ufage étoit fans contredit très-ingénieux, & très-propre jufqu'à un certain point à répondre à fon intention ; mais il n'étoit point facile à manier. M. Rouelle profita de l'idée de cet inftrument, pour en conftruire un beaucoup plus commode. Il en a donné la defcription dans les *Mémoires de l'Académie des Sciences*. M. Lavoifier l'a fait graver dans un ouvrage qu'il publia en 1774, intitulé : *Opufcules phyfiques & chimiques*. Nous l'avons pareillement fait connoître dans le fecond volume de notre ouvrage intitulé : *Defcription & Ufage d'un Cabinet de Phyfique*. Mais il devient affez inutile actuellement, depuis les nouveaux appareils que nous avons conftruits pour faire toutes les expériences fur les différentes efpèces d'air ; & les nôtres ont cet avantage, que le produit, lorfqu'il eft fufceptible d'être abforbé par l'eau, comme il arrive affez fréquemment, peut être renfermé à fec dans un vaiffeau ; ce qui nous met plus à portée que ne l'étoit M. Hales de juger de la véritable quantité de ce produit. Confultez fur ces fortes d'appareils, notre *Effai fur différentes efpèces d'Air*, qu'on défigne fous le nom d'*air fixe*.

deux presque horizontalement dans un grand vaisseau plein d'eau, ensorte qu'elle pouvoit couler dans le verre $a\,y$: lorsqu'elle fut presque au dessus du col du matras, j'enfonçai le fond b avec la partie inférieure y du verre cylindrique dans l'eau, élevant en même temps l'extrémité a au dessus de l'eau ; & ensuite, avant de les tirer hors de l'eau, je mis la partie $b\,y$ du matras & du verre dans un vaisseau de terre $x\,x$ plein d'eau ; &, ayant tiré le tout hors du grand vaisseau d'eau, je marquai la surface z de l'eau dans le verre $a\,y$.

Lorsque les matières dans le matras produisoient de l'air en fermentant, l'eau baissoit de z à y, & l'espace vide $z\,y$ étoit égal au volume d'air produit ; mais si les matières en fermentant absorboient ou fixoient les particules actives de l'air, l'eau montoit de z en n, & l'espace $z\,n$ qui étoit rempli d'eau, étoit égal au volume d'air qui étoit absorbé par les matières ou par les fumées qui s'en élevoient. Lorsque la quantité d'air produit ou absorbé étoit fort grande, je me servois d'un gros ballon, au lieu du verre $a\,y$; mais lorsque cette quantité étoit fort petite, alors, au lieu du matras & du verre cylindrique $a\,y$, je me servois d'une fiole & d'un verre à bière par dessus, ayant soin d'empêcher l'eau, dans tous ces cas, de tomber sur les matières ; ce qu'il m'étoit aisé de prévenir, en tirant l'eau sous le verre renversé $a\,y$, à telle hauteur qu'il me plaisoit, par le moyen d'un siphon.

Je mesurois les volumes que contenoient les espaces $z\,y$ & $z\,n$, en versant, comme dans l'expérience précédente, dans le verre $a\,y$, une certaine quantité d'eau, & faisant une tare pour le volume du col du matras compris au dedans des espaces $\zeta\,y$ ou $\zeta\,n$ (1).

Lorsque je voulois connoître la quantité d'air absorbé ou produit par une chandelle allumée, par du soufre ou du nitre brûlant, ou bien par la respiration d'un animal vivant, je plaçois d'abord dans le vaisseau plein d'eau $x\,x$ (*Pl. XV. fig. 35.*) une espèce de petit guéridon ou piédestal, qui s'élevoit un peu plus haut que $\zeta\,\zeta$. Sur ce piédestal, je mettois la chandelle ou l'animal vivant ; & ensuite je couvrois le tout d'un grand verre renversé $\zeta\,\zeta\,a\,a$, qui étoit suspendu par une corde, de sorte que son orifice $r\,r$ étoit à 3 ou 4 pouces sous l'eau ; je tirois ensuite, avec un siphon, l'air hors du vaisseau de verre $\zeta\,\zeta\,a\,a$, jusqu'à ce que l'eau montât en $\zeta\,\zeta$. Quand je n'osois sucer avec ma bouche par le siphon, comme lorsqu'il y avoit des matières nuisibles, telles que le soufre brûlant, l'eau-forte, &c. sous le verre, je me servois pour tirer l'air, d'un grand soufflet, dont je fixois au siphon le tuyau, après en avoir exactement bouché les ouïes ou soupapes ; car, en ouvrant le soufflet, il tiroit par le siphon l'air hors du verre $\zeta\,\zeta\,a\,a$; &, après que j'avois ainsi tiré cet air, j'ôtois tout de suite l'autre jambe du

---

(1) Cet appareil est encore très-ingénieux ; &, quoique nos nouveaux appareils puissent également le suppléer, il est des circonstances où celui de M. Hales peut mériter la préférence. Mais nous observerons qu'il est important de faire couler une lame d'huile d'olives, de deux à trois lignes d'épaisseur, au dessus de l'eau dans le vaisseau $a\,y$: cette attention est d'autant plus indispensable, que l'air produit par la fermentation est de l'air fixe, dont l'affinité avec l'eau est on ne peut plus grande. De-là on ne pourroit compter sur la certitude des résultats, si on laissoit cette espèce d'air en contact avec l'eau.

siphon de deſſous le verre , & je marquois la hauteur *z z* de l'eau.

Lorſque les matières qui étoient ſur le piédeſtal produiſoient de l'air, l'eau baiſſoit de *z z* vers *a a*, & cet eſpace *z z a a* étoit égal au volume de l'air produit ; mais lorſque ces matières détruiſoient une partie de l'élaſticité de l'air, alors l'eau montoit de *a a* (hauteur à laquelle, dans ce cas, je l'avois fait s'arrêter par la ſuccion) vers *z z*, & l'eſpace *a a z z* étoit égal au volume d'air dont l'élaſticité étoit détruite.

J'ai, par le moyen d'un verre ardent , quelquefois enflammé des matières ſur le piédeſtal , tels que le phoſphore, & le papier gris trempé d'abord dans une forte ſolution de nitre dans l'eau, & enſuite ſéché.

Quelquefois j'allumois la chandelle ou de longues mèches de ſoufre, avant de les couvrir du verre *a a z z* ; dans ce cas, je tirois en un inſtant, par le moyen du ſiphon, l'eau juſqu'à *a a :* elle baiſſoit d'abord un peu par l'expanſion de l'air échauffé ; mais elle montoit un inſtant après, quoique la flamme continuât d'échauffer & de raréfier l'air pendant deux ou trois minutes que la chandelle demeuroit enflammée : auſſitôt qu'elle s'éteignoit, je marquois la hauteur de l'eau *z z*, qui continuoit pendant vingt ou trente heures de s'élever beaucoup au deſſus de *z z*.

Quelquefois, lorſque je voulois verſer ſur les matières, de l'eau-forte ou quelque autre ſubſtance qui pouvoit cauſer une fermentation violente, je mettois l'eau-forte dans une fiole au ſommet du vaiſſeau de verre *z z a a*, enſorte que, par le moyen d'un cordon dont le bout pendoit dans le vaiſſeau *x x* , je pouvois incliner la fiole,

& verſer l'eau-forte ſur les matières contenues dans le vaiſſeau placé ſur le piédeſtal (1).

Je vais maintenant rapporter le réſultat d'un très-grand nombre d'expériences que j'ai faites par le moyen de ces inſtrumens; j'ai voulu les décrire auparavant, pour éviter la répétition trop fréquente que j'aurois été obligé d'en faire.

Il convient, dans les recherches phyſiques, d'analyſer d'abord le ſujet ſur la nature & les propriétés duquel nous avons intention d'en faire; de l'analyſer, dis-je, par une ſuite nombreuſe & régulière d'expériences, & de nous en repréſenter ſous un ſeul point de vue tous les réſultats, pour tirer de-là les lumières que peut nous fournir leur commun accord, & la force réunie de leur évidence. La ſuite de ces expériences montrera combien cette méthode eſt raiſonnable.

L'illuſtre chevalier Newton, *queſtion 31 de ſon Optique*, obſerve « qu'il ſort par la fermenta-
» tion & par la chaleur, du véritable air de ces
» corps dont les parties ſont jointes par une forte
» attraction, & que les chimiſtes appellent fixes,
» qui par cette raiſon ne ſe ſéparent & ne ſe raré-
» fient pas ſans fermentation; les particules qui
» s'éloignent les unes des autres avec la plus
» grande force répulſive, étant celles que l'on
» réunit le plus difficilement, & qui cependant
» adhèrent le plus fortement dans le contact. » Et
queſtion trentième, il dit « que les corps denſes

____

(1) On trouve dans l'ouvrage de M. Lavoiſier, que nous avons cité ci-deſſus, la deſcription d'un appareil de ce genre, beaucoup plus commode pour faire ces ſortes d'expériences. Nous l'avons décrit, d'après lui, dans le ſecond volume de notre *Deſcription & Uſage d'un Cabinet de Phyſique*

» fe raréfient par la fermentation en plufieurs ef-
» pèces d'air, & que cet air par la fermentation,
» & quelquefois fans elle, fe convertit en corps
» denfe. » Les expériences fuivantes vont en démontrer la vérité.

Afin d'être bien affuré que l'air nouvellement produit dans la diftillation des matières ne venoit ni de l'air beaucoup échauffé dans les retortes, ni de la fubftance même de ces retortes échauffées, je fis rougir au feu une retorte vide de verre, & une retorte de fer faite avec le canon d'un moufquet : quand elles furent refroidies, je trouvai que l'air n'occupoit pas plus d'efpace qu'auparavant ; ainfi j'étois fûr qu'il n'étoit point forti d'air, ni de la fubftance des retortes, ni de celle de l'air échauffé.

Les fubftances animales, comme le fang, la graiffe, & même les parties les plus folides des animaux, produifent par la diftillation une quantité confidérable d'air.

EXPÉRIENCE XLIX.

UN pouce cubique de fang de cochon, diftillé jufqu'aux fcories sèches, produifit 33 pouces cubiques d'air, qui en fortit lorfque les vapeurs blanches commencèrent à monter ; ce que l'on vit clairement par le grand abaiffement de l'eau qui fe fit alors dans le récipient $a \, z \, y$ (*Pl. XVI. fig. 33.*)

EXPÉRIENCE L.

MOINS de 1 pouce cubique de fuif abfolument diftillé, produifit 18 pouces cubiques d'air.

EXPÉRIENCE LI.

DEUX cents quarante-un grains, ou la moitié

de 1 pouce cubique de la pointe des cornes d'un daim, diſtillés dans une retorte de fer, faite d'un canon de mouſquet, que j'échauffai juſqu'à feu blanc dans la forge d'un ſerrurier, produiſirent 117 pouces cubiques d'air, c'eſt-à-dire, 234 fois leur volume : cet air ne commença de ſortir, que lorſque les vapeurs blanches s'élevèrent ; mais auſſi il ſortit alors en grande abondance, & enſuite en aſſez bonne quantité, lorſque vint l'huile fétide. De la chaux qui reſtoit, les $\frac{2}{3}$ étoient noirs, & l'autre tiers couleur de cendre ; elle peſoit en tout 128 grains : enſorte que la matière de la corne n'avoit pas été à moitié détruite, ainſi il devoit demeurer beaucoup de ſoufre. Le poids de l'eau étant à celui de l'air comme 885 ſont à 1, (comme M. Hawksbée l'a trouvé par une expérience exacte) un pouce cubique d'air pèſe $\frac{2}{7}$ d'un grain ; ainſi le poids de l'air contenu dans la corne étoit de 33 grains, c'eſt-à-dire, environ une septième partie de toute la corne.

Nous pouvons obſerver ici, comme dans les expériences precédentes & dans pluſieurs des ſuivantes, que les particules du nouvel air ſe détachèrent du ſang & de la corne, lorſque les vapeurs blanches qui font le ſel volatil, s'élevèrent ; mais ce ſel volatil qui monte daos l'air avec une ſi grande activité, loin de produire du véritable air élaſtique, en abſorbe au contraire, comme je l'ai trouvé dans l'expérience ſuivante.

EXPÉRIENRE LII.

UNE dragme de ſel volatil de ſel ammoniac, ſe dilata en peu de temps à une chaleur douce ; mais quoique l'expanſion dans le récipient fût double de celle de l'air échauffé ſeul, cependant il ne fortit point d'air, mais au contraire il y en eut 2 pouces ½ cubiques d'abforbés.

EXPÉRIENCE LIII.

Un demi-pouce cubique de poudre d'écailles d'huitre, ou 266 grains diftillés dans la retorte de fer, produifirent 162 pouces cubiques ou 46 grains d'air, ce qui eft un peu plus de ⅙ partie du poids des écailles.

EXPÉRIENCE LIV.

Deux grains de phofphore fe fondirent aifé- ment à quelque diftance du feu; ils s'enflammè- rent, & remplirent la retorte de vapeurs blan- ches, & ils abforbèrent 3 pouces cubiques d'air. Une pareille quantité de phofphore, enflammée dans le grand récipient, (*Pl. XV. fig. 35.*) s'é- tendit dans un efpace égal à 60 pouces cubiques, & abforba 28 pouces cubiques d'air. Je pefai 3 grains de phofphore auffitôt après la déflagration, ils n'avoient pas perdu un demi-grain; mais deux grains de phofphore que je pefai quelques heures après qu'ils eurent été enflammés, comme ils avoient coulé par défaillance, & qu'ils avoient par conféquent abforbé l'humidité de l'air, avoient augmenté d'un grain.

EXPÉRIENCE LV.

Des Subftances Végétales.

Un demi-pouce cubique ou 155 grains de cœur de chêne fraîchement coupé d'un arbre vi- goureux & croiffant, produifit 128 pouces cubi- ques d'air, c'eft-à-dire, une quantité égale à 256 fois le volume du morceau de chêne; fon

K ij

poids qui étoit de plus de 30 grains, étoit, comme l'on voit, à peu près le quart du poids des 135 grains du chêne. Une pareille quantité de petits coupeaux déliés du même morceau de chêne, séchés doucement, à quelque distance du feu, pendant vingt-quatre heures, perdit, en séchant pendant ce temps, 44 grains d'humidité, ce qui étant déduit des 135 grains, il en reste 91 pour les parties solides de chêne; & alors les 30 grains d'air font un tiers du poids des parties solides du chêne.

Onze jours après que cet air eut été produit, je mis dedans un moineau en vie; il mourut sur le champ.

EXPÉRIENCE LVI.

DE 388 grains de blé de Turquie, qui avoit crû dans mon jardin, mais qui n'étoit pas venu à une maturité parfaite, il en sortit 270 pouces d'air ou 77 grains, c'est-à-dire $\frac{1}{4}$ du poids total du blé.

EXPÉRIENCE LVII.

D'UN pouce cubique ou de 398 grains de pois, il sortit 396 pouces cubiques d'air, ou 113 grains, c'est-à-dire, quelque chose de plus du tiers de la pesanteur des pois.

Neuf jours après la production de cet air, je tirai hors de l'eau l'orifice renversé du récipient; je laissai couler l'eau, & je mis ensuite une chandelle allumée dans cet air sous le récipient: l'air s'enflamma dans l'instant; je trempai tout de suite l'orifice du récipient dans l'eau, pour éteindre la flamme : en remettant la chandelle dans l'air, il se rallumoit; ce que je fis huit ou dix fois, jusqu'à ce qu'il cessât de s'enflammer, c'est-à-dire, jusqu'à ce que l'esprit sulfureux fût consumé.

La même chose arriva à l'air des écailles d'huitres distillées, à celui de l'ambre, & à celui des pois, & de la cire nouvellement distillée. Et ce fut encore la même chose dans une pareille quantité d'autre air de pois, que je lavai au moins onze fois, en le versant sous l'eau hors du vaisseau qui le contenoit, dans un autre vaisseau renversé, plein d'eau.

EXPÉRIENCE LVIII.

Il sortit d'une once ou de 437 grains de graine de moutarde, 270 pouces cubiques d'air ou 77 grains, ce qui est un peu plus de $\frac{1}{6}$ partie d'une once. Il y avoit sans doute beaucoup plus d'air dans cette graine ; mais il monta dans un état non élastique avec l'huile, & sans en être dégagé : elle étoit en telle quantité au dedans de ma retorte, ou plutôt de mon canon de fer, qu'en le faisant rougir tout entier, afin de brûler cette huile, la flamme sortoit au dehors par l'orifice du canon. L'huile s'attachoit aussi au dedans du canon dans la distillation de plusieurs autres substances animales, minérales & végétales ; ainsi l'air élastique que je mesurois dans le récipient, n'étoit pas tout l'air contenu dans ces substances distillées ; il en restoit une partie dans l'huile, (car l'huile contient de l'air non élastique) ; & une autre partie de cet air nouvellement produit, étoit absorbé par les fumées sulfureuses dans le récipient.

EXPÉRIENCE LIX.

Un demi-pouce cubique ou 135 grains d'ambre, produifirent 135 pouces cubiques d'air ou 38 grains, favoir $\frac{38}{135}$ du poids total.

EXPÉRIENCE LX.

DE 142 grains de tabac fec, il s'éleva 153 pouces cubiques d'air, ce qui eft un peu moins de $\frac{1}{3}$ de tout le poids du tabac; cependant il n'étoit pas tout brûlé; car une partie fe trouva hors de l'atteinte du feu.

EXPÉRIENCE LXI.

Le camphre eft une fubftance fulfureufe, très-volatile, fublimée de la réfine d'un arbre des Indes orientales; une dragme fe fondit en liqueur claire à quelque diftance du feu, & fe fublima en forme de criftaux blancs : un peu au deffus de la liqueur, il ne fe dilata que fort peu, & ne produifit ni n'abforba d'air. M. Boyle trouva la même chofe, en le brûlant dans le vide. *Vol. II, page 605.*

EXPÉRIENCE LXII.

D'UN pouce cubique ou environ d'huile d'anis, il fortit 22 pouces cubiques d'air; & d'une pareille quantité d'huile d'olives, 88 pouces cubiques d'air. Voici, je crois, la raifon de cette différence : je m'apperçus que l'huile d'anis venoit trop aifément dans le récipient; ainfi, dans la diftillation de l'huile d'olives, j'élevai le col de la retorte 1 pied plus haut : par ce moyen, l'huile ne pouvoit pas monter aifément, mais même retomboit dans le fond de la retorte, ce qui en féparoit une plus grande quantité d'air : malgré cette précaution, il ne laiffoit pas que de paffer dans le récipient une affez bonne quantité d'huile, qui contenoit fans doute une grande quantité d'air non élaftique. En comparant ceci avec l'Expérience LVIII, nous voyons qu'il fe fépare une plus grande quantité d'air de l'huile, lorfqu'elle eft encore dans la graine de moutarde, qu'il ne s'en fépare d'une huile qui a été tirée par le fecours de la chimie, comme l'huile d'anis, ou fimplement par expreffion, comme l'huile d'olives.

EXPÉRIENCE LXIII.

D'UN pouce cubique ou de 359 grains de miel mêlé avec de la chaux d'os, il fortit 144 pouces cubiques d'air ou 41 grains, c'eft-à-dire, un peu plus d'une neuvième partie du poids total.

EXPÉRIENCE LXIV.

UN pouce cubique ou 243 grains de cire jaune, produifirent 54 pouces cubiques ou 15 grains d'air, la feizième partie du poids total.

EXPÉRIENCE LXV.

D'UN pouce cubique ou de 373 grains de fucre le plus groffier, qui eft le fel effentiel des cannes de fucre, il s'éleva 126 pouces cubiques ou 36 grains d'air, un peu plus de $\frac{1}{10}$ partie du poids total.

EXPÉRIENCE LXVI.

JE trouvai fort peu d'air dans 54 pouces d'eau-de-vie; mais, dans une pareille quantité d'eau de puits, j'en trouvai un pouce cubique. Ce fut la même chofe dans une petite quantité d'eau chaude de puits de Briftol & de Holt. Dans l'eau de Piermont, près de Spa, il fe trouva environ deux fois autant d'air que dans l'eau de pluie ou dans l'eau commune. Cet air contribue à la vivacité de cette eau, & de plusieurs autres eaux minérales. Je trouvai ces différentes quantités d'air dans ces eaux, en renversant les cols des bouteilles qui en étoient pleines, dans de petites cuvettes de verre qui en étoient pleines aussi; & en mettant le tout sur un fourneau où ils avoient une chaleur égale, l'air se sépara, & monta au dessus dans les bouteilles.

Expérience LXVII.

Des Substances Minérales.

Un demi-pouce cubique ou 158 grains de charbon de Newcastle *, fournit dans la distillation 180 pouces cubiques d'air qui en sortit fort vîte, sur-tout lorsque les vapeurs jaunâtres s'élevèrent : le poids de 180 pouces est de 51 grains, environ le $\frac{1}{3}$ du poids total.

* Le charbon de Newcastle, que l'on apporte d'Angleterre à Rouen pour les forges.

Expérience LXVIII.

Un pouce cubique de terre-vierge, & fraîchement enlevée d'une commune, bien brûlée dans la distillation, produisit 43 pouces cubiques d'air. La craie me donna de l'air de la même façon.

Expérience LXIX.

D'un quart de pouce cubique d'antimoine, il sortit 28 fois ce volume d'air : je le distillai dans une retorte de verre, parce qu'il se seroit chargé du fer.

Expérience LXX.

Je pris une marcassite vitriolique, dure, d'une couleur grise obscure, que l'on avoit eue à 7 pieds fous terre, en fouillant pour trouver des fources fur la commune de Walton : ce minéral abonde non-feulement en foufre, qui en fut tiré en bonne quantité, mais auffi en particules falines qui fortoient vifiblement à fa furface. Un pouce cubique de ce minéral fournit dans la diftillation 83 pouces cubiques d'air.

EXPÉRIENCE LXXI.

UN demi-pouce cubique de fel marin bien décrépité, mêlé avec une fois autant de chaux d'os, produifit 64 pouces cubiques d'air : je lui avois donné une fi grande chaleur, qu'après la diftillation, les fcories ne coulèrent pas par défaillance. Pour nettoyer le canon, je faifois fortir ces fcories ou d'autres pareilles, en couchant le canon fur une enclume, & frappant deffus tout le long par dehors avec un marteau.

EXPÉRIENCE LXXII.

UN demi-pouce cubique ou 211 grains de nitre, mêlés avec de la chaux d'os, donnèrent 90 pouces cubiques d'air, c'eft-à-dire, 180 fois leur volume; ainfi le poids de l'air, dans une quantité quelconque de nitre, eft environ $\frac{1}{8}$ partie.

Le vitriol diftillé de la même manière, produifit auffi de l'air.

EXPÉRIENCE LXXIII.

D'UN pouce cubique ou de 443 grains de tartre de vin du Rhin, il fortit fort vîte 504 pouces cubiques d'air; ainfi le poids de l'air dans ce tartre étoit de 144 grains, c'eft-à-dire, $\frac{1}{3}$ du poids total. Les fcories qui reftoient en fort petite quantité, coulèrent par défaillance : preuve qu'il y

demeuroit encore du fel de tartre, & par conſéquent de l'air; car

EXPÉRIENCE LXXIV.

UN demi-pouce cubique ou 304 grains de fel
de tartre, fait avec du tartre & du nitre mêlé
avec une fois autant de chaux d'os, donnèrent
dans la diſtillation 112 pouces cubiques ou 224
fois leur volume d'air; ce qui faiſoit 32 grains,
environ $\frac{1}{9}$ partie du fel de tartre. Il faut un plus
grand dégré de chaleur pour ſéparer l'air du fel
de tartre, que pour le ſéparer du nitre.

De-là nous voyons que les quantités d'air dans
des volumes égaux de fel de tartre & de nitre,
font comme 224 à 180 : mais, poids pour poids,
le nitre contient un peu plus d'air que ce fel de
tartre-ci fait avec du nitre; & le fel de tartre fait
ſans nitre, contient probablement un peu plus
d'air que l'autre, parce que l'on trouve que, dans
la poudre fulminante, il fait une plus grande exploſion que le fel de tartre fait avec du nitre. Mais
en ſuppoſant, comme on le trouve par cette expérience, que le fel de tartre, ſelon ſa peſanteur
ſpécifique, contienne $\frac{1}{7}$ plus d'air que le nitre, cet
excès n'eſt pas à beaucoup près ſuffiſant pour
qu'on puiſſe le regarder comme la cauſe de la
grande différence de la force des exploſions du
fel de tartre & du nitre; ainſi nous devons l'attribuer principalement à la nature plus fixe du fel
de tartre, à qui par conſéquent il faut un plus
grand degré de feu qu'au nitre pour en ſéparer
l'air, & le dégager de ces particules qui ſont ſi
fortement unies : ainſi l'air du fel de tartre doit
néceſſairement acquérir par cette réſiſtance une
plus grande force élaſtique, & par conſéquent,

faire une plus violente explosion que celle du nitre. C'est par la même raison que l'or fulminant fait une explosion plus violente que la poudre fulminante.

Les scories, après cette opération, ne coulèrent pas par défaillance : preuve que tout le sel de tartre avoit été distillé.

La petite quantité d'air qui sort par la distillation de ce corps très-fixe, (le sel marin dans l'Expérience LXXI.) en comparaison de ce qui sort du nitre & du sel de tartre, nous montre la raison pourquoi le sel marin n'a pas une force d'explosion, comme celle des autres lorsqu'ils sont enflammés; & en même temps nous pouvons observer que l'air renfermé dans le nitre & dans le sel de tartre, contribue plus que tout le reste à leur force explosive; car le sel marin contient un esprit acide, aussi-bien que le nitre; mais comme il ne contient pas en même temps assez d'air, il ne peut être propre pour l'explosion, quand même on le mêleroit (comme le nitre dans la composition de la poudre à canon) avec le soufre & le charbon.

M. Boyle a trouvé que l'eau-forte, versée sur une forte solution de sel de tartre, ne tombe en beaux cristaux de salpêtre, qu'après avoir été long-temps exposée à l'air libre; d'où il soupçonne que l'air contribue à cette production artificielle de salpêtre. » Quelque chose, dit-il, que » l'air ait à faire dans cette expérience, nous » avons reconnu qu'il se faisoit de tels change- » mens dans quelques concrétions salines, prin- » cipalement par l'aide de l'air libre, comme » bien peu de gens l'imagineroient. » *Vol. I, pag.* *302; & vol. III, pag. 80.* Et les chimistes obser-

vent que lorſqu'on veut laiſſer criſtalliſer les ſels
eſſentiels des végétaux, il eſt néceſſaire d'enlever
la pellicule qui couvre la liqueur, pour que les
ſels puiſſent former de beaux criſtaux.

La grande quantité d'air que nous avons trouvé
dans les ſels, nous montre combien il ſert à leur
formation & à leur criſtalliſation, ſur-tout combien il eſt néceſſaire pour faire le ſalpêtre dans le
mélange du ſel de tartre & de l'eſprit de nitre;
car, par l'Expérience LXXII & LXXXIII, il s'é-
lève une grande quantité d'air en faiſant le ſel de
tartre, ſoit qu'on le faſſe du nitre & du tartre, ou
du tartre tout ſeul. Il eſt donc néceſſaire, pour
former du nitre par le mélange du ſel de tartre &
de l'eſprit de nitre, qu'il s'y incorpore en même
temps une plus grande quantité d'air que celle
qui eſt contenue & dans le ſel de tartre, & dans
l'eſprit de nitre.

Expérience LXXV.

Un demi-pouce cubique ou environ d'eau-forte
bouillonna, & fit une expanſion conſidérable dans
la diſtillation, qui s'acheva en très-peu de temps:
en refroidiſſant, l'expanſion diminua fort vîte, &
il y eut un peu d'air d'abſorbé; ainſi il eſt évident
que l'air produit par le nitre dans la diſtillation, ne
vient pas des parties ſpiritueuſes & volatiles du
nitre.

D'où il eſt probable auſſi, qu'il y a de l'air
dans les eſprits acides, mais qu'ils l'abſorbent &
le fixent dans la diſtillation: ce qui peut ſe confirmer encore par le grand nombre des bulles d'air
qui ſortent de l'eau régale dans la diſſolution de
l'or; car l'or ne perdant rien de ſon poids dans
cette diſſolution, l'air ne peut ſortir des parties

métalliques de l'or; ainfi il doit venir de l'eau régale.

EXPÉRIENCE LXXVI.

UN pouce cubique de foufre commun, diftillé dans une retorte de verre, fe dilata fort peu, quoique expofé à un très-grand feu, & quoiqu'il paſsât tout dans le récipient fans s'enflammer. Il abſorba de l'air; mais le foufre enflammé dans l'Expérience CIII, en abſorba beaucoup plus.

Une bonne partie de l'air qui fortoit ainfi de plufieurs corps par la force du feu, tendoit à perdre fon élafticité par degrés, quand on le gardoit pendant plufieurs jours; dont la raifon étoit, comme il paroîtra plus clairement par la fuite, que les fumées acides fulfureufes qui montoient avec cet air, en abforboient & fixoient les particules élaftiques.

EXPÉRIENCE LXXVII.

POUR tâcher de remédier à cet inconvénient, je fis ufage de la méthode fuivante de diftiller; elle eft même beaucoup plus commode que celle où l'on fe fert de retortes de verre, qu'il eft affez difficile de bien luter en *a*, (*Pl. XVI. fig. 33.*)

Je mettois d'abord les matières à diftiller dans la retorte *rr*, (*Pl. XVII. fig. 38.*) faite du canon d'un moufquet; au bout de la retorte, je fixois un fiphon de plomb, & ayant plongé le fiphon dans le vaiſſeau plein d'eau *xx*, je plaçois fur l'orifice du fiphon le récipient renverfé *ab* qui étoit plein d'eau; ainfi l'air qui fortoit des matières par la diftillation, paſſoit de la retorte dans le fiphon, & du fiphon à travers l'eau jufqu'au fommet du récipient *ab* : une bonne partie des

efprits acides & des vapeurs fulfureufes étoient
par ce moyen interceptées & retenues dans l'eau;
auffi l'air nouvellement produit étoit, après cette
lotion, bien moins fujet à perdre fon élafticité :
fur la quantité totale, il ne s'en perdoit que $\frac{1}{17}$ ou
$\frac{1}{18}$ partie, & principalement les vingt-quatre premières heures; après quoi le refte demeuroit
élaftique pour toujours, excepté l'air du tartre &
du calcul humain, dont un tiers perdoit conftamment fon élafticité en fix ou huit jours; mais après
ce temps il demeuroit auffi élaftique pour toujours. Je garde de l'air de calcul humain depuis
trois ans, fans y avoir remarqué aucune altération. (1).

Je m'affurai, par les épreuves fuivantes, que
cette grande quantité d'air qui fort ainfi des corps
par la diftillation, eft du véritable air, & non
pas une fimple vapeur flatulente.

Je remplis un grand récipient, qui contenoit
540 pouces cubiques, avec de l'air de tartre; &
après avoir laiffé refroidir cet air, je fufpendis le
récipient à l'extrémité d'une balance fans le changer de fituation, c'eft-à-dire, tandis que fon

---

(1) Si on entendoit ici qu'une maffe donnée de l'efpèce d'air dont il eft queftion, perd une portion de fon
élafticité, & que fes parties fe rapprochant, fon volume
diminue, on feroit dans l'erreur ; mais lorfqu'on dit qu'un
tiers de cet air, ou toute autre partie, perd fon élafticité, on ne doit entendre autre chofe, finon qu'une partie
de cet air eft abforbée par l'eau, & paffe de l'état d'expanfion où il eft au moment où il fe dégage, à l'état fixe
dont on l'a retiré. C'eft dans ce fens qu'on doit entendre
la même expreffion, toutes fois que M. Hales dit que l'é-
lafticité de telle ou de telle portion d'air a été détruite;
& rien n'eft plus conforme à ce que l'expérience nous apprend de l'affinité de ces fortes de produits avec l'eau.

orifice trempoit dans l'eau ; ensuite je tirai cet orifice hors de l'eau, & je le couvris immédiatement avec une vessie : je le pesai exactement ; & ensuite je chassai tout l'air de tartre hors du récipient, par le moyen d'un soufflet, auquel j'ajoutai un long tuyau pour atteindre jusqu'au fond du récipient. Ensuite, ayant attaché de nouveau la même vessie sur l'orifice, je pesai le récipient avec grand soin ; mais je ne pus trouver la moindre différence dans la gravité spécifique de ces deux airs. Je trouvai la même chose avec de l'air de tartre, qui avoit été produit dix jours auparavant.

Le poids de cet air nouvellement produit, est donc le même que le poids de l'air commun : son élasticité se trouva aussi la même ; car je remplis deux tuyaux égaux, l'un d'air commun, & l'autre d'air de tartre que je gardois depuis quinze jours : ces tuyaux avoient dix pieds de longueur, & étoient scellés hermétiquement à l'une de leurs extrémités : je les plaçai en même temps sous un récipient cylindrique, où je les comprimai avec une pesanteur de deux atmosphères, pour éviter le danger en cas que le verre fût venu à crever ; je mettois le tout dans un vaisseau de bois profond ; l'eau monta à des hauteurs égales dans les deux tuyaux : j'avois rendu le récipient cylindrique moins cassant, en le mettant bouillir dans de l'urine, & en l'y laissant refroidir.

Je mis aussi dans les mêmes tuyaux de l'air nouvellement produit du tartre, en les tenant tous deux debout dans des cuvettes où il y avoit de l'eau ; je comprimai l'air de l'un des tuyaux, pendant plusieurs jours, dans la machine pneumatique, afin d'essayer si l'élasticité de cet air ainsi comprimé, seroit plutôt détruite par les vapeurs absorbantes, que celle de l'air non comprimé; mais je ne pus y voir aucune différence. M. Lémery, dans son *Cours de Chimie, pag.* 592, obtint dans la distillation de 48 onces de tartre, 4 onces de flegme, 8 onces d'esprit, 3 onces d'huile, & 32 onces ou les $\frac{2}{3}$ du tout de scories ou résidence; ainsi il s'étoit perdu une once dans l'opération.

Dans ma distillation de 443 grains de tartre, Expérience LXXIII, il ne me resta que 42 grains de scories, ce qui est un peu plus de $\frac{1}{10}$ partie du tartre. Dans ce résidu, il y avoit de l'air par l'Expérience LXXIV; car il y avoit du sel de tartre, puisqu'il coula par défaillance. En comparant donc ma distillation avec celle de M. Lémery, je trouve que dans la sienne il y a 32 onces de scories, & qu'il y a une once de perte; ce qui suffit pour faire la grande quantité d'air qui, selon l'Expérience LXXIII, doit sortir du tartre, sur-tout si nous y ajoutons l'air contenu dans l'huile, laquelle huile est une seizième partie de tout le tartre; car on peut assurer qu'il y a beaucoup d'air dans l'huile.

Je distillai par cette méthode, (*Pl. XVII. fig. 38.*) de la corne, la pierre ou le calcul humain, les écailles d'huitres, le chêne, la graine de moutarde, le blé de Turquie, les pois, le tabac, l'anis, l'huile d'olive, le miel, la cire, le sucre, l'ambre, le charbon, la terre, le minéral de Walton, le sel marin, le salpêtre, le sel de tartre, le plomb, le minium. La plus grande partie de l'air qui sortit de tous ces corps, étoit d'une élasticité très-permanente, excepté celle que

perdit

perdit en plufieurs jours l'air de tartre & celui du calcul humain. L'air du nitre perdit très-peu de fon élafticité ; au lieu que, dans la plupart des expériences, l'air qui eft forti du nitre par la diftillation avec le récipient, (*Pl. XVI. fig. 33.*) a été abforbé en peu de jours, comme l'a auffi été l'air produit par la détonnation du nitre dans l'Expérience CII ; ce qui nous donne la raifon pourquoi 19 parties fur 20 de l'air produit par l'inflammation de la poudre à canon, étoient abforbées en dix-huit jours par les vapeurs fulfureufes de la poudre à canon, comme M. Hawksbée l'obferve dans fes *Expériences phyfico-mécaniques, page 83.*

J'obfervai dans la diftillation de la corne, vers la fin de l'opération, lorfque l'huile épaiffe & fétide montoit, qu'il fe formoit de fort groffes bulles couvertes de pellicules épaiffes & onctueufes, qui demeuroient dans cet état pendant quelque temps, & dont il fortoit beaucoup de fumée quand elles venoient à crever. Je vis la même chofe dans la diftillation de la graine de moutarde.

Expériences faites fur des pierres tirées de la veffie de l'urine, & de celles du fiel.

M. Ramby, chirurgien de la Maifon du Roi, me donna de ces pierres, fur lefquelles je fis les expériences fuivantes.

Je diftillai une de ces pierres tirée de la veffie, dans la retorte de fer. (*Pl. XVII. fig. 38.*) Elle pefoit 230 grains, & il s'en falloit peu que fon volume ne fût de $\frac{3}{4}$ de pouces cubiques : il en fortit avec vivacité dans la diftillation 516 pouces cubiques d'air élaftique, c'eft-à-dire, 645 fois le volume de la pierre ; de forte que, par l'action du feu, il

L

y eut plus de la moitié de cette pierre qui se convertit en air élastique. Cette quantité d'air est à proportion plus grande que celle qui est sortie par le moyen du feu, de toute autre substance animale, végétale, ou minérale. La chaux qui resta après l'opération pesoit 49 grains, c'est-à-dire, $\frac{r}{469}$ de la pierre ; ce qui est environ la même quantité de chaux que le docteur Slare a trouvée après la distillation & la calcination de 2 onces de calcul humain, « dont, dit-il, une once & trois dragmes » s'évaporèrent dans la calcination après la distil- » lation : circonstance essentielle, & dont les chi- » mistes cherchent rarement la cause. » *Transactions philosophiques*, *Abrégé de Lowtorp*, pag. 179. L'on voit par cette expérience-ci, que la plus grande partie de cette matière évaporée, étoit du véritable air élastique.

En comparant cette distillation de la pierre avec celle du tartre du vin du Rhin, Expérience LXXIII, nous voyons que ces deux matières donnent plus d'air qu'aucune autre substance, & l'on peut observer que cet air perdit aussi plus de son élasticité que l'air de tous les autres corps ; &, comme ces affections sont communes au calcul humain & au tartre végétal, il est à présumer que le calcul est un véritable tartre animal : je trouvai même que la pierre contenoit moins d'huile que le sang & les parties solides des animaux, comme le tartre du vin du Rhin en contenoit aussi beaucoup moins que les semences & les parties solides des végétaux.

Je distillai de la même manière des pierres tirées de la vésicule du fiel d'un homme : elles pesoient 52 grains, & faisoient à très peu près la sixième partie de 1 pouce cubique ; ce que je trouvai en prenant leur pesanteur spécifique. Il sortit de ces pierres dans la distillation 108 pouces cubiques d'air élastique, c'est-à-dire 648 fois leur volume, quantité à peu près proportionnelle à celle qui sortit du calcul. Une sixième partie ou environ de cet air élastique fut réduite à un état fixe. Il monta beaucoup plus d'huile dans la distillation de ces pierres, que dans celle du calcul ; une partie de cette huile sortoit du fiel séché & adhérent à la surface des pierres ; elles formoient, en s'élevant, de grosses bulles, comme celles qui s'étoient formées dans la distillation des cornes de daim.

Une petite pierre de la vésicule du fiel, grosse comme un pois, s'est dissoute en sept jours dans une lessive de sel de tartre ; le tartre s'est aussi dissous dans la même lessive, mais elle ne put dissoudre le calcul dont les parties sont plus fermement unies.

Un pouce cubique d'esprit de nitre, versé sur 115 grains de calcul, le dissout en deux ou trois heures, en faisant beaucoup d'écume ; il en sortit 48 pouces cubiques d'air, qui conserva toute son élasticité, quoiqu'il demeurât plusieurs jours dans les vaisseaux de verre, (*Pl. XVI. fig. 34.*) Une pareille quantité de tartre fut dissoute dans le même temps par l'esprit de nitre ; mais il n'en sortit point d'air élastique, quoique le tartre en contienne une si grande quantité. De petits morceaux de tartre & de calcul furent tous dissous par l'huile de vitriol en douze ou quatorze jours. De pareils morceaux de tartre & de calcul furent en peu d'heures dissous par l'huile de vitriol, sur laquelle je versai graduellement à peu près une quantité égale d'esprit de corne de cerf, fait avec de la chaux ; ce qui fit une grande ébullition, & caufa une chaleur confidérable.

Quoique la chaux qui reftoit après la diftilla-tion du tartre dans l'Expérience LXXIII, coulât par défaillance, & que par conféquent elle con-tînt du fel de tartre ; & quoique la chaux du cal-cul diftillé ne coulât pas par défaillance, & ne contînt donc pas de fel de tartre ; on ne peut ce-pendant pas conclure de-là que le calcul n'eft pas une fubftance tartareufe, puifque, par l'Expérien-ce LXXIV, il eft évident que le fel de tartre lui-même, lorfqu'il eft mêlé avec une chaux animale, fe diftille abfolument, enforte que la chaux ne coule pas par défaillance.

Par la grande analogie qui fe trouve entre ces pierres & le tartre, nous pouvons les regarder comme du véritable tartre animal, auffi-bien que les concrétions graveleufes des goutteux.

La grande quantité d'air que l'on trouve dans ces tartres, nous montre que les particules d'air non élaftique, qui, en vertu de la forte attrac-tion dont elles font douées, travaillent fi fort à former la matière nutritive des animaux & des végétaux, forment auffi quelquefois, par cette même attraction, des concrétions anomales, comme les pierres dans les animaux, fur - tout dans les parties où les fluides féjournent fans mou-vement, comme dans les veffies de l'urine & du fiel. Ces concrétions adhèrent auffi fortement au côté des urinoirs, &c. Il s'en forme auffi de tar-tareufes dans quelques fruits, & particulièrement dans les poires ; mais ces concrétions fe réuniffent enfemble en bien plus grande quantité, lorfque les fucs végétaux font fans mouvement, comme dans les tonneaux de vin.

Cette grande quantité de particules d'air non
élaſtique qui ſe trouve dans le calcul, loin de nous
décourager, devroit nous animer à chercher quelque diſſolvant de la pierre : ſon analyſe nous y
découvre en quantité les principes actifs, qui dans
la fermentation ſont les principaux agens ; car M.
Boyle y a trouvé de l'huile & une bonne quantité de ſel volatil, & nous voyons ici qu'elle contient de plus une grande quantité de particules
d'air non élaſtique. La difficulté me paroît naître
ſeulement de la proportion démeſurée de ces
particules fermement unies enſemble, par le ſoufre & le ſel, aux autres particules de la terre
ou de la tête morte, dont la quantité eſt fort petite.

EXPÉRIENCE LXXVIII.

LA huitième partie de 1 pouce cubique de
mercure ne fit qu'une expanſion inſenſible dans la
diſtillation, quoique faite avec la retorte de fer
dans la forge d'un ſerrurier au feu le plus violent:
le mercure fit une ébullition que l'on entendit à
quelque diſtance, & même ébranla la retorte &
le récipient; il ne produiſit point d'air. Dans l'expérience ſuivante, l'expanſion de l'air fut auſſi
tout-à-fait inſenſible.

EXPÉRIENCE LXXIX.

JE mis, dans la même retorte, un demi-pouce
cubique de mercure, & je la fixai à un très-grand
récipient qui n'avoit point de trou à ſon fond,
en adaptant l'orifice du récipient au petit bout
de la retorte (qui étoit faite d'un canon de mouſquet) par le moyen de deux gros morceaux de
liège, qui, entrant un peu avec force, rempliſ-

foient exactement l'orifice du récipient : j'y avois auparavant fait un trou pour recevoir le col de la retorte, & j'avois de plus recouvert toutes les jointures par une veffie fouple & sèche, bien liée & bien jointe par deffus : j'évitai à deffein de me fervir d'un lut où j'aurois pu foupçonner de l'humidité, & j'effuyai bien le dedans du récipient, avec un drap que j'avois fait chauffer.

Le mercure fit une grande ébullition, & il en paffa une partie dans le récipient, auffitôt que la retorte fut échauffée jufqu'à rougir : je ne laiffai pas que d'augmenter le feu jufqu'à blanchir & prefque fondre la retorte, & je le confervai à ce degré pendant une demi-heure : je cohobai très-fouvent pendant ce temps les parties de mercure qui fe condenfoient & fe logeoient horizontale-ment vers le milieu du col de la retorte : en fou-levant le récipient, elles retomboient au fond de la retorte, où elles faifoient une nouvelle ébulli-tion, ce qui ne ceffa que lorfque tout fut diftillé du fond de la retorte. Je laiffai tout refroidir, & je trouvai dans la retorte deux dragmes de mer-cure : je perdis en tout 43 grains ; mais il n'y avoit pas la moindre humidité dans le récipient.

Ainfi, il eft à croire que M. Boyle & d'autres ont été trompés par quelques circonftances aux-quelles ils n'ont pas pris garde, lorfqu'ils ont cru avoir tiré de l'eau du mercure par la diftillation : « Cela m'arriva une fois, dit M. Boyle, mais je » n'ai pu faire réuffir cette expérience une fe-» conde. » Boyle, *vol. III*, *page 416.* Je me fou-viens qu'il y a environ vingt ans, nous convîn-mes, plufieurs perfonnes enfemble, de faire cette expérience dans le laboratoire du collège de la Trinité, à Cambridge ; & comme nous crûmes qu'il se feroit une fort grande expansion, nous lutâmes une retorte de terre d'Allemagne à trois ou quatre grands vaisseaux en forme d'aludels, qui aboutissoient à un grand récipient, comme a fait M. Wilson dans son *Cours de Chimie.* Quand la retorte fut rouge, nous y fîmes entrer peu à peu, & par le trou d'une pipe à tabac qui y avoit été lutée à ce dessein, quatre livres de mercure. Après la distillation, nous trouvâmes de l'eau avec du mercure dans les vaisseaux. Je soupçonnai, dès ce temps-là, qu'elle pouvoit venir de l'humidité de la retorte & du lut, & je me trouve aujourd'hui confirmé dans cette idée par cette expérience-ci. Il a plu tout le jour que je l'ai faite, & cependant je n'ai point eu d'eau dans la distillation du mercure; ainsi, quand il en vient, on ne doit pas l'attribuer à l'humidité de l'air.

EXPÉRIENCES sur les différentes altérations de l'air dans les Fermentations.

NOUS avons vu dans les expériences précédentes la grande quantité de véritable air élastique que l'on obtient des liqueurs & des corps solides par le moyen du feu; les suivantes nous montreront que la fermentation causée par le mélange des différentes matières, produit & absorbe aussi une grande quantité d'air. Cette méthode même de rendre & d'ôter à l'air son élasticité par la fermentation, paroît plus conforme à celle de la nature.

EXPÉRIENCE LXXX.

JE mis dans le matras *b*, (*Pl. XVI. fig. 34.*) 16 pouces cubiques de sang de mouton, avec un peu d'eau pour le faire mieux fermenter; j'y trou-

vai, par l'abaissement de l'eau de z en y, qu'il
en étoit sorti, en dix-huit jours, 14 pouces cubiques d'air.

Expérience LXXXI.

Du sel volatil de sel ammoniac mis dans une
petite cuvette de verre, sous le verre renversé
$z z a a$, (*Pl. XV. fig. 35.*) ne produisit ni n'absorba d'air, non plus que plusieurs autres liqueurs
de sels volatils, tels que les esprits de corne de
cerf. L'esprit de vin & l'eau-forte ne donnèrent
aussi point d'air; mais le sel ammoniac, le sel de
tartre & l'esprit de vin, tous trois mêlés ensemble, produisirent 26 pouces cubiques d'air, dont
ils en absorbèrent 2 pouces en quatre jours, qu'ils
reproduisirent ensuite.

Expérience LXXXII.

Un demi-pouce cubique de sel ammoniac,
avec 1 pouce cubique d'huile de vitriol, donna
le premier jour 5 ou 6 pouces cubiques d'air;
mais, les jours suivans, il en absorba 15 pouces
cubiques, & demeura plusieurs jours dans cet
état.

Avec autant d'huile de térébenthine & de vitriol, ce fut à peu près la même chose; mais
ce dernier mélange absorba plus tôt que le premier.

M. Geoffroy nous a montré que le mélange des
acides vitrioliques avec des substances inflammables, donne du soufre commun. Par les différentes compositions du soufre qu'il a faites, sur-tout
par le mélange de l'huile de vitriol & de térébenthine, & par l'analyse après cette préparation, il
a découvert que le soufre n'étoit qu'un acide vi-

Fig. 35.

Fig. 37.

Fig. 36.

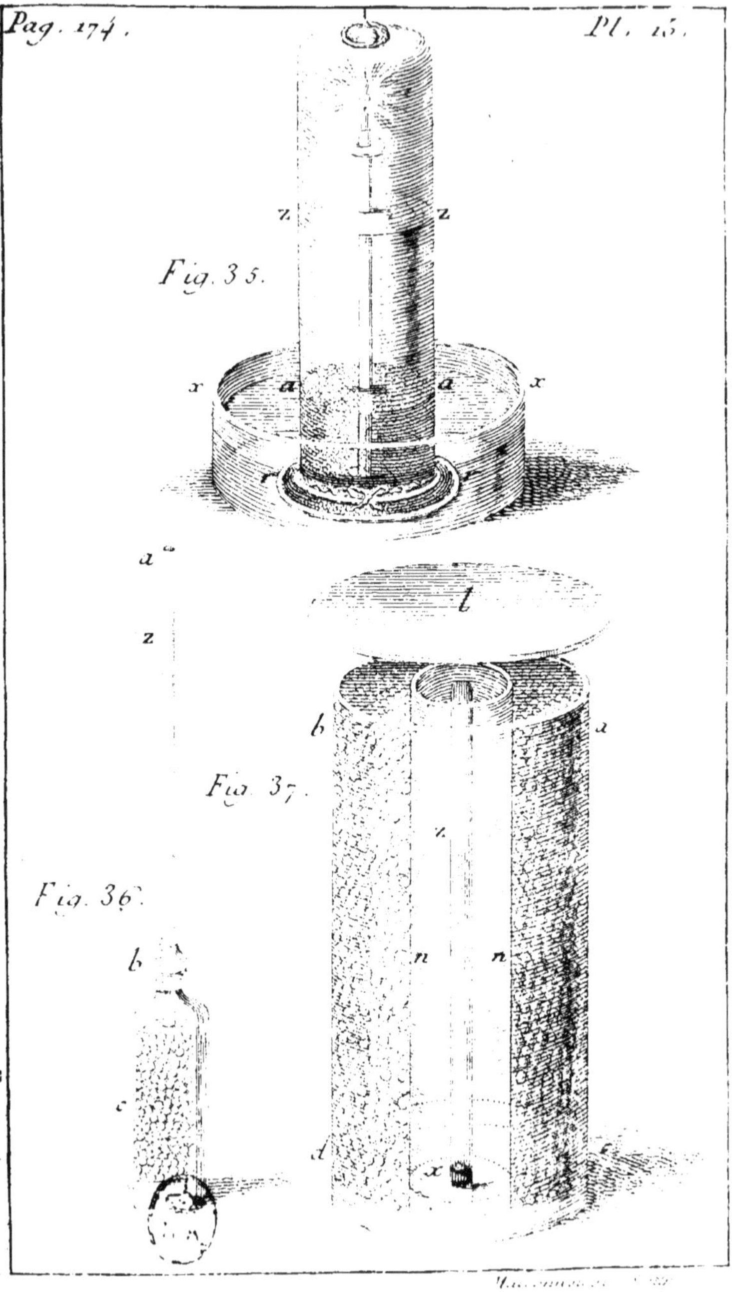

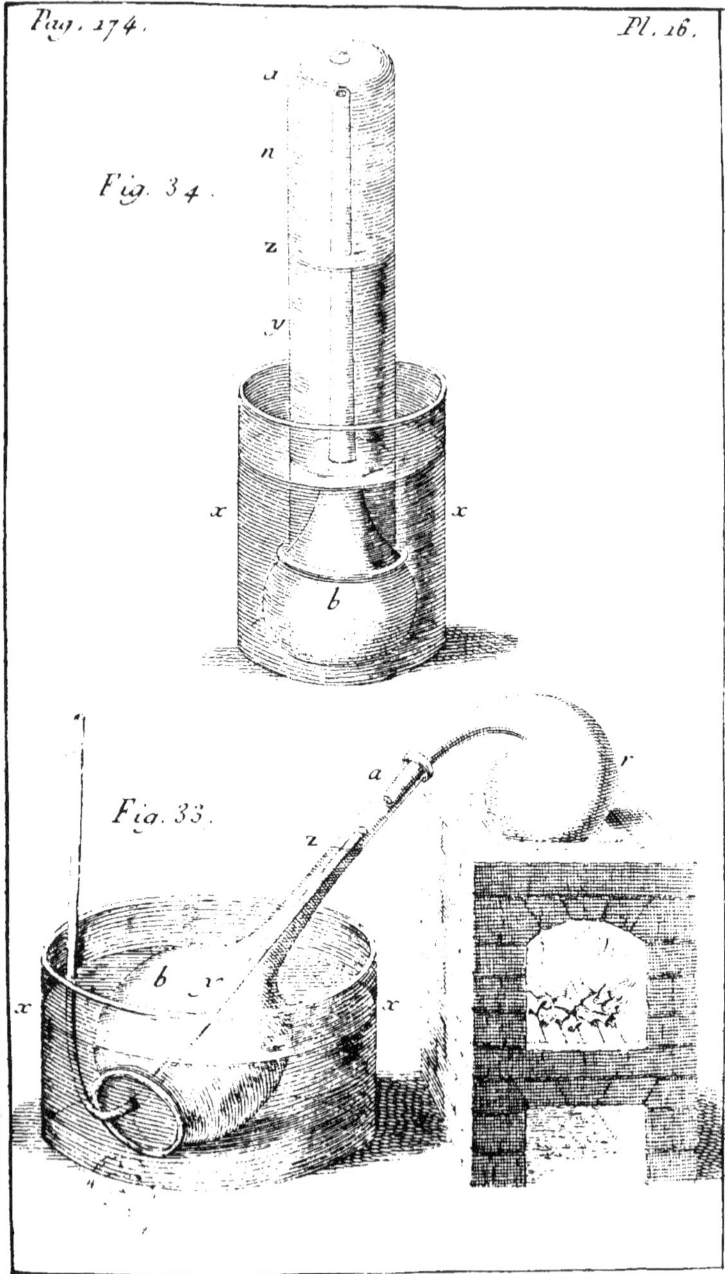
Fig. 34.
a
n
z
y
x
x
b
Fig. 33.
a
z
r
b
r
x
x

triolique, joint à une fubftance inflammable. *Mé-moires de l'Académie des Sciences, année 1704, page 181* ; & Ouvrages de Boyle, *vol. III, page 273, Notes.*

EXPÉRIENCE LXXXIII.

A u mois de février, je verfai fur 6 pouces cubiques de poudres d'écailles d'huitres, autant de vinaigre de vin blanc; ce mélange, en cinq ou fix minutes, produifit 17 pouces cubiques d'air, & en quelques heures 12 pouces cubiques de plus, en tout 29 pouces : en neuf jours il reprit & abforba doucement 21 pouces cubiques d'air. Le neuvième jour je verfai de l'eau tiède dans le vaiffeau *x x*, (*Pl. XVI. fig. 34.*) & le jour fuivant, que tout étoit refroidi, les 8 pouces cubiques qui reftoient, avoient encore été abforbés : ainfi, la tiédeur aide quelquefois à la vertu abforbante des mélanges, auffi-bien qu'à leur vertu productrice, & cela, en élevant les vapeurs abforbantes, comme on le verra plus clairement dans la fuite.

Un demi-pouce cubique d'écailles d'huitres, avec un pouce cubique d'huile de vitriol, produifit 32 pouces cubiques d'air.

Les écailles d'huitres, avec 2 pouces cubiques de préfure aigre qui fortoit de l'eftomac d'un veau, produifirent en quatre jours 11 pouces cubiques d'air. Mais les écailles d'huitres, avec la liqueur de l'eftomac d'un veau qui avoit été nourri de foin, ne donnèrent point d'air, non plus qu'avec le fiel de bœuf, l'urine & la falive.

Un demi-pouce cubique d'écailles d'huitres & de jus de bigarades, donnèrent le premier jour 18 pouces cubiques d'air : les jours fuivans ils les abſorbèrent, & même trois ou quatre pouces de plus, & quelquefois ils les reproduiſirent encore.

Ce fut la même choſe avec du jus de citron.

Il ſortit un peu d'air des écailles d'huitres & du lait ; mais, dans le même temps, le lait & le jus de citron abſorbèrent un peu d'air, ce que firent auſſi la préſure & le vinaigre. La préſure ſeule produiſit un peu d'air, qu'elle abſorba le jour ſuivant, & fit auſſi la même choſe lorſque je la mêlai avec de la mie de pain.

Expérience LXXXIV.

Un pouce cubique de jus de citron, avec autant d'eſprit de corne de cerf (fait ſans addition d'aucune matière étrangère, comme chaux, &c.) abſorba, en quatre heures, 3 ou 4 pouces cubiques d'air : le jour ſuivant, il en produiſit 2 pouces ; & le troiſième jour, comme le temps changea, & paſſa d'une chaleur modérée au froid, le mélange abſorba encore cet air, & demeura dans cet état pendant un jour ou deux.

L'on verra clairement par les expériences ſuivantes, qu'il ſe trouve dans la ſubſtance des végétaux une grande quantité d'air incorporé avec eux, & que l'on en ſépare par la fermentation qui le rend élaſtique.

Expérience LXXXV.

Le 2 de mars, je verſai dans le matras *b*, (*Pl. XVI. fig. 34.*) 42 pouces cubiques d'ale * ſortant du tonneau, où trente-quatre heures auparavant on l'avoit miſe pour fermenter : du 2 de mars juſqu'au 9 de juin, elle produiſit 639 pouces cubiques d'air dans une progreſſion fort inégale, plus ou moins, ſelon que le temps étoit

* Bière faite avec un peu de houblon.

chaud, frais ou froid ; quelquefois, dans un changement du chaud au froid, elle réabsorboit 32 pouces cubiques.

EXPÉRIENCE LXXXVI.

Le 2 de mars, 12 pouces cubiques de raisins secs de Malaga, & 18 pouces cubiques d'eau, produisirent, jusques & compris le 16 avril, 411 pouces cubiques d'air, dont ils en réabsorbèrent 35 en deux ou trois jours de froid : du 21 avril au 16 de mai, ils produisirent 78 pouces cubiques ; après quoi, jusqu'au 9 de juin, ils absorbèrent 13 pouces cubiques. Il y eut pendant cette saison des jours fort chauds, avec beaucoup de tonnerre, ce qui détruit l'élasticité de l'air. Nous comptons en tout 489 pouces cubiques d'air produit, dont 48 furent réabsorbés : la liqueur étoit après cela fort éventée.

Par la grande quantité d'air que les pommes produisirent, comme on le va voir dans les expériences suivantes, il est très-probable que des raisins mûrs, & qui n'auroient pas été secs comme ceux-ci, auroient produit beaucoup plus d'air.

Ces expériences sur les raisins & sur l'ale, nous montrent que, dans un temps chaud, ce n'est pas en absorbant l'air que le vin & la bière se poussent, mais que c'est en fermentant & en produisant trop d'air qui peut passer pour leur esprit vital : c'est par cette raison que ces liqueurs se gardent dans des caves fraîches, où l'air, ce principe de leur vigueur, est toujours dans une juste température si nécessaire à leur conservation, que, pour peu qu'elle change, le vin est en danger de se gâter.

EXPÉRIENCE LXXXVII.

LE 10 d'août, 26 pouces cubiques de pommes écrasées produisirent, en treize jours, 968 pouces cubiques, quantité égale à 40 fois leur volume : trois ou quatre jours après, elles réabsorbèrent 28 pouces, quoiqu'il fît un temps fort chaud ; ensuite elles demeurèrent en repos pendant plusieurs jours, sans produire & sans absorber d'air.

De la cassonade, avec autant d'eau, produisit 9 fois son volume d'air.

La fleur de riz, 6 fois son volume. Les feuilles de cochléaria produisirent & absorbèrent de l'air. Enfin, les pois, le blé & l'orge, produisirent beaucoup d'air par la fermentation.

Nous sommes sûrs, par l'état d'expansion & d'élasticité de cet air qui s'élève des végétaux en si grande quantité par la fermentation & par la dissolution, qu'il est bien de la nature du véritable air (1) : car de simples vapeurs aqueuses dilatées, se condenseroient bientôt par la fraîcheur ; au lieu que cet air persévère dans cet état plusieurs semaines, plusieurs mois, &c. Il est évident aussi que cet air nouvellement produit est élastique, puisqu'il se dilate & se resserre comme l'air commun, selon qu'il fait chaud ou froid ; mais de plus, parce qu'il se comprime à proportion des poids dont il est chargé, comme il paroît par les deux expériences suivantes, qui montrent aussi la gran-

---

(1) Cette erreur est pardonnable à l'auteur, qui ne connoissoit point les propriétés qui distinguent ces sortes de produits. Consultez, à ce sujet, l'excellent ouvrage du Dr Priestley, ou notre *Essai sur les différentes espèces d'air.*

de force des particules aériennes, lorsqu'elles s'échappent des végétaux qui fermentent.

EXPÉRIENCE LXXXVIII.

JE mis des pois jusqu'à moitié dans une forte bouteille *b c*, (*Pl. XV. fig. 36.*) dans laquelle je versai du mercure jusqu'à un demi-pouce de hauteur, & de l'eau jusqu'à la remplir; ensuite je fixai par une vessie en *b*, le tuyau long & étroit *a b*, & dont le bout d'en bas étoit enfoncé dans le mercure, & touchoit presque le fond de la bouteille. Les pois tirèrent toute l'eau en deux ou trois jours, & par conséquent se dilatèrent beaucoup, & forcèrent le mercure à monter dans le tube à 80 pouces de hauteur ou environ. Ainsi l'air nouvellement produit dans la bouteille étoit comprimé par une force plus grande que celle de la pression de deux atmosphères & demi. Si l'on balançoit la bouteille & le tube, le mercure faisoit dans le tube entre *z* & *b* de grandes oscillations; ce qui prouve combien l'air comprimé dans la bouteille étoit élastique.

EXPÉRIENCE LXXXIX.

JE m'assurai encore par l'expérience suivante, que l'air nouvellement généré avoit une grande élasticité.

Je pris un pot épais de fer *a b c d:* (*Pl. XV. fig. 37.*) il avoit 2 pouces $\frac{3}{4}$ de diamètre intérieur, & 5 pouces de profondeur; j'y versai du mercure jusqu'à un demi-pouce de hauteur, & je mis un peu de miel coloré au bout *x* du tuyau de verre *z x*, qui étoit scellé à son autre bout; je mis ensuite ce tuyau dans un cylindre de fer *n n*, pour l'empêcher d'être cassé par le renflement des petits pois, dont je remplis le pot; &, y ayant verſé de l'eau juſqu'à ce qu'il fût abſolument plein, je mis un collet de cuir entre la bouche & le couvercle du pot que j'avois moulé, afin de le faire mieux joindre, & je preſſai fort le couvercle en bas dans une preſſe à cidre. Le troiſième jour, ayant tiré de la preſſe le pot, je l'ouvris, & je trouvai que toute l'eau avoit été tirée par les pois, & que le miel avoit été forcé par le mercure de s'élever dans le tube de verre juſqu'à z, (car le verre en étoit barbouillé juſqu'à cette hauteur) : par ce moyen, je trouvai que la preſſion, cauſée par la dilatation des pois, avoit été égale à celle de deux atmoſphères & $\frac{1}{4}$; & le diamètre du pot étant de 2 pouces $\frac{3}{4}$, l'aire de ſon ouverture de 6 pouces quarrés, il ſuit que la force de la dilatation de l'air entre le couvercle du pot, étoit égale à 189 livres.

On voit même clairement que la force expanſive de cet air nouvellement produit, eſt infiniment ſupérieure à la puiſſance qui agiſſoit ici ſur le mercure dans ces deux expériences; car cette même force, dans la fermentation du vin nouveau, crève les plus forts vaiſſeaux; &, dans l'inflammation de la poudre à canon, elle fait ſauter les mines, & crever les canons & les plus fortes bombes.

Cette eſpèce de jauge dont je me ſers dans cette Expérience LXXXIX, avec quelque matière onctueuſe, comme de la mélaſſe, ou quelque autre ſubſtance ſemblable & colorée, que l'on mettroit ſur le mercure dans le bout du tube, & qui ſerviroit à marquer juſqu'où le mercure monte, pourroit très-bien ſervir à trouver les profondeurs de la mer que l'on ne peut ſonder. Il faudroit pour cela fixer cette jauge à un corps qui seroit plus léger que l'eau, & qui s'enfonceroit par un poids qu'on y attacheroit, & qui, par quelque moyen aisé, s'en détacheroit aussitôt qu'il toucheroit le fond de la mer; ensorte que ce corps & la jauge remonteroient tout de suite à la surface de l'eau : il faudroit aussi que ce corps fût gros, & beaucoup plus léger que l'eau, afin que, par sa grande éminence au dessus de l'eau, on pût le voir de plus loin; car il est très-probable que, s'il descendoit à de grandes profondeurs, il reviendroit au dessus de l'eau à une distance considérable du vaisseau, quoique dans un temps calme.

Pour une plus grande exactitude, il faudra d'abord essayer à différentes profondeurs, & même à la plus grande où la sonde pourra atteindre ; afin de découvrir par-là si le ressort de l'air est changé & condensé, non-seulement par la grande pression de l'eau dont il est chargé, mais aussi par le froid, selon les différentes profondeurs; & pour connoître les espaces de temps que le corps emploiera à descendre & à monter, afin de pouvoir fonder en conséquence un calcul pour les profondeurs où la sonde ne peut atteindre.

Cette jauge montrera aussi les différens degrés de compression de l'air dans la méthode ordinaire de le comprimer avec la machine pneumatique.

Mais revenons au sujet des deux dernières expériences qui nous ont si bien prouvé l'élasticité de cet air nouvellement produit. On peut supposer que cette élasticité consiste dans les particules aériennes actives, qui se repoussent les unes les autres avec une force qui est réciproquement proportionnelle à leurs distances. Le chevalier

Isaac Newton, cet illuftre philofophe, au fujet
de la génération de l'air & de la vapeur, nous dit
dans fon *Optique, queſtion 31*, que « les particu-
» les qui font forcées de fortir des corps par la
» chaleur ou la fermentation, fe trouvant hors de
» la fphère de l'attraction du corps dont elles
» s'éloignent, en s'éloignant auffi les unes des
» autres avec grande force, occupent quelque-
» fois un efpace un million de fois plus grand que
» celui qu'elles occupoient auparavant, dans le
» temps qu'elles étoient fous la forme d'un corps
» denfe. Cette fi grande contraction & cette vafte
» expanfion eft incompréhenfible dans toute au-
» tre hypothèfe que celle d'une puiffance répul-
» five, en fuppofant, comme on l'a fait, les par-
» ticules d'air à reffort & rameufes, ou roulées
» comme des cerceaux, &c. » Ces expériences
confirment cette vérité ; car, en montrant la grande
quantité d'air qui fort des corps qui fermentent,
elles prouvent non - feulement la grande force
avec laquelle les parties de ces corps devroient fe
dilater : mais combien auffi il faudroit que ces
particules d'air fuffent refferrées dans ces corps, fi
elles y étoient à reffort & rameufes.

Par exemple, dans le cas des pommes écrafées
qui produifirent plus de 48 fois leur volume d'air,
il eft évident que cet air, lorfqu'il eft contenu
dans les pommes, doit être comprimé au moins
dans $\frac{1}{48}$ partie de l'efpace qu'il occupe lorfqu'il
en eft forti ; il fera donc 48 fois plus denfe : &,
puifque la force de l'air comprimé eft proportionnelle à fa denfité, la force qui comprime &
renferme cet air dans les pommes, doit être égale
au poids de 48 de nos atmofphères, lorfque le
mercure dans le baromètre eft au beau, c'eft-à-
dire,

dire, à 30 pouces de hauteur. Mais 1 pouce cubique de mercure pefant 3580 grains, 30 pouces cubiques, qui font égaux au poids de notre atmofphère, pèferont par conféquent 15 livres 5 onces 215 grains : ainfi, 48 de ces atmofphères pèferont plus de 736 livres ; ce qui eft donc égal à la force avec laquelle 1 pouce quarré de la furface de la pomme comprimeroit l'air, en fuppofant qu'il n'y eût point d'autre fubftance dans la pomme que de l'air. Prenant donc 16 pouces quarrés pour la mefure de la fuperficie d'une pomme, la force totale avec laquelle elle comprimera l'air renfermé au dedans de la pomme, fera égale à la preffion de 11776 livres ; &, puifque l'action & la réaction font égales, ce fera auffi la force avec laquelle l'air comprimé dans la pomme tâcheroit de fe dilater, s'il y étoit dans un état élaftique. Mais une auffi grande force expanfive que celle-là, ne pourroit être un inftant dans une pomme fans en brifer & pulvérifer la fubftance, même avec une très-violente explofion, fur-tout lorfque cette force feroit encore augmentée par les vives impreffions du foleil.

Nous devons tirer de pareilles conféquences de la grande quantité d'air qui fort des corps, ou par la fermentation, ou par la force du feu. Dans l'Expérience LV, par exemple, où un morceau de chêne produit 216 fois fon volume d'air, nous voyons bien que fi ces 216 pouces cubiques étoient dans un état élaftique, refferrés dans l'efpace de 1 pouce cubique, ils prefferoient contre les côtés du pouce cubique, avec une force expanfive égale à la preffion de 3310 livres, en fuppofant qu'il ne contînt point d'autre matière que l'air : il prefferoit donc par conféquent contre les fix côtés du cube, avec une force égale à la preſſion de 19860 livres, force ſuffiſante pour briſer le chêne avec une grande exploſion : l'on doit donc conclure raiſonnablement, que la plupart des particules de cet air nouvellement produit, étoient dans un état fixe dans la pomme & le chêne, & que c'eſt par le feu ou par la fermentation qu'elles acquièrent ce principe actif de répulſion qui les rend élaſtiques.

Le poids de 1 pouce cubique de pomme étant de 191 grains, le poids de 1 pouce cubique d'air de $\frac{2}{7}$ de grain ; ce poids d'air pris 48 fois, eſt environ égal à la quatorzième partie de la pomme.

Si nous ajoutons à l'air ainſi produit par une liqueur végétale quelconque dans la fermentation, celui que l'on peut enſuite en tirer par le feu dans la diſtillation, & encore à cette ſomme la grande quantité d'air que nous avons trouvé, par l'Expérience LXXIII, dans le tartre qui adhère au côté du vaiſſeau, l'on verra que cet air fait une partie très-conſidérable de la ſubſtance des végétaux, auſſi-bien que de celle des animaux.

Mais quoique l'on doive juger, après ce que nous venons de dire, que la plupart de ces particules d'air, que les liqueurs & les végétaux contiennent, y réſident dans un état fixe qui les unit intimement ; cependant il eſt évident auſſi, par l'Expérience XXXIV & XXXVIII, dans laquelle une quantité innombrable de bulles d'air s'élèvent continuellement de la ſève de la vigne, qu'il y a donc une quantité conſidérable d'air dans les végétaux, qui y réſide dans un état élaſtique, & qui en ſort de même, ſur-tout lorſque la chaleur de la ſaiſon augmente ſon activité. (1)

---

(1) Il eſt en effet démontré qu'outre l'air qui entre

Effets de la fermentation des Substances minérales
sur l'Air.

J'AI montré ci-dessus que l'action du feu dans
la distillation peut faire sortir de l'air des substances minérales; les expériences suivantes vont nous
fournir plusieurs exemples de la grande quantité
d'air que les mélanges peuvent ou produire ou
absorber, ou alternativement produire & absorber, selon leurs différentes natures.

EXPÉRIENCE XC.

JE versai sur un anneau d'or de moyenne grosseur, & que j'avois rendu fort mince en l'appla-
tissant, deux pouces cubiques d'eau régale; l'or
fut tout dissous le jour suivant : les bulles d'air
montèrent continuellement pendant la dissolution, & formèrent en tout 4 pouces cubiques
d'air; mais, comme l'or ne perd rien de son poids
par la dissolution, les 4 pouces cubiques d'air,
qui pèsent plus d'un grain, sortirent donc nécessairement de l'eau régale; ce qui est très-probable, puisqu'il y a des particules d'air dans les esprits acides; car ils absorbent l'air par l'Expérien-

---

comme principe dans la composition des mixtes, & qu'on
ne peut obtenir que par des moyens qui les décomposent
totalement, il s'y trouve une autre espèce d'air bien différente. Celle-ci n'est autre chose qu'une portion de l'air
atmosphérique, qui s'insinue entre les parties intégrantes
de ces mixtes, & qui ne contracte aucune union avec elles;
aussi l'en retire-t-on par des moyens qui n'attaquent aucunement leur constitution. Les soumettre à l'action modérée
du feu, les renfermer sous des récipiens dont on évacue
l'air, sont deux moyens très-suffisans à cet effet, & qu'on
emploie depuis long-temps, en physique, pour priver les
mixtes de cette portion d'air élastique qu'ils recèlent.

ce LXXV ; & cet air abſorbé regagne ſon élaſticité, lorſque les eſprits acides auxquels il étoit
attaché ſont plus fortement attirés par les particules de l'or, que par les ſiennes.

EXPÉRIENCE XCI.

Un quart de pouce cubique d'antimoine, &
2 pouces cubiques d'eau régale, produiſirent 38
pouces cubiques d'air pendant les premières trois
ou quatre heures ; enſuite ils abſorbèrent en une
heure ou deux 14 pouces cubiques. On doit obſerver que l'air ſe produiſoit tandis que la fermentation étoit petite, & au commencement du
mélange des matières ; mais lorſque la fermentation devenoit plus grande, & que les fumées montoient viſiblement, alors il y avoit plus d'air abſorbé, qu'il n'y en avoit de produit.

Et pour ſavoir ſi l'air étoit abſorbé ſeulement par
les fumées de l'eau régale, ou bien par les vapeurs
acides ſulfureuſes qui s'élevoient de l'antimoine,
je mis deux pouces cubiques d'eau régale dans le
matras *b*, (*Pl. XVI. fig. 34.*) & je l'échauffai
en verſant une grande quantité d'eau chaude dans
la cuvette *x x*, qui étoit elle-même dans un plus
grand vaiſſeau qui retenoit l'eau chaude autour
d'elle. L'air ne fut point abſorbé : car, lorſque tout
fut refroidi, l'eau demeura au point *z*, où je l'a-
vois miſe d'abord. Je trouvai la même choſe, lorſqu'au lieu d'eau régale, je mis ſeulement de l'eſprit de nitre dans le matras *b*, quoique dans la
diſtillation de l'eau-forte, (Expérience LXXV) il
y eût un peu d'air qui fût abſorbé. Il eſt donc
probable que la plus grande partie de cet air, &
peut-être le tout, fut abſorbé par les vapeurs qui
montèrent de l'antimoine.

EXPÉRIENCE XCII.

UN jour de février qu'il faifoit très-froid, je verfai fur $\frac{1}{4}$ de pouce cubique d'antimoine en poudre, 1 pouce cubique d'eau-forte dans le matras *b*, (*Pl. XVI. fig. 34.*) : les vingt premières heures, ce mélange produifit environ 8 pouces cubiques d'air ; après quoi, le temps s'étant un peu radouci, il fermenta plus vîte ; de forte qu'en deux ou trois heures il produifit de plus 82 pouces cubiques d'air ; mais la nuit fuivante étant fort froide, il ceffa prefque d'en produire. Je verfai le lendemain matin de l'eau chaude dans le vaiffeau *x x*, ce qui renouvela la fermentation ; enforte qu'il en fortit encore 40 pouces cubiques d'air.

La maffe fermentée reffembloit à du foufre commun ; en l'échauffant au feu, il fe fublimoit un foufre rouge dans le col du matras, & au deffous un foufre jaune. Ce foufre, comme M. Boyle le remarque, *vol. III*, *page 272*, ne viendroit pas par l'action du feu toute feule, & fans une digeftion précédente dans l'huile de vitriol ou dans l'efprit de nitre. Si nous comparons la quantité d'air que nous avons obtenue par la fermentation dans cette expérience, avec celle que nous avons obtenue par le feu dans l'Expérience LXIX, nous trouverons que la fermentation nous en a donné cinq fois plus que le feu ; ainfi la fermentation eft un diffolvant encore plus fubtil que le feu : il y a cependant quelques cas où le feu produit plus d'air que la fermentation.

Un demi-pouce cubique d'huile d'antimoine, & autant d'eau-forte, produifirent 36 pouces cubiques d'air, qui fut abforbé le jour fuivant.

M iij

EXPÉRIENCE XCIII.

UN pouce cubique d'eau-forte sur $\frac{1}{4}$ de pouce de limaille de fer, abforba 27 pouces d'air en quatre jours, au mois de février; & encore 3 ou 4 pouces de plus, en verfant de l'eau chaude fur le vaiffeau *x x*.

Au mois d'avril, dans un temps chaud, ce mélange abforba plus rapidement 12 pouces d'air en une heure (1).

EXPÉRIENCE XCIV.

UN pouce cubique d'eau-forte, & $\frac{1}{4}$ de limaille

---

(1) Ce phénomène, mieux connu depuis quelques années, eft un de ceux qui méritent le plus l'attention des phyficiens, & de ceux qui s'occupent des effets des diffolutions métalliques. Depuis les travaux du docteur Prieftley fur les différentes efpèces d'air, on fait que la diffolution du fer par l'intermède de l'acide nitreux, produit un fluide aériforme, auquel on donne le nom d'*air nitreux*, & dont les propriétés font on ne peut plus intéreffantes : mais la production de ce fluide n'eft pas peu embarraffante. Dès qu'on verfe l'acide nitreux fur le fer, il fe fait auffitôt une forte effervefcence, accompagnée de vapeurs rutilantes qui rempliffent toute la capacité du vaiffeau. Bientôt ces vapeurs diminuent, & il fe fait un vide dans le même vaiffeau. Le fluide dont il étoit rempli étant abforbé par la matière encore en travail, il faut verfer brufquement une nouvelle dofe d'acide, pour rappeler l'expanfion de la matière aériforme, & obtenir ce qu'on appelle, à proprement parler, l'air nitreux; & encore, malgré cette précaution, eft-on expofé plufieurs fois à cette abforption, qui rend l'opération très-difficile à pratiquer. C'eft même à raifon de cette difficulté que je préfère d'employer, à cet effet, une fubftance muqueufe, telle que le fucre que je fubftitue au fer. Confultez, à ce fujet, notre ouvrage intitulé *Effai fur les différentes efpèces d'air.*

de fer avec autant d'eau, abforbèrent en une demi-heure, le 12 de mars, cinq ou fix pouces d'air ; enfuite ils reproduifirent cette même quantité d'air dans l'heure fuivante, qu'ils abforbèrent de nou-veau dans les deux heures qui fuivirent celle-ci : le lendemain, ils abforbèrent encore 12 pouces, après quoi ce mélange demeura dans un état de repos pendant quinze ou vingt heures; puis il pro-duifit 3 ou 4 pouces d'air ; & enfin il revint à l'état de repos, dans lequel il demeura pendant cinq à fix jours.

Un fait affez remarquable, c'eft que les mêmes mélanges paffoient fucceffivement par tous ces états, tantôt avec, & tantôt fans aucune altéra-tion fenfible de la température de l'air.

Un pouce cubique d'huile de vitriol, & $\frac{1}{4}$ de limaille de fer, ne fermentèrent pas fenfible-ment, & ne donnèrent que très-peu d'air ; mais en les mêlant avec un pouce d'eau, ils produifi-rent 43 pouces d'air en vingt-un jours : de ces 43 pouces, il y en eut 3 d'abforbés pendant les trois ou quatre jours fuivans, qui furent reproduits enfuite par un changement de temps au chaud, & enfuite encore abforbés lorfque le temps de-vint frais.

Un quart de pouce de limaille de fer, 1 pouce d'huile de vitriol, & 3 pouces d'eau, produifi-rent 108 pouces d'air.

De la limaille de fer, de l'efprit de nitre & au-tant d'eau, abforbèrent de l'air. De la limaille de fer & de l'efprit de nitre feuls en abforbèrent auffi, mais moins que lorfqu'on ajoutoit de l'eau à ce mélange.

Un quart de pouce de limaille de fer, & un pouce de jus de citron, abforbèrent 2 pouces d'air.

M iv

EXPÉRIENCE XCV.

DE la limaille de fer & un demi-pouce cubique d'efprit de corne de cerf, abforbèrent 1 pouce & ½ d'air. De la limaille de cuivre avec ½ pouce cubique de ce même efprit de corne de cerf, abforbèrent 3 pouces cubiques d'air, & firent une couleur bleue très-foncée, qu'ils confervoient long-temps en les laiffant expofés à l'air. L'efprit de fel ammoniac & la limaille de cuivre, firent la même chofe.

Le quart de 1 pouce cubique de limaille de fer, & 1 pouce cubique de foufre réduit en poudre & en pâte avec un peu d'eau, abforbèrent en deux jours 19 pouces cubiques d'air : il eft vrai que je verfai de l'eau chaude dans la cuvette $x x$, (*Pl. XVI. fig. 34.*) pour augmenter la fermentation.

Le quart de 1 pouce cubique de limaille de fer, & 1 pouce cubique de charbon de * Newcaftle pulvérifé, produifirent 7 pouces cubiques d'air en trois ou quatre jours : je ne m'apperçus pas que ce mélange s'échauffât, comme fit celui du foufre & de la limaille de fer.

* Le charbon de Newcaftle, que l'on apporte d'Angleterre à Rouen pour les forges.

Du foufre & du charbon de Newcaftle, réduits en poudre & mêlés enfemble, ne produifirent ni n'abforbèrent d'air.

De la limaille de fer & de l'eau abforbèrent 3 ou 4 pouces cubiques d'air. Si l'on met beaucoup d'eau fur la limaille, l'air eft moins abforbé ; &, foit qu'il le foit peu ou beaucoup, cela fe fait ordinairement pendant les trois ou quatre premiers jours.

De la limaille de fer & de celle de la marcaffite de Walton, de l'Expérience LXX, abforbèrent environ le double de leur volume d'air en quatre jours.

De la mine de cuivre & de l'eau-forte, ne produifirent ni n'abforbèrent d'air ; mais, en y ajoutant un peu d'eau, ils en abforbèrent.

Le quart de 1 pouce cubique d'étain, & un demi-pouce cubique d'eau-forte, produifirent 2 pouces cubiques d'air ; une grande partie de l'étain fe réduifit en chaux blanche.

EXPÉRIENCE XCVI.

LE 16 d'avril, je verfai 1 pouce cubique d'eau-forte fur 1 pouce cubique de marcaffite de Walton pulvérifée : ce mélange fermenta violemment avec chaleur & fumée, & s'étendit dans un efpace de 200 pouces cubiques ; peu après il fe condenfa & revint à fon premier volume, & dans ce temps il abforba 85 pouces cubiques d'air. En verfant fur le mélange autant d'eau qu'il y avoit d'eau-forte, la fermentation fut encore plus violente, & il produifit 80 pouces cubiques d'air.

Je répétai ces expériences plufieurs fois fans eau, & avec de l'eau ; elles eurent conftamment les mêmes effets : cependant ce même minéral, avec de l'huile de vitriol & de l'eau, abforba de l'air ; le mélange même s'échauffa, mais fans faire grande ébullition.

Mais ce même minéral, avec autant d'efprit de nitre que d'eau, produifit de l'air qui avoit la qualité d'abforber l'air frais qu'on faifoit entrer dans le vaiffeau.

EXPÉRIENCE XCVII.

JE mis dans un matras 1 pouce cubique de marcaffite de Walton pulvérifée, avec autant d'eau-forte ; & dans un autre matras de même grosseur, je mis un pouce cubique de marcassite de Walton pulvérisée, avec autant d’eau-forte & d’eau : je pesai exactement les ingrédiens & les vaisseaux, avant & après la fermentation ; & je trouvai que sur le matras dans lequel il n’y avoit point d’eau, il se perdit en fumée une dragme & cinq grains, & que sur l’autre, dont les ingrédiens fumèrent beaucoup plus, il se perdit 7 dragmes 1 scrupule & 7 grains : celui-ci perdit donc six fois autant que le premier.

Expérience XCVIII.

Un pouce cubique d’eau-forte versée sur autant de charbon de Newcastle pulvérisé, absorba 18 pouces cubiques d’air en trois jours, & les trois jours suivans il en produisit 12. Si l’on versoit de l’eau tiède sur le vaisseau $x\,x$, (*Pl. XVI. fig. 34.*) le mélange reproduisoit tout ce qu’il avoit absorbé.

Un pouce cubique d’eau-forte versée sur autant de soufre commun, ne produisit & n’absorba point d’air, même en versant de l’eau chaude sur le vaisseau $x\,x$.

Un pouce cubique d’eau-forte versée sur 1 pouce cubique de caillou réduit en poudre fine, absorba 12 pouces cubiques d’air en cinq ou six jours.

De l’eau-forte, autant d’eau, & autant de poudre de cailloux de Bristol *, absorbèrent seize fois leur volume d’air. La même quantité d’eau-forte & de poudre de cailloux de Bristol sans eau, n’absorbèrent plus lentement que sept fois leur volume d’air.

Du marbre de Bristol pulvérisé, ou, pour mieux dire, de la poudre des matrices qui contiennent les cailloux de Bristol, avec une bonne quantité

* Pierre transparente comme le cristal de roche.

d'eau par deſſus, ne produiſit & n'abſorba point d'air. L'on ſait aſſez que l'eau de Briſtol ne pétille pas comme d'autres eaux minérales.

EXPÉRIENCE XCIX.

DE l'eau régale verſée ſur de l'huile de tartre par défaillance, produiſoit beaucoup d'air ; mais il eſt à croire qu'il ſortoit principalement de l'huile de tartre ; car le ſel de tartre en contient beaucoup. *Voyez* Expérience LXXIV.

De l'huile de vitriol verſée ſur de l'huile de tartre par défaillance, eut le même effet ; & de l'huile de tartre verſée goutte à goutte ſur du tartre bouillant, produiſit beaucoup d'air.

De l'huile de vitriol, & autant d'eau verſée ſur du ſel marin, abſorbèrent 15 pouces cubiques d'air : ſi la quantité étoit double de celle de l'huile de vitriol, celle de l'air abſorbé étoit de moitié moindre.

EXPÉRIENCE C.

JE vais maintenant montrer ici comment les minéraux alcalins agiſſent ſur l'air dans la fermentation.

Un pouce cubique de craie en pierre & non pulvériſée, & autant d'huile de vitriol, fermentèrent d'abord beaucoup ; enſuite ils fermentèrent un peu moins pendant les trois jours qui ſuivirent, & ils produiſirent en tout 31 pouces cubiques d'air : la craie n'étoit qu'un peu diſſoute à la ſurface (1). Le tiers de 1 pouce cubique de craie,

---

(1) Il ne ſe produiſit ici qu'une aſſez petite quantité d'air, eu égard à celle que doit produire un pouce cubique de craie en pareille circonſtance ; & la modicité du pro-

qui peſoit 146 grains, projeté ſur deux pouces cubiques d'eſprit de ſel, produiſit 81 pouces cubiques d'air, dont il y en eut 36 d'abſorbés en neuf jours.

L'huile de vitriol verſée ſur la chaux faite de cette même craie, abſorba beaucoup d'air : la fermentation étoit ſi violente, qu'elle caſſoit les vaiſſeaux de verre, & que j'étois obligé de mettre les ingrédiens dans un vaiſſeau de fer (1).

Deux pouces cubiques de chaux vive, & 4 pouces cubiques de vinaigre de vin blanc, abſorbèrent, en quinze jours, 22 pouces cubiques d'air.

---

duit vint & de l'état dans lequel le docteur Hales prit la craie, & peut-être auſſi de la qualité de l'acide vitriolique. La craie étoit en maſſe : elle ne put donc être que foiblement attaquée par l'acide vitriolique : auſſi remarque-t-il bien qu'elle n'étoit diſſoute qu'à ſa ſurface, & la quantité d'air qu'elle produiſit, ne fut fournie que par le peu de craie qui fut attaquée. Il paroît, en ſecond lieu, que le docteur Hales employa dans cette opération de l'acide vitriolique pur & très-concentré. Or il ne peut attaquer la craie de manière à la bien décompoſer, qu'autant qu'il eſt alongé d'une aſſez grande quantité d'eau. Joignez ces deux conditions, & un pouce cubique de craie produira plus de 400 pouces cubiques d'air, comme nous le démontrons lorſque nous traitons de l'air fixe proprement dit, & que nous le dégageons par cette méthode.

(1) La chaux, d'après les expériences de Macbride, confirmées par celles de M. Jacquin, & de pluſieurs autres célèbres phyſiciens, n'eſt autre choſe que de la craie privée de ſon air principe par l'acte de la calcination. Il ne doit donc pas être ſurprenant qu'elle ait une grande tendance à ſe ſaturer d'air, lorſqu'attaquée par un acide approprié, on la met dans le cas de s'emparer d'une maſſe d'air qu'on lui préſente. Mais ce qu'on ne conçoit pas auſſi facilement ici, c'eſt cette fermentation violente qui caſſoit les vaiſſeaux de verre.

Deux pouces cubiques de chaux vive, & 4 pouces cubiques d'eau, abforbèrent, en trois jours, 10 pouces cubiques d'air.

Deux pouces cubiques de chaux, & autant de fel ammoniac, abforbèrent 115 pouces cubiques d'air : les fumées qui s'élevoient de ce mélange, devoient être par conféquent bien fuffocantes.

Une quarte de chaux qu'on avoit laiffé éteindre d'elle-même peu à peu, pendant quarante-quatre jours, fans aucun mélange, n'abforba point d'air.

Un pouce cubique de bélemnite pulvérifée, tirée d'une mine de craie, & un pouce cubique d'huile de vitriol, produifirent, en cinq minutes, le 3 de mars, 35 pouces cubiques d'air : le 5 de mars, ils en avoient produit 70 de plus ; mais le 6 de mars, jour d'une forte gelée, ils abforbèrent 12 pouces cubiques d'air ; de forte qu'il y en eut en tout 105 de produits, & 12 d'abforbés.

Des bélemnites pulvérifées, & du jus de citron, produifirent beaucoup d'air.

Les étoiles, les pierres judaïques, les félénites, avec l'huile de vitriol, en produifirent auffi beaucoup.

EXPÉRIENCE CI.

DES cendres gravelées, du fel décrépité, & du colcotar de vitriol, placés l'un après l'autre fous le verre renverfé *ζζ a a*, (*Pl. XV. fig. 35.*) augmentèrent en pefanteur par l'humidité qu'ils tirèrent de l'air, mais ils n'abforbèrent point d'air élaftique. La même chofe arriva au fel lixiviel du réfidu de la diftillation du nitre.

Mais 4 ou 5 pouces cubiques de fraifi nouveau & pulvérifé de charbon de **Newcaftle**, abforbèrent, en fept jours, 5 pouces cubiques d'air élaftique ; & le phofphore * en poudre qui s'allume à l'air auffitôt qu'il y eft expofé, abforba 13 pouces cubiques d'air en cinq jours.

EXPÉRIENCE CII.

NOUS allons voir dans les expériences fuivantes les effets des corps brûlans & enflammés, & ceux de la refpiration des animaux fur l'air.

Je plaçai fur le piédeftal, fous le verre renverfé ʒ ʒ a a, (*Plan. XV. fig. 35.*) un morceau de papier brun qui avoit été trempé dans une forte folution de nitre, & enfuite bien féché ; je mis le feu au papier, par le moyen d'un verre brûlant ; le nitre détonna & brûla vivement pendant quelque temps, jufqu'à ce que le verre ʒ ʒ a a fût fi rempli de fumées, qu'elles éteignirent la flamme : l'expanfion caufée par le nitre enflammé, occupoit un efpace plus grand que celui du volume de deux quartes. Quand tout fut refroidi, je trouvai que cette petite quantité de nitre détonnifé avoit produit 80 pouces cubiques d'air ; mais l'élafticité de ce nouvel air diminua tous les jours, & cela, de la même manière que celle de l'air de la poudre à canon, obfervée par M. **Hawksbée**, & rapportée dans fes *Expériences phyfico-mécaniques, page 83 ;* car il trouva que, de vingt parties que cet air occupoit, il en abandonna dix-neuf, dont l'efpace fut rempli par l'eau qui montoit, & que cet air demeura pendant huit jours dans cet état, fans varier ; & je trouvai de même qu'une partie confidérable de l'air produit par le feu dans la diftillation de plufieurs matières, perdit par degrés son élasticité, peu de jours après la distillation; mais cela n'arriva pas quand la distillation se faisoit à travers l'eau, comme dans l'Expérience LXXVII.

EXPÉRIENCE CIII.

JE plaçai sur le même piédestal, de grandes mèches faites de charpie de vieux linge, & trempées dans du soufre fondu; l'espace vide au dedans du vaisseau, au dessus de la surface $z\,z$ (*Pl. XV. fig. 35.*) de l'eau, étoit égal à 2024 pouces cubiques: la quantité d'air absorbé par les mèches enflammées, fut de 198 pouces cubiques, c'est-à-dire, $\frac{1}{10}$ de celle de tout l'air contenu dans le vaisseau.

Je fis la même expérience dans un plus petit vaisseau $z\,z\,a\,a$, (*Pl. XV. fig. 35.*) qui ne contenoit que 594 pouces cubiques d'air; il y en eut 150 d'absorbés, c'est-à-dire, un bon quart du tout. Ainsi, quoique les mèches enflammées absorbent plus d'air dans les grands vaisseaux où elles brûlent plus long-temps, que dans les petits où elles s'éteignent plus vîte; cependant, par proportion aux volumes des vaisseaux, elles en absorbent plus dans les petits que dans les grands. Une autre mèche allumée, & mise dans l'air infecté des vapeurs de la première, s'éteignoit bien plus promptement; car elle ne brûloit pas pendant la cinquième partie du temps que la première avoit brûlé, & cependant elle absorboit à peu près autant d'air que la première.

La même chose arriva à des chandelles allumées.

EXPÉRIENCE CIV.

De la limaille de fer & autant de soufre, projetés ensemble sur un fer rouge placé sur le piédestal, sous le verre renversé *ʒ ʒ a a*, (*Pl. XV fig. 35.*) absorbèrent beaucoup d'air ; l'antimoine & le soufre firent la même chose. Il est donc probable que les volcans, dont les matières inflammables sont principalement composées de soufre & de particules minérales ou métallines, absorbent plutôt de l'air qu'ils n'en produisent.

Par l'Expérience CII, nous voyons que l'air produit par le nitre perd en bonne partie son élasticité, puisqu'une grande quantité de cet air est réabsorbé, peu de jours après qu'il a été produit ; mais l'air qui est absorbé par le soufre brûlant ou par la flamme d'une chandelle, ne recouvre pas son élasticité, au moins tandis qu'il est renfermé dans mes verres.

EXPÉRIENCE CV.

JE fis plusieurs essais pour savoir si l'air infecté des vapeurs du soufre enflammé est aussi compressible que l'air ordinaire, & cela, en comprimant dans la machine pneumatique, de l'air infecté & de l'air ordinaire, dans des tuyaux semblables ; je trouvai que le premier ne se comprime guère plus que le dernier : à la vérité, je ne pus arriver à un degré exact de certitude à cet égard, parce que les fumées du soufre détruisoient en même temps l'élasticité de l'air. J'avois eu soin de donner à l'air infecté & à l'air ordinaire le même degré de température, en plongeant les

tuyaux

tuyaux qui les contenoient dans la même eau
froide.

EXPÉRIENCE CVI.

JE plaçai sous le récipient renversé $z\,z\,a\,a$,
(*Pl. XV. fig. 35.*) une chandelle allumée, d'environ $\frac{1}{7}$ de pouce de diamètre, & tout de suite je
tirai avec un siphon l'eau jusqu'à $z\,z$; j'ôtai le siphon ; l'eau descendit pendant quinze secondes,
& ensuite elle s'éleva, quoique la chandelle continuât de brûler, & par conséquent d'échauffer
l'air, pendant trois minutes. Une chose à remarquer, c'est que la surface $z\,z$ de l'eau ne s'élevoit pas par des degrés égaux, quelquefois même
elle étoit stationnaire ; & son mouvement étoit
tantôt vîte, tantôt lent, mais toujours plus prompt
à mesure que les vapeurs étoient plus denses. Aussitôt que la chandelle s'éteignoit, je marquois la
hauteur de l'eau au dessus de $z\,z$; la différence de
ces deux hauteurs étoit égale à la quantité d'air
dont l'élasticité étoit détruite par la flamme de la
chandelle. Après que la chandelle étoit éteinte,
l'air contenu dans le récipient se refroidissoit, &
par conséquent se condensoit ; aussi l'eau conti-
nuoit-elle à s'élever au dessus de la marque, non-
seulement jusqu'à ce que tout fût froid, mais
même pendant vingt ou trente heures après: elle
demeura à cette dernière hauteur pendant plusieurs jours, que je gardai les choses dans cet état;
ce qui montre que cet air ne recouvre point l'é-
lasticité qu'il perd.

Pour une plus grande exactitude, je répétai
cette expérience, en plaçant d'abord la chandelle
sous le récipient, & l'allumant ensuite par le
moyen d'un verre brûlant qui mettoit le feu à un

morceau de papier brun, trempé dans une forte
folution de nitre & dans du foufre fondu, ou
fimplement dans une forte folution de nitre, puis
féché & fixé au lumignon de la chandelle.

Le docteur Mayow trouve en général, que le
volume d'air diminue d'une trentième partie ;
mais il ne fait pas mention de la grandeur du vaiffeau de verre fous lequel il mit la chandelle allumée. *De Spir. Nit. aëref. pag. 101.*

La capacité du vaiffeau au deffus de ℥℥, étoit
dans mon expérience égale à 2024 pouces cubiques, & la vingt-fixième partie de l'air qu'il contenoit, perdit fon élafticité.

Je ne pus venir à bout de rallumer la chandelle avec un verre brûlant dans cet air infecté ;
mais en l'allumant après l'en avoir tirée, & la
remettant enfuite, elle ne brûloit que pendant un
temps cinq fois plus court que celui de la première
fois, & dans ce peu de temps elle ôtoit l'élafticité à une auffi grande quantité d'air. Je répétai
cette expérience plufieurs fois, & je trouvai toujours la même chofe : donc l'air épais & chargé
de vapeurs, perd, en temps égaux, plus de fon
élafticité que l'air clair (1).

---

(1) Ce n'eft pas précifément à raifon de fa moindre clarté,
que l'air devient impropre à conferver la combuftion des
corps enflammés ; mais bien à raifon de la qualité des exha-
laifons dont il eft imprégné. Il en eft plufieurs qui altèrent
& qui troublent la tranfparence de l'air, & qui, malgré
cela, ne détruifent point fa propriété de concourir à l'entretien de l'inflammation des corps. Les nouvelles expériences du docteur Prieftley fur l'air infecté par la refpiration animale, prouvent & confirment parfaitement ce que
M. Hales avance ici ; & il paroît que, dans ces fortes de
circonftances, cet effet dépend de la quantité furabondante

Lorfque les vaiffeaux font égaux, & la groffeur des chandelles inégale, l'élafticité de l'air eft plus détruite par la groffe chandelle que par la petite ; & lorfque les chandelles font égales, & les vaiffeaux inégaux, l'élafticité de l'air eft plus détruite dans le petit vaiffeau que dans le grand.

Dans les fermentations, il fe produit & s'abforbe plus d'air (toutes chofes pareilles) dans les grands que dans les petits vaiffeaux. Par exemple, le mélange de l'eau régale & de l'antimoine, (Expérience XCI.) abforboit une plus grande quantité d'air lorfque je me fervois d'un plus grand vaiffeau. De même, le foufre & la limaille de fer abforboient dans un grand vaiffeau 19 pouces cubiques d'air, & ils n'en abforboient que très-peu lorfque le vaiffeau n'en contenoit que 3 ou 4 pouces. J'ai fouvent obfervé que, fitôt qu'une quantité d'air, grande ou petite, eft mêlée

---

de phlogiftique dont l'air fe trouve furchargé, & qui l'empêche de fe charger davantage de celui que la combuftion des corps devroit lui fournir.

Il paroît même que, comme bien plus léger, le phlogiftique fe porte particulièrement au haut des vaiffeaux dans lefquels on fait ces fortes d'expériences, & qu'il s'accumule plus abondamment vers la partie fupérieure de la maffe d'air. Si on porte, en effet, deux lumières, ou mieux, deux chandelles allumées, l'une très-courte, & l'autre très-longue, fous un vaiffeau rempli de l'efpèce d'air dont il eft ici queftion, on verra conftamment cette dernière s'éteindre plufieurs fecondes avant que l'autre paroiffe déterminée à s'éteindre également. Mais fi on réitère plufieurs fois de fuite cette expérience, & que toute la maffe d'air renfermée fous le vaiffeau foit fuffifamment imprégnée de phlogiftique, à peine y introduira-t-on les lumières, qu'elles s'éteindront.

de vapeurs abforbantes jufqu'à un certain point,
l'effet de ces vapeurs ceffe ; car elles n'abforbent
plus d'air , tandis que la même quantité de matières abforbantes dans une plus grande quantité
d'air en auroit abforbé davantage ; & voilà pourquoi je n'ai jamais pu détruire entièrement l'é-
lafticité de l'air renfermé dans mes vaiffeaux, foit
que ce fût de l'air ordinaire, ou de l'air nouvellement forti des matières fermentées ou diftillées.

EXPÉRIENCE CVII.

LE docteur Mayow a trouvé que la refpiration d'une fouris détruifoit la quatorzième partie
de l'air contenu dans le vaiffeau de verre où elle
étoit enfermée. *De Spir. Nit. aëref. pag. 104.*
Je répétai cette expérience le 18 mai, jour bien
chaud , en plaçant fur le piédeftal, fous le verre
renverfé ꝣꝣ *a a*, (*Pl. XV. fig. 35.*) un rat qui
avoit pris tout fon accroiffement : d'abord l'eau
baiffa un peu, ce qui fut occafionné par la chaleur du corps de l'animal qui raréfia l'air ; mais
peu de minutes après, l'eau commença de monter , & continua de s'élever pendant tout le temps
que l'animal vécut, qui fut environ de quatorze
heures. Il étoit renfermé dans un vaiffeau qui
contenoit 2024 pouces cubiques d'air , dont il y
en eut 73 d'abforbés, c'eft-à-dire, la vingt-fep-
tième partie du tout ; ce qui eft à peu près égal
à la quantité qui fut abforbée par la flamme d'u-
ne chandelle dans le même vaiffeau, (Expérience
CVI). Je plaçai dans le même temps, & de la
même manière, un autre rat, mais de moitié plus
petit & plus jeune que le premier, fous un vaiffeau qui contenoit 594 pouces cubiques d'air ; il
y vécut dix heures , & il y en eut 45 pouces

d'abforbés, c'eft-à-dire $\frac{1}{13}$ partie du tout. Un chat de trois mois vécut une heure fous le même vaiffeau, & abforba 16 pouces cubiques d'air, $\frac{1}{30}$ partie du tout, (déduction faite dans cette eftimation du volume du corps du chat). Une chandelle dans le même vaiffeau s'éteignit au bout d'une minute, & pendant ce peu de temps elle abforba 54 pouces cubiques d'air, la onzième partie de tout celui qui y étoit contenu.

Et la refpiration des animaux abforbe, comme le foufre enflammé & les chandelles allumées, plus d'air dans les grands vaiffeaux que dans les petits; mais plus, à proportion de la capacité, dans les petits que dans les grands.

EXPÉRIENCE CVIII.

L'EXPÉRIENCE fuivante nous apprend que la refpiration des hommes fait perdre à l'air fon élafticité.

Je pris une veffie, je la mouillai pour la rendre fouple : dans le col de cette veffie que j'avois coupé pour en agrandir l'ouverture, je fis entrer le gros bout d'un robinet de bois, que je liai bien à la veffie; elle contenoit avec le robinet 74 pouces cubiques d'air : je mis le petit bout du robinet dans ma bouche, & je foufflai jufqu'à ce que la veffie fût bien tendue & bien pleine d'air; enfuite, ferrant mes narines, je fis enforte de ne refpirer que l'air contenu dans la veffie. En moins d'une demi-minute, je fentis une difficulté confidérable à refpirer, étant obligé de tirer mon haleine fort vîte ; au bout de la minute, la fuffocation devint fi grande, que je fus obligé de quitter prife : fur la fin de la minute, la veffie étoit devenue fi flafque & fi peu tendue , que je ne la

rempliſſois pas à moitié par la plus grande expiration qu'il m'étoit poſſible de faire dans cet état
d'aſthmatique, où je voyois évidemment que ma
poitrine étoit auſſi baiſſée que lorſque nous chaſ-
ſons dans un autre temps tout l'air qui y eſt contenu. Il eſt donc certain qu'une partie conſidérable
de l'élaſticité de l'air contenu dans mes poumons
& dans la veſſie, fut ici détruite : en ne la ſuppoſant que de 20 pouces cubiques, elle ſera la trei-
zième partie de tout l'air que je reſpirai, car la
veſſie en contenoit 74 ; & l'on va voir dans l'expérience ſuivante que les poumons en contiennent
environ 166, ce qui fait en tout 240 pouces cubiques.

Cet effet de la reſpiration ſur l'élaſticité de
l'air, me fit penſer à meſurer la ſurface intérieure
des poumons. Le divin Auteur de la nature les a
conſtitués de façon que cette ſurface intérieure ſe
trouve proportionnée à une expanſion d'air de
pluſieurs fois plus grande que le corps de l'animal,
comme il paroîtra par l'eſtimation ſuivante.

Expérience CIX.

Je pris les poumons d'un veau, j'en ſéparai le
cœur, & je coupai la trachée un pouce au deſſus
de l'endroit où elle ſe ramifie dans les poumons ;
j'eus à très-peu près la gravité ſpécifique de la
ſubſtance des poumons (qui ſont une continuation
des ramifications de la trachée & des vaiſſeaux
ſanguins), en prenant la gravité ſpécifique du morceau de trachée que j'avois coupé : elle étoit à
celle de l'eau de puits comme 105 eſt à 1 ; &
un pouce cubique d'eau peſant 254 grains, je
trouvai en peſant les poumons, que leur ſolidité
étoit égale à 37 ½ pouces cubiques.

Je pris un grand vaiſſeau de terre, je le remplis d’eau juſqu’au bord; je mis les poumons dans l’eau, enſuite je les gonflai en ſoufflant; je les contenois ſous l’eau, avec une aſſiette d’étain qui étoit deſſus. Je les tirai de l’eau en laiſſant tomber l’aſſiette au fond du vaiſſeau, & je verſai de nouveau de l’eau dans le vaiſſeau, juſqu’à ce qu’il fût encore à plein bord; il en entra dans le vaiſſeau 7 livres 6 onces$\frac{1}{2}$, qui font 204 pouces cubiques, dont ôtant 37 $\frac{1}{2}$ pouces pour l’eſpace occupé par la ſubſtance ſolide des poumons, reſte 166 $\frac{1}{2}$ pouces cubiques pour la cavité des poumons. Mais comme les veines, les artères & les vaiſſeaux lymphatiques, lorſqu’ils ſont dans leur état naturel pleins de ſang & de lymphe, occupent plus d’eſpace que lorſqu’ils ſont vides, comme dans cette expérience, on doit déduire ſur la cavité des poumons l’eſpace qu’occupent ces fluides, qui, je crois, ne va guère au-delà de 25 $\frac{1}{2}$ pouces cubiques : il nous reſtera donc pour la cavité des poumons 141 pouces cubiques.

Je verſai dans les bronches autant d’eau qu’elles voulurent en recevoir; elle montoit à une livre 8 onces, ce qui fait 41 pouces cubiques : en les ôtant de la cavité totale des poumons, nous aurons 100 pouces cubiques pour la cavité des véſicules.

Je regardai quelques-unes de ces véſicules au microſcope; celles de moyenne grandeur me paroiſſoient être d’une centième partie d’un pouce de diamètre, & d’une figure plutôt cubique que ſphérique : en les ſuppoſant des cubes parfaits, la ſomme des ſurfaces dans un pouce cubique de ces véſicules, ſera de 600 pouces quarrés; car ſi l’on diviſe un pouce cubique en 100 parties, qui à cauſe de leur très-petite épaiſſeur ſeront regardées comme des plans ou comme deux ſurfaces jointes enſemble, il y aura cent de ces plans, ou deux cents ſurfaces dans chaque dimenſion du cube, c'eſt-à-dire, 600 pouces quarrés, puiſque le cube a trois dimenſions. En multipliant ces 600 pouces par la ſomme de toutes les véſicules, ſavoir par 100, nous aurons 60000 pouces quarrés pour la ſurface des véſicules, dont cependant il faut déduire un tiers, parce qu'entre chacune d'elles il doit y avoir une communication libre pour laiſſer paſſer l'air, ce qui détruit deux côtés du cube ſuppoſé : il reſte donc en tout 40000 pouces quarrés pour la ſurface entière de toutes les véſicules.

Et les bronches contenant 41 pouces cubiques d'eau, & ſe trouvant à peu près des cylindres de $\frac{1}{10}$ partie de pouce de diamètre en les prenant ſur le pied moyen, leur ſurface ſe trouve de 1635 pouces quarrés ; ce qui étant ajouté à la ſurface des véſicules, nous donne 41635 pouces quarrés, ou 289 pieds pour la ſurface de toutes les cavités du poumon; ce qui eſt égal à dix fois la ſurface du corps d'un homme, qui, priſe ſur un pied moyen, s'eſt trouvée de 15 pieds quarrés.

Je n'ai pas eu occaſion de prendre de la même manière les dimenſions du poumon des hommes. Le docteur Jacques Keill, dans ſes *Tentamina medico-phyſica, pag. 80*, nous dit que leur volume eſt de 226 pouces cubiques ; d'où il eſtime la ſurface des véſicules de 21906 pouces quarrés. Mais le volume du poumon des hommes eſt plus grand que 226 pouces cubiques ; car le docteur Jurin a trouvé, par une expérience exacte, qu'il chaſſoit dans une grande expiration 220 pouces cubiques d'air ; & j'ai trouvé à peu près la même chose en faisant cette expérience d'une autre façon. A ces 220 pouces, il faut ajouter le volume de l'air qui reste dans le poumon , & que l'on ne peut en chasser , & aussi le volume de la substance solide des poumons.

Supposons maintenant , selon l'estimation du docteur Jurin, dans l'*Abrégé des Transactions philosophiques*, par Motte , *vol. 1, p. 415*, que nous tirons à chaque inspiration ordinaire 40 pouces d'air , cela en fera 48000 par heure , en comptant vingt expirations par minute : de ces 48000 pouces cubiques d'air , une partie considérable perd son élasticité , comme on l'a vu par les expériences précédentes , & cela sur-tout dans les vésicules , où il est chargé de beaucoup de vapeurs.

Il n'est pas aisé de déterminer jusqu'à quel point elle est détruite, cette élasticité. J'ai essayé de le trouver par l'expérience suivante que je rapporte ici , quoiqu'elle n'ait pas aussi bien réussi que je l'aurois souhaité , faute de vaisseaux assez grands ; car , si on la répétoit en se servant de plus grands vaisseaux , elle donneroit assez juste ce que nous demandons , parce que , par l'artifice dont je me sers , l'on inspire à chaque fois de l'air frais , comme si l'on respiroit dans l'air libre.

EXPÉRIENCE CX.

JE pris un grand siphon *o s s b*, (*Pl. XX. fig. A.*) au bout duquel je fixai un robinet *b a*, avec une soupape en *b ;* je les mis dans un grand vaisseau plein d'eau , auquel je les attachai de façon que l'eau n'étoit qu'à deux pouces de l'ex-

trémité *a* du robinet ; à ce robinet j'en avois
adapté un autre *ii*, avec une foupape *r*; & j'avois
joint à ce fecond robinet un court fiphon de plomb
e f, par le moyen d'une veffie *g* ; fur le bout *f* de
ce fiphon, je mis un grand récipient *d d* plein
d'eau , & fur l'extrémité *o* du grand fiphon j'en
mis un autre *c* plein d'air , & dont le bout trempoit dans l'eau : il contenoit 124 pouces cubiques
d'air. Je fermai alors mes narines avec les doigts ;
j'appliquai la bouche en *a*, & je tirai en refpirant
une partie de l'air contenu dans le fiphon *o s s b*
& dans le récipient *c*: cet air refpiré paffoit, à mefure que je le rendois, par la foupape *r*, parce
que la foupape *b* s'oppofoit à fon retour en *s* ,
& de la foupape *r* il paffoit par le fiphon *f* dans
le récipient *d d*, dont il faifoit baiffer l'eau en
montant au deffus du récipient : de cette façon je
refpirai tout l'air contenu dans le récipient *c* &
dans le fiphon *o s s b*, à l'exception de 5 ou 6
pouces cubiques ; & à mefure que l'air fortoit du
récipient *c*, l'eau y montoit. Tout cet air refpiré
avoit donc paffé dans le récipient *d d* qui étoit
auparavant plein d'eau ; je marquai fur ce récipient
le point auquel l'eau avoit baiffé , après l'avoir
entièrement plongé fous l'eau. Je fis paffer l'air
qui y étoit contenu dans l'autre récipient, afin
de juger, par l'efpace que l'air occupoit, fi fon
volume étoit augmenté ou diminué ; je mefurai
même, pour la plus grande exactitude, l'efpace
occupé par l'air refpiré dans le récipient *d d*, en le
rempliffant d'eau jufqu'à la marque que j'y avois
faite , & j'ajoutai à ce volume celui de l'air contenu dans le fiphon *o s s b*, qui s'étoit rempli d'eau
vers la fin de la fuccion.

　Le réfultat fut qu'il manqua 18 pouces cubiques d'air. Mais, comme les récipiens étoient trop petits pour faire cette expérience avec exactitude, & comme il faut aussi faire quelque déduction pour les erreurs de mesure, je ne mettrai la perte de l'air élastique qu'à 9 pouces cubiques, c'est-à-dire, à $\frac{1}{136}$ partie de tout l'air respiré: ce qui ne laissera pas de monter à 353 pouces cubiques, ou à 100 grains dans une heure, en supposant qu'on respire en une heure 48000 pouces cubiques, ou 1 once $\frac{1}{2}$ en vingt-quatre heures.

En versant sous l'eau une quantité d'air égale à celle qui étoit contenue dans le récipient *c*, & la faisant passer dans un autre récipient, je trouvai qu'elle n'avoit que très-peu ou point du tout diminué ; ainsi l'eau n'en avoit point absorbé dans l'expérience ci-dessus. Pour faire cette dernière épreuve avec exactitude, il faut retenir l'air sous l'eau pendant quelque temps, afin de l'amener d'abord à la même température que l'eau ; & en faisant l'expérience, il faut que les poumons soient à la dernière respiration aussi contractés qu'à la première, autrement on pourroit rendre ou garder plus d'air qu'il n'y en avoit d'abord dans les poumons, ce qui feroit une erreur considérable.

L'on voit assez que tout ceci ne fait pas une estimation exacte ; cependant il est évident, par les expériences précédentes sur la respiration, qu'une partie de l'élasticité de l'air respiré se perd, sur-tout dans les vésicules du poumon, où l'air se trouve plus chargé de vapeurs. C'est, selon toute apparence, au sortir de ces vésicules qu'une partie de l'air & des esprits acides qu'il contient, se mêle avec le sang, qui, comme nous le voyons, se trouve dans ces vésicules étendu dans de grands espaces, & féparé de l'air par des cloifons fi fines, qu'il eft raifonnable de penfer que le fang & l'air fe touchent d'affez près pour tomber dans la fphère d'attraction l'un de l'autre ; & c'eft par ce moyen que le fang peut abforber continuellement de nouvel air, en détruifant fon élafticité.

Auffi trouvons-nous dans l'analyfe du fang, foit qu'on la faffe par le feu ou par la fermentation, Expériences **XLIX** & **LXXX**, qu'il contient une grande quantité de particules qui ne cherchent qu'à reprendre leur qualité d'air élaftique : à la vérité il n'eft pas facile de déterminer fi quelques-unes de ces particules font entrées dans le fang par la voie de la refpiration, parce que les alimens contiennent certainement beaucoup d'air; mais, comme une grande quantité d'air perd continuellement fon élafticité dans les poumons, & qu'ils femblent être compofés d'une infinité de replis & détours pour le mieux faifir, il eft très-probable que les particules qui peuvent perdre leur élafticité, étant fortement attirées par les particules fulfureufes du fang, paffent à travers les cloifons qui les féparent, pour venir les joindre & fe laiffer abforber.

Il paroît même que la nature fe fert d'un artifice femblable dans les végétaux; car nous voyons qu'ils tirent l'air, non feulement par la racine avec la nourriture, mais même par l'écorce & les feuilles : on voit clairement cet air paffer avec liberté dans les plus groffes trachées de la vigne, d'où il fe laiffe conduire dans les plus petits vaiffeaux, où il s'unit intimement avec les particules fulfureufes, falines, &c. qui compofent la matière nutritive & ductile dont tous les végétaux tirent leur entretien & leur accroiffement.

EXPÉRIENCE CXI.

PAR les effets des vapeurs du soufre enflammé, de la chandelle allumée & de la respiration des animaux sur l'élasticité de l'air, il est évident qu'elle doit diminuer beaucoup dans les vésicules du poumon, où l'air est surchargé de vapeurs qui détruisent de plus en plus cette élasticité; & que par conséquent ces vésicules s'affaisseroient en peu de temps, si elles n'étoient pas continuellement remplies d'un air frais & nouveau à chaque inspiration. Cet air n'est pas plutôt dans les vésicules, qu'il se dilate d'environ $\frac{1}{8}$ partie par la chaleur du poumon. J'ai trouvé ce degré de raréfaction, en renversant une petite bouteille de verre dans de l'eau un peu plus échauffée que la liqueur d'un thermomètre, dont j'avois mis la boule pendant quelque temps dans ma bouche ; (car ce degré est probablement celui de la chaleur dans la cavité des poumons) : quand la petite bouteille étoit refroidie, elle tiroit une quantité d'eau égale à la huitième partie du volume d'air qu'elle contenoit.

Lorsqu'au lieu d'un air frais, l'on respire un air chargé de vapeurs acides, qui non-seulement contractent par cette mauvaise qualité les parties délicates des vésicules, mais même s'opposent par leur grossiéreté au libre passage de l'air, sur-tout dans celles dont la petitesse est si grande, qu'elles ne sont pas visibles sans microscope ; il est certain que l'air doit perdre son élasticité en très-peu de temps, & que les vésicules doivent par conséquent s'applatir, malgré les efforts des muscles de la poitrine qui agissent pour les dilater à l'ordinaire ; & qu'enfin cet affaissement arrêtant tout

d'un coup le mouvement du fang dans les poumons, la mort doit fuivre dans l'inftant.

L'on a jufqu'à préfent attribué l'effet fubit &
fatal de ces vapeurs mortelles, à la perte ou à la
corruption de l'efprit vital de l'air; mais l'on peut
avec raifon en chercher la caufe dans la perte de
fon élafticité, auffi-bien que dans la groffeur & la
denfité des vapeurs dont l'air fe trouve alors furchargé; puifque des particules douées d'une attraction mutuelle, & qui flottent dans un milieu
auffi délié que l'air, doivent fe joindre promptement, & former ainfi des particules très-groffières
en comparaifon de celles de l'air. Mais, comme
l'on n'avoit jamais obfervé les effets de ces vapeurs
nuifibles, l'on croyoit que l'élafticité de l'air n'en
étoit point affectée, & que par conféquent les
poumons devoient fe dilater autant avec cet air
groffier, qu'avec un air clair & délié.

Les vapeurs qui s'élèvent du corps des animaux détruifant donc une partie de l'élafticité
de l'air, ne peut-on pas dire, avec raifon, que
quand, par un exercice trop violent, ou par une
bleffure, &c. il entre quelquefois de l'air dans
la cavité de la poitrine, cet air, qui d'abord incommode beaucoup par l'état élaftique où il eft,
venant à changer peu à peu, fait, en perdant fon
élafticité, diminuer en même temps la douleur?
& n'eft-ce pas de la même manière que les vents,
qui, dans leur état élaftique, caufent de fi grandes
douleurs par la diftenfion qu'ils font aux parties
où ils font logés, s'évanouiffent, ou plutôt
ceffent d'agir faute d'élafticité?

EXPÉRIENCE CXII.

J'AI trouvé par l'expérience fuivante, qu'il ne

faut qu'une très-petite force à l'air pour le faire paffer dans les poumons, & y jouer en liberté.

J'ai pris plufieurs petits animaux, tous affez jeunes : je leur ai fait une incifion précifément fous le diaphragme ; &, prenant garde de couper les vaiffeaux du poumon, j'ai découvert le thorax : j'ai ôté le diaphragme, & autant des côtes qu'il en falloit pour expofer les poumons à la vue, & laiffer voir clairement comment & quand ils fe gonfloient ; enfuite, après avoir coupé la tête de l'animal, j'ai attaché la trachée à la jambe la plus courte d'un fiphon de verre, & j'ai placé dans un grand vaiffeau de verre *x* (*Pl. XIV. fig. 32.*) plein d'eau, les poumons & le fiphon, dans une fituation renverfée ; j'ai mis par deffus le tout, le récipient *p p* d'une machine pneumatique, & par un trou pratiqué au fommet de ce récipient, j'ai fait paffer la plus longue jambe du fiphon, que j'ai bien maftiquée en *z* ; j'ai alors pompé l'air pour en vider le récipient : à mefure qu'il fortoit, les poumons fe gonfloient & fe rempliffoient de l'air qui y entroit par le fiphon ; on voyoit même quelques parties de cet air paffer à travers la fubftance des poumons, s'échapper & monter en petites bulles au deffus de l'eau, quoique le récipient ne fût vide que jufqu'au point de faire élever le mercure à un peu moins de 2 pouces. En vidant le récipient jufqu'au point de faire élever le mercure dans la jauge à 7 ou 8 pouces, l'air paffoit à la vérité avec plus de rapidité par les petites ouvertures qui lui avoient déja fervi d'iffue la première fois ; mais je ne me fuis pas apperçu que le nombre de ces ouvertures ait augmenté : preuve évidente que ces petits trous n'avoient pas été faits par l'effort de l'air, mais

qu'ils étoient originairement dans l'animal vivant,
dans lequel ils pouvoient par conséquent laisser
passer l'air; car j'ai trouvé par l'expérience suivante, que dans de violens exercices, les poumons d'un animal vivant se dilatent avec une
force égale à celle de l'air qui étoit ici contenu
dans les poumons, lorsque le récipient étoit vidé
jusqu'au point de faire élever le mercure à 2
pouces.

EXPÉRIENCE CXIII.

J'AI pris un chien vivant, je l'ai mis sur une
table; je l'ai couché sur le dos, près du bord de
la table, sur laquelle je l'ai attaché; je lui ai
fait une petite ouverture entre les muscles inter-
costaux, qui pénétroit dans la cavité du thorax,
près du diaphragme : sur cette ouverture j'ai appliqué & bien mastiqué l'extrémité recourbée
d'un tuyau de verre, que j'avois auparavant couvert d'une petite bonnette trouée, afin d'empêcher
les poumons de boucher, en se dilatant, l'ouverture du tuyau; l'autre bout du tuyau descendoit à
côté de la table perpendiculairement, & étoit
mastiqué à une petite bouteille pleine d'esprit de
vin; tout cela étoit disposé de façon que le tuyau
& la fiole pouvoient aisément céder aux mouvemens du corps du chien sans danger d'être cassés.
Le tuyau avoit 36 pouces de longueur.

Dans les inspirations ordinaires, l'esprit de vin
s'est élevé de 6 pouces ou environ dans le tuyau;
mais dans les inspirations laborieuses & difficiles,
comme lorsque je bouchois la gueule & le nez du
chien, pour l'empêcher de respirer, l'esprit de
vin montoit à 24 ou 30 pouces dans le tuyau.
Cette expérience montre donc la force avec laquelle

quelle la poitrine agit pour élever les poumons.

Lorſque je foufflois avec force dans la cavité du thorax, le chien étoit près d'expirer. Je tirai l'air qui étoit contenu dans le thorax, par le moyen d'un court tuyau qui communiquoit au premier, tout près de l'endroit où il étoit joint au corps de l'animal, après avoir rempli d'abord la fiole de mercure au lieu d'eſprit de vin : quand j'eus tiré tout l'air de la cavité du thorax, le mercure s'éleva de 9 pouces dans le tuyau ; mais il deſcendit par degrés, à meſure que l'air rentroit dans le thorax par les poumons.

Je fis alors une ouverture au cou de l'animal, pour découvrir la trachée, que je coupai un peu au deſſus du larynx : ſur la trachée j'ajuſtai & je liai une veſſie pleine d'air, & je continuai de tirer l'air du thorax avec aſſez de force, pour tenir les poumons aſſez dilatés : le mercure baiſſa ; je répétai la ſuccion pluſieurs fois pendant un quart-d'heure ; enſorte qu'une bonne partie de l'air contenu dans la veſſie, paſſa par les petites ouvertures de la ſubſtance des poumons dans la cavité du thorax, ou bien perdit ſon élaſticité. Lorſque je preſſois la veſſie, le mercure baiſſoit fort vîte. Le chien vécut pendant toute cette opération ; & il auroit, ſelon toutes les apparences, encore vécu plus long-temps, ſi l'on eût continué l'expérience. On en voit un exemple dans celle qui ſuit.

EXPÉRIENCE CXIV.

JE pris un autre chien vivant, de moyenne groſſeur ; je le couchai ſur le dos, & le liai ſur une table ; je découvris la trachée, & la coupai net juſtement au deſſous du larynx ; & j'y fixai dans l'inſtant le petit bout d'un robinet, après

O

avoir attaché à l'autre bout du robinet , une grande veſſie qui contenoit 162 pouces cubiques : de l'autre côté , & à l'autre bout de la veſſie , j'avois lié le gros bout d'un autre robinet, dont l'ouverture étoit couverte d'une ſoupape qui s'ouvroit en dedans pour laiſſer paſſer l'air qu'on y pouvoit ſouffler , & l'empêcher de reſſortir ; ce que j'empêchai encore mieux en bouchant le paſſage avec un robinet.

Dans l'inſtant que le premier robinet fut ajuſté & bien attaché à la trachée, je ſoufflai par l'autre , & je remplis d'air la veſſie : le chien reſpira cet air pendant une minute ou deux ; après quoi il reſpiroit ſi vîte & ſi difficilement, qu'il me parut près d'être ſuffoqué.

Dans ce moment, je preſſai avec ma main la veſſie, pour obliger l'air à entrer par force dans les poumons du chien , & pour faire élever ſon abdomen par la preſſion du diaphragme , comme dans une reſpiration ordinaire ; enſuite, ôtant ma main de deſſus la veſſie , & la remettant alternativement, je fis reſpirer ainſi le chien pendant une heure ; mais je fus obligé de ſouffler de l'air frais toutes les cinq minutes dans la veſſie , parce que les trois quarts de l'air étoient ou abſorbés par les vapeurs des poumons, ou ſortis par les ligatures en preſſant la veſſie. Le chien pendant tout ce temps étoit ſouvent près d'expirer , lorſque je ne preſſois que foiblement l'air pour le faire entrer dans ſes poumons ; ce que l'on ſentoit parfaitement bien à ſon pouls dans la grande artère crurale, ſur laquelle une perſonne qui m'aidoit, eut toujours le doigt pendant toute l'opération : car ce pouls étoit languiſſant & preſque inſenſible, lorſque je ne preſſois que foiblement la veſſie ;

mais il devenoit plus fréquent & plus prompt, toutes les fois que je preſſois fortement la veſſie, ſur-tout ſi je preſſois auſſi l'abdomen alternative-ment avec la veſſie, parce que j'augmentois par-là la contraction & la dilatation des poumons.

Je rendois par ce moyen le pouls vif & fré-quent, de languiſſant qu'il étoit, auſſi ſouvent qu'il me plaiſoit ; & il le devenoit non-ſeulement après les cinq minutes lorſqu'on avoit ſoufflé du nouvel air dans la veſſie, mais même avant la fin des cinq minutes lorſque l'air étoit le plus chargé de vapeurs.

Après que le chien eut vécu pendant une heure de cette façon, je voulus eſſayer s'il vivroit quel-que temps en lui faiſant, par les mêmes moyens, reſpirer de l'air chargé de vapeurs de ſoufre en-flammé ; mais, comme je fus obligé de ceſſer pen-dant quelques inſtans de preſſer la veſſie, le chien mourut tout d'un coup : il auroit ſûrement vécu bien plus long-temps, ſi j'euſſe continué de forcer l'air à entrer dans ſes poumons. Comme je fus obligé de ſouffler de l'air dans la veſſie plus de douze fois dans une heure, l'expérience ne fut pas faite bien régulièrement ; & comme il mourut en moins de deux minutes que je fus contraint de le quitter, & de le laiſſer reſpirer de lui-même l'air contenu dans la veſſie, il eſt certain, par l'Ex-périence CVI ſur les chandelles, qu'il ſeroit mort auſſi en moins de deux minutes lorſqu'il reſtoit un quart de vieux air dans la veſſie, qui corrom-poit dans le moment le nouvel air qu'on y ſouf-floit. L'on doit donc attribuer la continuation de la vie de l'animal pendant cette heure entière, à la dilatation forcée des poumons par la compreſ-ſion de la veſſie, & non pas à l'*eſprit vital* de l'air ;

car il feroit certainement mort après les cinq
minutes , & peut-être en moins d'une minute de
temps ; car fon pouls étoit fi languiffant & fi foible , qu'il ne fuffifoit pas, pour l'animer un peu ,
de remplir les trois quarts de la veffie du nouvel
air qu'on y fouffloit, mais qu'il falloit encore
comprimer la veffie ; ce qui conftamment élevoit
le pouls , qui devenoit toujours plus fort & plus
vigoureux à mefure que je preffois plus fortement
la veffie , foit même que ce fût avant ou après
avoir foufflé le nouvel air dans la veffie, quoiqu'à
la vérité le pouls fût plus aifé à élever au commencement des cinq minutes, que vers leur fin.

Par ces violens & funeftes effets des vapeurs
fur la refpiration des animaux , nous pouvons
juger combien elle eft incommodée lorfque l'air
eft chargé de ces vapeurs, qui détruifent toujours
une partie de fon élafticité : il ne la regagne
jamais mieux, cette élafticité, que par l'agitation
des vents qui le purgent de ces vapeurs nuifibles,
& lui donnent la falubrité néceffaire à la fanté :
auffi un air renfermé dans une chambre fans communication avec l'air extérieur, fe charge peu à
peu de vapeurs, & gêne notre refpiration à proportion des vapeurs dont il eft infecté. C'eft par
cette raifon que les fourneaux & poëles d'Allemagne, auffi-bien que les tuyaux nouvellement
inventés pour conduire de l'air échauffé dans les
chambres , font bien moins favorables à la refpiration, que la façon ordinaire des cheminées, où
le feu ne fe conferve que par de nouveaux fup-
plémens d'air frais, qui chaffent les vapeurs nuifibles dont le premier s'étoit chargé.

C'eft auffi pour cela que les gens qui ont la
poitrine foible & délicate , fe portent bien dans

les campagnes où l'air eſt pur, tandis qu'ils ne peuvent habiter les grandes villes, ſans être incommodés par les vapeurs fuligineuſes qui s'élèvent continuellement des feux de charbon, des immondices, &c. ; & même les gens les plus robuſtes & les plus vigoureux s'apperçoivent en changeant d'air, au ſortir de ces grandes villes, d'une certaine hilarité qui ne leur vient que d'une reſpiration plus aiſée, & qui donnant un cours plus libre au ſang, & lui communiquant un véhicule plus pur, cauſe cette joie que l'on ne reſſent jamais en reſpirant un air humide & groſſier. Il n'eſt donc pas étonnant que les infections peſtilentielles & les maladies épidémiques ſe communiquent par la reſpiration, puiſque l'air s'unit intimement au ſang en perdant ſon élaſticité dans les véſicules du poumon.

Pour peu qu'on réfléchiſſe ſur la grande quantité d'air élaſtique que détruiſent les fumées ſulfureuſes, l'on verra qu'on peut attribuer à cette cauſe la mort des animaux frappés de la foudre ſans aucune bleſſure viſible ; car l'élaſticité de l'air qui environne l'animal venant à manquer tout d'un coup, les poumons ſont obligés de s'affaiſſer, ce qui ſuffit pour cauſer une mort ſubite : ceci ſe trouve confirmé par les obſervations * que l'on a faites ſur les animaux tués de la foudre ; les poumons ſe ſont toujours trouvés applatis, & les véſicules vides & affaiſſées.

La foudre caſſe ſouvent les vitres, & les fait tomber au dehors. Il eſt facile de rapporter cet effet à la même cauſe ; car l'élaſticité de l'air étant détruite au dehors, celui du dedans agira violemment par ſon reſſort, & briſera tout ce qui ne pourra lui réſiſter.

* *Voyez* ces obſervat. dans le 1 vol. du Recueil des premiers *Mémoires de l'Académie r. des Sciences.*

O iij

Le tonnerre fait tourner le vin & les liqueurs qui ont fermenté : il eſt très-probable que ce n'eſt qu'en détruiſant l'élaſticité de l'air qui eſt contenu dans ces liqueurs, qu'il leur ôte leur qualité ; car on a vu qu'il n'eſt pas néceſſaire, pour arrêter la fermentation, de mettre des mélanges ſulfureux dans les liqueurs, & qu'il ſuffit d'environner les vaiſſeaux qui les contiennent, de ces vapeurs ſulfureuſes ; elles pénétreront dans ces vaiſſeaux par les pores du bois : ainſi il n'eſt pas ſurprenant qu'elles agiſſent ſur les liqueurs qui y ſont contenues. Je ne puis pas affirmer que l'uſage où l'on eſt de mettre une barre de fer ſur les tonneaux, ſoit un bon préſervatif contre les effets de la foudre ; mais je penſe qu'on les garantiroit bien plus ſûrement, en les couvrant de grands draps de laine trempés dans une forte ſaumure ; car l'on ſait aſſez que les ſels attirent très-puiſſamment le ſoufre.

Il ſemble qu'on doit encore attribuer à la même cauſe, la mort qui accompagne toujours l'exploſion des mines : il eſt vrai que d'abord l'air ſe raréfie beaucoup, ce qui doit faire dilater les poumons à proportion ; mais cet air ſe trouve dans le moment chargé d'une infinité de vapeurs fuligineuſes qui lui font perdre une grande partie de ſon élaſticité. Nous en avons vu la preuve dans l'Expérience CVI, ſur les mèches enflammées : la chaleur de la flamme raréfia d'abord l'air ; mais, malgré la continuation de cette flamme & de cette chaleur, l'air ne laiſſa pas que de ſe condenſer dans le moment, & de perdre une bonne partie de ſon élaſticité.

Ces vapeurs ont ſans doute le même effet ſur les poumons des animaux dans la Grotte du Chien, en Italie.

C'eſt auſſi en faiſant perdre à l'air ſon élaſticité, que les vapeurs ſouterraines ſuffoquent les animaux & éteignent la flamme des chandelles. Nous voyons par l'Expérience CVI, que plus la chandelle s'éteint promptement, plus tôt auſſi l'élaſticité de l'air ſe détruit.

EXPÉRIENCE CXV.

CES réflexions m'engagèrent à chercher des moyens pour ôter à ces vapeurs leur mauvaiſe & dangereuſe qualité, ou tout au moins pour la diminuer.

Pour en venir à bout, je fis paſſer par le trou pratiqué au ſommet du récipient de la machine pneumatique (*Pl. XIV. fig.* 32.), qui contenoit deux pintes de Paris, l'une des jambes d'un ſiphon fait d'un canon de mouſquet; elle touchoit preſque au fond du récipient, bien maſtiqué en ʒ; j'attachai ſur l'ouverture du ſiphon qui étoit dans le récipient, trois enveloppes de drap de laine: la chandelle s'éteignit en moins de deux minutes, quoique je continuaſſe de pomper pendant tout ce temps, & que l'air paſſât ſi librement à travers les enveloppes de drap, que le mercure ne s'éleva pas au deſſus d'un pouce dans la jauge.

En mettant l'autre extrémité du ſiphon dans un pot de fer rougi au feu, & qui contenoit du ſoufre enflammé, la chandelle s'éteignoit en pompant, au bout de quinze ſecondes; & en ôtant les trois enveloppes de drap de deſſus l'ouverture du ſiphon, pour laiſſer mieux paſſer les vapeurs du ſoufre, la chandelle s'éteignit dans l'inſtant: les trois enveloppes de drap conſervoient donc la flamme pendant quinze ſecondes. Ainſi, dans les mines où les vapeurs ne font pas fi mauvaifes que celles-ci , on peut prolonger fa vie en refpirant à travers plufieurs draps de laine ; & cela plus ou moins long-temps , felon la qualité plus ou moins nuifible des vapeurs.

Lorfque , au lieu de couvrir l'ouverture du fiphon de trois enveloppes de laine, je mettois le bout du fiphon à 3 pouces de profondeur dans l'eau *x*, (*Pl. XIV. fig.* 32.) la chandelle ne s'éteignoit qu'après une demi-minute , quoique les fumées fulfureufes paruffent clairement mon-ter à travers l'eau pendant que je pompois : ainfi l'eau conferva la flamme le double du temps de ce que l'avoient confervée les trois enveloppes de drap.

EXPÉRIENCE CXVI.

JE fis un trou dans un grand robinet de bois *a b*, (*Pl. XVII. fig.* 39.) dans lequel j'infixai & je collai le gros bout d'un autre robinet de bois *i i*, dont je couvris l'ouverture d'une foupape de veffie *r*; j'adaptai une autre foupape à l'ouver-ture du fiphon de fer *s s* , en fixant bien cette extrémité au robinet *a b* ; puis, par le moyen de quatre petits cerceaux, j'ajuftai au dedans d'un crible qui avoit 7 pouces de diamètre , quatre diaphragmes de flanelle, éloignés les uns des au-tres d'un demi-pouce ; & enfin j'attachai fur le crible deux grandes veffies *i i n o*, par où il com-muniquoit avec les deux ouvertures du fiphon.

J'aurois mieux fait de me fervir de linge que de flanelle, pour faire les diaphragmes, parce qu'on fe fert d'huile & de graiffe pour faire la flanelle, & qu'on la blanchit par les fumées du foufre ; mais j'ignorois ces faits dans le temps que je fis cette expérience.

Quand l'inftrument fut ainfi préparé , je ferrai mes narines avec les doigts , & j'appliquai la bouche en *a ;* je tirai alors ma refpiration , ce qui faifant élever la foupape *i b*, l'air paffoit avec liberté des veffies dans le fiphon ; auffi les veffies baissèrent & ridèrent confidérablement : j'expirai enfuite, & je rendis cet air, qui, ne pouvant rentrer dans le fiphon par la foupape *i b*, fe fit paffage par la foupape *r* dans les veffies ; par ce moyen, l'air que je rendois après l'avoir refpiré, paffoit néceffairement à travers tous les diaphragmes avant que de pouvoir me revenir, & être refpiré une feconde fois. Je mefurai la capacité des veffies & du fiphon ; le tout contenoit quatre ou cinq pintes de Paris.

Comme le fel marin & le fel de tartre attirent très - puiffamment les vapeurs fulfureufes , je trempai les quatre diaphragmes dans de fortes folutions de ces fels , & auffi dans du vinaigre de vin blanc, que l'on regarde comme un bon préfervatif contre la pefte , ayant grand foin de nettoyer avec de l'eau le fiphon & les veffies , afin de les bien purger de tout l'air infecté qui auroit pu y refter après chaque expérience.

Il ne m'étoit pas poffible de refpirer pendant plus d'une minute & demie l'air renfermé dans cet inftrument, lorfque j'en ôtois les diaphragmes ; mais en remettant les diaphragmes trempés auparavant dans du vinaigre, je pouvois refpirer pendant trois minutes & demie lorfque je les avois trempés dans une forte folution de fel marin , & pendant trois minutes lorfque c'étoit une leffive de fel de tartre ; mais pendant cinq minutes lorf-

que je les faifois bien fécher, après les avoir trempés dans cette même leffive de fel de tartre ; &
une fois pendant huit minutes & demie, en me
fervant de fel de tartre extrêmement calciné.
Mais je ne fais fi cela venoit de ce plus grand degré
de calcination du tartre, qui pouvoit lui faire
attirer plus fortement les vapeurs groffières &
fulfureufes ; ou bien fi cela ne doit pas être attribué à la féchereffe des veffies & du fiphon, ou
même à quelque paffage infenfible que l'air avoit
pu fe faire à travers les ligatures. Je ne me fou-
ciai pas même de répéter l'expérience pour m'en
affurer, crainte de m'altérer la poitrine en refpirant fi fouvent ces vapeurs nuifibles.

Le fel de tartre eft donc le meilleur préfervatif contre les mauvais effets de ces vapeurs, &
enfuite le fel marin : ils abforbent tous deux les
vapeurs fulfureufes, acides & aqueufes ; car,
ayant pefé avec exactitude les quatre diaphragmes avant que de les avoir placés dans l'inftrument, je trouvai qu'ils avoient augmenté de 30
grains en cinq minutes, ce que j'éprouvai deux
fois pour m'en bien affurer ; & les diaphragmes
libres, expofés à l'air libre, n'augmentèrent en cinq
minutes que de 5 grains, qui étant déduits des 30
ci-deffus, nous donneront 15 onces deux tiers pour
le poids de l'humidité de la refpiration pendant
vingt-quatre heures : ce qui cependant eft un peu
trop, parce que les diaphragmes peuvent attirer
en cinq minutes plus de 5 grains, à caufe de l'humidité des veffies & du fiphon.

J'ai trouvé que lorfque les diaphragmes étoient
un peu humides, ils augmentoient de 6 grains en
trois minutes, & que dans le même temps ils
n'augmentoient point du tout en les expofant à

l'air libre : ces 6 grains en trois minutes font à peu près 6 onces & demie en vingt-quatre heures, ce qui revient affez jufte à la quantité d'humidité que j'eus en refpirant dans un grand récipient plein d'éponges. Mais ces 6 grains tirés par les quatre diaphragmes en trois minutes, ne faifoient pas, à beaucoup près, le poids de toutes les vapeurs qui étoient contenues dans cet air renfermé ; car après les trois minutes, cet air qui avoit été fouvent refpiré, étoit fi chargé de vapeurs, qu'elles pouvoient aifément, par leur attraction mutuelle, former des particules trop groffes pour entrer dans les plus petites véficules du poumon, & dès-lors de venir très-peu propres à la refpiration ; auffi n'eft-il point du tout aifé de déterminer précifément combien il fort d'humidité par la voie de la refpiration, fur-tout fi nous confidérons que l'air qui a perdu fon élafticité dans les poumons, fe trouve mêlé avec elle.

Mais en fuppofant qu'il n'en fort que 6 onces & demie en vingt-quatre heures, & en nous fouvenant que la furface intérieure des poumons eft de 41635 pouces quarrés, nous verrons qu'il ne s'évapore dans ce temps que $\frac{1}{3771}$ partie d'un pouce de hauteur d'humidité de deffus cette furface intérieure, ce qui ne revient qu'à la foixante-quinzième partie de celle qui s'évapore à la furface du corps humain par la tranfpiration.

Si donc quatre pintes de Paris, pleines d'air, fuffifent pour notre refpiration pendant cinq minutes avec quatre diaphragmes, il eft sûr qu'avec huit pintes d'air & huit diaphragmes, on pourra refpirer pendant dix minutes. Il y avoit même du défavantage à fe fervir des veffies, qu'il falloit fouvent mouiller & fécher ; car l'odeur & les vapeurs défagréables qui s'en élevoient, devoient rendre l'air bien moins propre pour la refpiration. Mais dans cette expérience l'on eft obligé de fe fervir de veffies ou de cuir, car on ne pourroit refpirer l'air contenu dans un vaiffeau dont les parois ne pourroient fe dilater & fe contracter, à moins qu'il ne fût très-grand, & toujours trop pour être portatif.

Je trouvai, en bouchant bien les ouies d'un grand foufflet de cuifine qui étoit plein d'air, que je pouvois refpirer cet air par le tuyau pendant plus de trois minutes, fans une grande incommodité; car les parois du foufflet hauffoient & baiffoient avec facilité pour fuivre le jeu de la refpiration. On pourroit fe fervir de cet inftrument, ou de quelque autre femblable, dans des cas où il eft néceffaire d'entrer dans des lieux remplis de vapeurs fuffocantes, comme pour en tirer quelqu'un ou quelque chofe : par exemple, dans le commencement d'un incendie, dans les laboratoires des chimiftes, dans les mines, dans les endroits des navires où l'on auroit jeté des pots pleins de ces fortes de puanteurs, &c. Je crois même que cela pourroit fervir aux plongeurs.

Il faut avoir foin, dans l'expérience ci-deffus, de faire tous les paffages d'une bonne largeur, & de faire auffi des foupapes qui jouent aifément, afin que les infpirations fe faffent avec toute la liberté poffible; car, quoiqu'on puiffe, en fuçant, élever le mercure jufqu'à 22 pouces, & que même quelques gens puiffent l'élever jufqu'à 27 & 28, c'eft par une action particulière de la bouche que cela fe fait; car j'ai trouvé par expérience, que la feule action du diaphragme & du thorax dans l'infpiration, eft à peine fuffifante pour élever le mercure à 2 pouces ; le diaphragme doit même alors agir avec une force égale au poids d'un cylindre de mercure de 2 pouces de hauteur , & dont la baſe eſt proportionnelle à l'aire du diaphragme , ce qui équivaut à un poids de pluſieurs livres : or les muſcles qui réagiſſent contre cette preſſion , non plus que ceux de l'abdomen , ne peuvent exercer une force plus grande que celle-ci. Ainſi le moindre petit obſtacle ſuffira pour hâter la ſuffocation ; elle conſiſte principalement dans l'applatiſſement des poumons , occaſionné par la groſſeur des particules d'un air épais & chargé de vapeurs, qui contiennent des parties ſulfureuſes, ſalines , non élaſtiques , & douées d'une attraction qui les oblige à s'approcher & ſe joindre, comme l'on a vu , dans les expériences précédentes , que ſe joignent les particules de l'air aux particules du ſoufre: mais ces atômes ne ſont pas plutôt raſſemblés , qu'ils forment des corps trop groſſiers pour pouvoir entrer dans les petites véſicules du poumon, déja contractées par les pointes acides & ſalines de ces particules, & affaiſſées par la perte de l'élaſticité de l'air qu'elles contenoient ; & c'eſt ſans doute pour les empêcher d'entrer dans ces véſicules, que la nature a eu ſoin de les travailler avec tant d'art & de leur donner une ſi grande petiteſſe.

Cette grande qualité, qu'ont les ſels , d'attirer fortement les particules acides & ſulfureuſes, & les vapeurs nuiſibles, peuvent nous les rendre très-utiles à bien des égards & en bien des occaſions : par exemple, on peut bien s'en ſervir dans quelques métiers mal-ſains & dangereux : les plombiers , les fondeurs , les faiſeurs de céruſe , éviteroient par leur moyen le mauvais effet des vapeurs qui s'élèvent des matières qu'ils travaillent, & qui s'uniffent avec l'air élaftique entrant dans les poumons, comme on l'a vu par les expériences précédentes ; ils préviendroient donc cet inconvénient, en faifant ufage d'une large mufelière, dans laquelle on mettroit deux, quatre, & même un plus grand nombre de diaphragmes de flanelle ou de drap, trempés dans une forte folution de fel de tartre, de potaffe ou de fel marin, & enfuite bien féchés.

Ces mufelières ferviroient auffi dans les occafions où l'on eft obligé d'aller pour un petit temps dans un air infecté ; elles pourroient même être tellement faites, qu'on tireroit l'air à travers les diaphragmes, & qu'on le rendroit ailleurs. Mais je ne fais fi ces mêmes mufelières pourroient fervir dans les mines ; il me femble qu'il ne feroit pas trop prudent d'y compter, car elles ne me paroiffent pas être un affez bon écran pour parer les poumons des vapeurs mortelles qui s'en élèvent.

Expérience CXVII.

Voici encore quelques idées que l'expérience fuivante m'a fournies fur l'utilité que nous pouvons tirer de ces fels.

Je mis une chandelle allumée fous un grand récipient (*Pl. XV. fig. 35.*) qui contenoit feize pintes de Paris ; elle continua d'éclairer pendant trois minutes & demie, & pendant ce temps elle abforba environ une pinte d'air. Je nettoyai bien le récipient, que j'avois pour cela d'abord rempli d'eau, & enfuite vidé pour le frotter jufqu'à le rendre bien fec ; après quoi je doublai tout le dedans avec un morceau de flanelle plongé dans une leſſive de ſel de tartre , enſuite bien ſéché , & que j'avois étendu ſur de petits cerceaux faits de rameaux d'un bois pliant. Après cette préparation , la chandelle continua d'éclairer ſous le récipient pendant trois minutes & demie , & cependant elle n'abſorba que les deux tiers de la quantité de l'air qu'elle avoit abſorbé la première fois.

On doit attribuer la raiſon de cette différence à la moindre capacité du vaiſſeau ; car , outre l'eſpace que la doublure de flanelle occupoit, elle ne joignoit pas aſſez juſte pour qu'il ne ſe trouvât pas , entr'elle & le récipient, environ un tiers de la capacité totale du récipient: ainſi la chandelle brûla , pour ainſi dire , dans un récipient moindre d'un tiers que le premier , & c'eſt ce qui fit que l'air fut abſorbé en plus petite quantité. *Voyez* Expérience CIV.

Mais ce qu'il faut obſerver, c'eſt que la chandelle continua de brûler autant de temps dans un eſpace plus petit d'un tiers; ce qui ne peut être que l'effet du ſel de tartre dont étoit imprégnée la flanelle, qui par conſéquent abſorba un tiers des vapeurs fuligineuſes que produit la flamme d'une chandelle. Nous pouvons donc raiſonnablement conclure, que la qualité pernicieuſe des vapeurs peut ſouvent être diminuée, & même changée, par la grande puiſſance d'attraction que les ſels exercent à leur égard.

C'eſt maintenant à l'expérience à nous apprendre ſi leur effet ſera général pour tous les cas , & conſtant dans toutes les occaſions : mais aſſurément les expériences précédentes nous découvrent un fondement aſſez certain pour nous inviter à faire quelques eſſais; peut-être même ceux-ci fourniront-ils des idées pour aller plus loin.

Nous avons vu que les chandelles allumées & le foufre enflammé, détruifent plus que la refpiration, des animaux l'élafticité de l'air; c'eft parce que leurs vapeurs font plus abondantes & plus chargées de particules acides & fulfureufes, & auffi parce que ces particules font moins délayées & mêlées de vapeurs aqueufes que celles de la refpiration; car dans ces vapeurs aqueufes il fe trouve auffi des particules fulfureufes, puifque dans les animaux les fluides & les folides en contiennent; mais elles y font en moindre quantité. L'on ne doit pas attribuer à la perte de l'*efprit vital* de l'air, l'extinction de la flamme de la chandelle & des mèches fous des récipiens, mais aux vapeurs fuligineufes & acides dont l'air fe charge, & qui, détruifant l'élafticité de cet air, empêchent & retardent l'action & le mouvement élaftique du refte.

L'on fait que dans un récipient dont on a pompé la moitié de l'air qu'il contenoit, l'autre moitié qui refte occupe alors l'efpace tout entier, & que dans cet état d'expanfion, la chaleur de la flamme ne pourra le dilater en auffi peu de temps, ni mettre fon reffort en action auffi promptement, que lorfqu'il eft dans fon état naturel : c'eft à cette caufe qu'il faut, ce me femble, rapporter l'extinction de la flamme avant que le récipient foit abfolument rempli de vapeurs; car une partie de l'air ayant perdu fon élafticité, le refte occupera plus d'efpace, & fera par conféquent moins fufceptible d'une prompte dilatation. Mais la réaction étant égale à l'action, la flamme ne pourra en recevoir un mouvement auffi prompt que celui qui la faifoit fubfifter auparavant : ainfi il faut qu'elle cesse, faute de cette succession d'air frais qui doit suppléer à celui qu'elle absorbe, ou bien remplacer celui qui est trop dilaté pour continuer de se mouvoir aussi promptement qu'il le faudroit ; car qui ne sait que plus on souffle le feu, & plus il augmente ?

Supposons, avec ceux qui admettent un *esprit vital* dans l'air, que nous mettions une chandelle allumée dans un récipient assez grand pour qu'elle y brûle pendant une minute, & ensuite, ayant rempli ce récipient d'air frais, tirons-en la moitié ; il est clair qu'avec cette moitié d'air nous aurons aussi tiré la moitié de cet *esprit vital*. Si donc on doit lui attribuer la conservation de la flamme, comme il en reste la moitié de ce qu'il y en avoit la premiere fois dans le récipient, la chandelle doit brûler pendant une demi-minute ; mais cela n'arrive pas. Ainsi ce n'est pas à *l'esprit vital*, mais bien à l'élasticité de l'air, qu'il faut rapporter la continuation de la flamme.

Quand, après avoir absolument vidé d'air un récipient, j'y faisois, par le moyen d'un verre ardent, exhaler les fumées d'un papier brun trempé dans une solution de nitre, & séché, & que je le remplissois ensuite d'air frais, le papier chargé de nitre détonnoit en lui appliquant de nouveau le verre ardent. La chandelle brûla même pendant vingt-huit secondes dans un air semblable, tandis qu'elle brûla pendant quarante-trois secondes dans le même récipient plein seulement d'air frais.

Mais lorsque, au lieu de vider l'air du récipient, je le laissois plein d'air, & que par le moyen du verre ardent je corrompois cet air en y faisant exhaler, comme la première fois, des

P

vapeurs du papier & du nitre ; si j'y plaçois une
chandelle , elle s'éteignoit sur le champ. La chandelle ne peut donc pas brûler , & le nitre ne peut
détonner dans un air fort rare , non plus que dans
un air fort épais : & ce qui fit que la chandelle
brûla & le nitre détonna dans le récipient d'abord
vidé d'air, & ensuite rempli de fumée & d'air frais,
c'est que le courant d'air frais , venant à donner sur
ces vapeurs formées dans le vide , les dispersa &
les chassa vers les parois du vaisseau , auxquelles
elle s'attachèrent ensorte qu'il en paroissoit flot-
ter beaucoup moins dans le récipient , après que
l'air y fut entré , qu'il n'en paroissoit auparavant.

De-là on peut assurer que le feu sur lequel on
souffle un air chaud , ne doit pas brûler aussi vivement que celui sur lequel on soufflera , avec la
même vitesse , un air frais ; que par conséquent le
soleil donnant sur un feu , & raréfiant trop l'air
qui l'environne , ce feu ne doit pas bien brûler ;
que même un petit feu ne doit pas bien brûler
auprès d'un grand : aussi observe-t-on communé-
ment que , dans les temps des plus fortes gelées ,
le feu brûle plus ardemment ; & cela , parce que
l'air étant plus condensé , se raréfie plus brusque-
ment en entrant dans le feu , & par conséquent
lui communique un mouvement plus prompt &
plus violent ; & aussi parce qu'un air froid &
condensé arrête (comme l'observe le chevalier
Newton) bien mieux par sa plus grande pesanteur
l'ascension des vapeurs & des exhalaisons qui s'é-
lèvent du feu , qu'un air léger & chaud qui ne les
peut retenir. Ainsi , par l'action & la réaction de
l'air & du soufre qui sort des matières enflammées , la chaleur du feu subsiste ; mais elle augmente à proportion que cet air est plus froid ,

plus denſe, en un mot, plus ſuſceptible d'une prompte raréfaction.

Il paroît que ce ſupplément continuel d'air frais eſt abſolument néceſſaire pour entretenir le feu, puiſqu'une mèche ſoufrée fume & bout, mais ne prend pas feu dans le vide. Le nitre même ſur le papier brun ne détonne point, excepté quelques grains ça & là : le papier ſur lequel le foyer du verre ardent à porté, devient ſeulement noir. Ces matières mêmes ne vouloient pas s'enflammer dans un récipient d'abord à moitié vidé d'air, puis rempli de vapeurs, & enſuite d'air frais qu'on ajoutoit à ces fumées : or, dans ce cas, il eſt clair qu'il auroit dû entrer dans le récipient une grande quantité *d'eſprit vital* avec l'air frais, & qu'ainſi ces ſubſtances auroient dû prendre feu, & brûler au moins pour un peu de temps; ce qui cependant n'eſt pas arrivé.

L'on peut encore s'aſſurer que l'élaſticité de l'air contribue beaucoup à l'intenſité de la chaleur du feu, en faiſant attention que l'eſprit de nitre, qui, par l'Expérience LXXV, ne contient que peu d'air élaſtique, éteint les charbons au lieu de les enflammer davantage; mais que ce même eſprit de nitre, mêlé avec du ſel de tartre qui contient deux cents vingt-quatre fois ſon volume d'air, s'enflamme auſſitôt qu'il approche du feu : & c'eſt par la même raiſon que le nitre s'enflamme ſur les charbons, tandis que l'eſprit de nitre ne le fait pas; car on voit que le nitre contient beaucoup d'air, par l'Expérience LXXII, & par l'inflammation de la poudre à canon.

Ce qui fait que le ſel de tartre ne s'enflamme pas comme le nitre ſur les charbons, quoique, par l'Expérience LXXIV, il contienne une grande

quantité d'air élaſtique, c'eſt qu'il faut plus de
chaleur pour en tirer cet air elaſtique, parce que
le ſel de tartre eſt un corps plus fixe que le nitre. Le grand degré de chaleur que l'on donne
au ſel de tartre en le faiſant, unit plus étroitement ſes parties ; car on ſait fort bien que le feu
unit en pluſieurs cas les particules des corps, au
lieu de les ſéparer ; & c'eſt à cauſe de la fixité
du tartre, que la poudre fulminante fait une plus
grande exploſion que la poudre à canon ; car les
particules du tartre, étant plus fortement unies
que celles du nitre, réſiſtent avec une plus grande
force à l'action qui les doit ſéparer.

EXPÉRIENCE CXVIII.

LES eſprits acides, qui ſont des ſels volatils
délayés dans du flegme, concourent & favoriſent
cette action, & contribuent beaucoup à la force
de l'exploſion ; car, lorſqu'ils ſont échauffés à un
certain point, ils font, auſſi-bien que l'eau, une
forte exploſion, comme je l'ai trouvé en verſant
quelques gouttes d'eſprit de nitre, d'huile de
vitriol, d'eau & de ſalive ſur une enclume, &
appliquant ſur ces gouttes un morceau de fer
échauffé juſqu'à blanchir, & le frappant d'un gros
marteau : chacune de ces liqueurs fit une grande
exploſion ; & celle de la ſalive écumeuſe & qui contenoit beaucoup d'air, fut encore plus forte que
celle de l'eau. L'on voit donc que la grande exploſion du nitre & du ſel de tartre, qui contiennent de l'air élaſtique renfermé dans un eſprit
acide, doit être attribuée à la force unie de ces
particules d'air & d'acide.

Nous pouvons donc conclure de tout ce qui
a été dit ci-deſſus, que le feu s'anime & ſe vivi-

fie principalement par l'action & la réaction des particules fulfureufes acides des matières combuftibles, & des particules d'air élaftique qui entrent continuellement dans le feu, tant celles de l'air extérieur, que celles de l'air qui fort de ces mêmes matières; car, par l'Expérience CIII, auffi-bien que par plufieurs autres, les particules acides fulfureufes agiffent vigoureufement fur l'air, & par conféquent l'air agit de même fur le foufre. Nous voyons que les matières combuftibles, foit minérales, végétales ou animales, contiennent ces deux principes en abondance : ils font donc la caufe de la continuation & de la vivacité du feu dans ces matières.

Mais lorfque le foufre acide, qui, comme nous le voyons, agit fur l'air avec tant de force, eft une fois féparé d'une matière combuftible quelconque, le fel, l'eau & la terre qui reftent, loin de s'enflammer, diminuent & amortiffent le feu ; & comme l'air ne peut pas produire du feu fans foufre, de même le foufre ne peut brûler fans air. Le charbon mis au feu dans un vaiffeau clos, devient & demeure rouge pendant plufieurs heures, fans diminuer de poids, comme l'or fondu ; mais il n'eft pas fitôt expofé à l'air, que le foufre agit avec violence contre l'air élaftique, & fe trouve bientôt, par la réaction, obligé de fe féparer du fel & de la terre, après les avoir réduits en pouffière.

Une mèche de foufre, placée dans un récipient vide d'air, & expofée au foyer d'un verre ardent, ne s'enflamme pas, malgré la force de l'action & de la réaction que la lumière & les corps fulfureux exercent l'un fur l'autre ; ce que cependant l'illuftre chevalier Newton nous donne comme la raiſon pourquoi *les corps ſulfureux s'enflamment plus aiſément, & brûlent avec plus de violence que les autres.* Queſt. 7.

Voici ce qu'il penſe ſur la nature du feu & de la flamme, *queſt. 9 & 10:*

» Le feu, n'eſt-ce pas un corps échauffé à un
» tel point, qu'il jette de la lumière en abon-
» dance ? Car un fer rouge & brûlant, qu'eſt-ce
» autre choſe que du feu ? & qu'eſt-ce qu'un
» charbon ardent, ſi ce n'eſt du bois rouge &
» brûlant ?

» La flamme, n'eſt-ce pas une vapeur, une fu-
» mée ou une exhalaiſon qui eſt échauffée juſqu'à
» être ardente, c'eſt-à-dire, qui a contracté un
» tel degré de chaleur, qu'elle eſt toute brillante
» de lumière ? car les corps ne ſont point enflam-
» més ſans jeter quantité de fumée, & cette fu-
» mée brûle dans la flamme. Il y a des corps
» qui ſont échauffés ou par le mouvement, ou
» par la fermentation : ſi la chaleur parvient à un
» degré conſidérable, ces corps exhalent quan-
» tité de fumée ; & ſi la chaleur eſt aſſez violen-
» te, cette fumée brillera & ſe changera en flam-
» me. Les métaux fondus ne jettent point de
» flamme, faute d'une fumée abondante, excepté
» le zinc qui jette quantité de fumée, & qui par
» cela même s'enflamme. Tous les corps qui s'en-
» flamment, comme l'huile, le ſuif, la cire, le
» bois, les charbons de terre, la poix, le ſoufre,
» ſe convertiſſent en fumée ardente & s'enflam-
» ment : dès que la flamme eſt éteinte, la fumée
» devient fort épaiſſe & viſible, & repand quel-
» quefois une odeur très-forte ; mais dans la flam-
» me elle perd ſon odeur en brûlant ; &, ſelon
» la nature de la fumée, la flamme eſt de diffé-

» rentes couleurs : celle du foufre eſt bleue ;
» celle du cuivre diſſous par du ſublimé , eſt verte ;
» celle du ſuif , jaune ; celle du camphre , blan-
» che. La fumée paſſant à travers la flamme , ne
» peut que devenir ardente , & une fumée ar-
» dente ne peut avoir d'autre apparence que la
» flamme. »

Mais M. Lémery le cadet dit que « la matière
» du feu ou de la lumière , mêlée avec les ſels ,
» l'eau & la terre unis enſemble , produit le
» ſoufre ; & que toutes les matières inflammables
» ne ſont telles, qu'en vertu des particules de feu
» qu'elles contiennent ; car l'analyſe de ces corps
» inflammables fournit du ſel , de la terre & de
» l'eau , & une certaine matière ſubtile qui paſſe
» à travers les vaiſſeaux les mieux fermés , de
» ſorte que , quelque ſoin que prenne l'artiſte de
» ne rien laiſſer perdre & échapper , cependant
» il trouvera une diminution conſidérable de pe-
» ſanteur.

» Or ces principes , la terre , le ſel & l'eau ,
» ſont de ces corps morts qui ne ſervent , dans la
» compoſition des matières inflammables , qu'à
» arrêter & retenir les particules de feu , qui ſeu-
» les ſont la vraie matière de la flamme.

» Il paroît donc que c'eſt cette matière de la
» flamme que perd l'artiſte dans ſa décompoſition
» des corps inflammables. » *Mém. de l'Ac. ann.*
1713. Mais il eſt clair , par les expériences précédentes , que cette matière qui ſe perd dans l'analyſe des corps inflammables , n'eſt autre choſe que
de l'air élaſtique , & non pas du feu élémentaire ,
comme M. Leméry le ſuppoſe.

Monſieur Geoffroy a compoſé du ſoufre avec
du ſel acide , du bitume , un peu de terre & d'huile

P iv

de tartre. *Mém. de l'Acad. ann. 1703.* Dans l'huile de tartre, il se trouve beaucoup d'air par l'Expérience LXXIV ; & c'est sans doute son élasticité qui est la cause principale de l'inflammabilité de ce soufre artificiel.

Si le feu résidoit dans le soufre sous la forme d'un corps distinct & particulier, comme M. Homberg, M. Lémery & quelques autres le conçoivent, ces matières sulfureuses devroient en brûlant raréfier l'air qui les environne, tandis que, par les expériences précédentes, on a vu qu'elles condensent & absorbent toujours une bonne partie de l'air élastique : preuve qu'il ne réside dans le soufre aucune matière qui soit par elle-même le feu & la flamme, & que la chaleur doit être attribuée à la vive action d'ondulation, & à la réaction des particules répulsives d'air élastique, & des particules attractives du soufre, qui, comme l'on sait, contient & donne par l'analyse, de l'huile inflammable, du sel acide, de la terre très-fixe, & un peu de métal.

Mais il est à croire que le soufre & l'air sont mis en action par celle de ce milieu invisible ou de cet éther qui rompt & réfléchit la lumière, » & par les vibrations duquel la lumière échauffe » les corps, & est mise dans des accès de facile » réflexion & de facile transmission. Et les vibra- » tions de ce milieu ne contribuent-elles pas à » la véhémence & à la durée de leur chaleur ? & » les corps chauds ne communiquent-ils pas leur » chaleur aux corps froids contigus, par les vibra- » tions de ce milieu, propagées des corps chauds » dans les corps froids ? & ce milieu n'est-il pas » excessivement plus rare & plus subtil que l'air, » & excessivement plus élastique & plus actif ? ne

» pénètre-t-il pas promptement tous les corps ? »
Newton , queſt. 18 de ſon Optique.

» La force élaſtique de ce milieu doit être, à pro-
» portion de ſa denſité, plus de 700000 × 700000,
» c'eſt-à-dire , plus de 490,000,000,000 fois plus
» grande que n'eſt la force élaſtique de l'air, à
» proportion de ſa denſité. » *Ibid. queſt. 21.* Force
aſſez grande pour cauſer une grande chaleur , ſur-
tout lorſque cette élaſticité ſe trouve augmentée
par l'action & la réaction violente de l'air & des
particules de ſoufre , contenues dans la matière
combuſtible.

De cette attraction évidente, & de cette action
& réaction qui s'exercent entre les particules élaſtiques & les particules ſulfureuſes , nous pouvons
conclure avec raiſon, que ce que nous appelons
les particules de feu dans la chaux, & dans pluſieurs autres corps qui ont été ſoumis à l'action du
feu, ne ſont que des particules ſulfureuſes &
élaſtiques fixées dans la chaux, qui , lorſque la
chaux étoit brûlante , étoient toutes dans un état
actif d'attraction & de répulſion, & qui ſont enſuite retenues dans le corps de la chaux refroidie ,
où elles ſont obligées de reſter dans cet état fixe,
malgré l'action continuelle du milieu éther qui
les ſollicite d'agir , juſqu'à ce que la chaux étant
diſſoute par quelque liquide , elles ſortent avec
violence de leurs priſons , & , par leur action &
réaction , cauſent une ébullition qui ne ceſſe pas
que les unes de ces particules élaſtiques ne ſoient
fixées par la forte attraction du ſoufre, & les autres chaſſées hors de la ſphère d'attraction des
premières, & transformées en air élaſtique permanent. Il eſt extrêmement probable que c'eſt-là
l'explication & la cauſe de ces phénomènes, puiſ-

que nous avons dans les expériences précédentes
un si grand nombre d'exemples, où nous voyons
que les mêmes matières produisent & absorbent
par la fermentation beaucoup d'air élastique ; que
d'autres en produisent plus qu'elles n'en absorbent ; & enfin que d'autres, comme la chaux, en
absorbent plus qu'elles n'en produisent (1).

EXPÉRIENCE CXIX.

IL est encore évident que les particules aériennes & sulfureuses du feu, pénètrent & se logent dans plusieurs corps, par l'exemple du *minium* ou plomb rouge qui augmente en pesanteur

---

(1) Nous n'avons pas cru devoir faire aucune observation sur la théorie que l'auteur s'efforce de confirmer d'après l'Expérience CX. Nous laissons aux physiciens le soin de tirer des expériences ingénieuses rapportées depuis celle-ci, les inductions qu'ils croiront plus conformes aux principes de la saine physique. Nous observerons seulement ici, qu'on eût dû faire plus d'attention qu'on ne l'avoit fait avant ces derniers temps sur une partie de l'idée que M. Hales avance dans cette dernière expérience, au sujet de l'augmentation de poids qu'on remarque dans les chaux métalliques. On voit manifestement, par l'expérience qu'il rapporte, que le minium fournit dans sa décomposition près de cent fois plus d'air que le plomb. En répétant cette expérience avec toute l'attention qu'elle exigeoit, & en comparant le poids de cet excès d'air à celui de l'excès de poids de la chaux métallique, on eût sans doute trouvé la solution de ce fameux problême, sur lequel on a disputé inutilement pendant si long-temps. On eût appris que cet excès de poids ne dépend que de la quantité d'air que la chaux métallique absorbe pendant la calcination du métal. Consultez, à ce sujet, un excellent Mémoire de M. Lavoisier, imprimé dans le *Journal de Physique* de l'abbé Rosier, ou les *Opuscules physiques & chimiques* du même auteur ; & à leur défaut, le quatrième volume de nos *Elémens de Physique*.

d'environ $\frac{1}{20}$ partie par l'action du feu : la rou-geur qu'il acquiert indique l'addition d'une grande quantité de soufre ; car le soufre agissant très-vi-goureusement sur la lumière, est par conséquent très-propre à réfléchir les rayons les plus forts, qui sont les rayons rouges. Mais, outre ce soufre, le plomb rouge s'approprie encore une bonne quantité d'air qui s'incorpore avec lui, & contri-bue à l'augmentation de son poids ; car j'ai trou-vé, en distillant 1922 grains de plomb, qu'il n'en sortoit que 7 pouces cubiques d'air, au lieu que de 1922 grains de plomb rouge il en sortit, dans le même espace de temps, 34 pouces cubiques d'air. Il est à croire qu'une grande partie de cet air avoit été absorbée par les particules sulfureuses du charbon, dans le fourneau de réverbère où le plomb rouge avoit été fait ; puisque, par l'Expé-rience CVI, plus les fumées du feu sont renfer-mées, & plus elles absorbent d'air élastique.

Et c'est sans doute cette grande quantité d'air élastique, contenu dans le plomb rouge, qui fit casser les vaisseaux de l'illustre M. Boyle, lors-qu'il exposa au verre ardent le plomb rouge qui étoit dedans. Le docteur Newentyt n'attribue cet effet qu'à l'expansion des particules de feu ren-fermées dans le plomb rouge ; car il suppose que le feu est un fluide particulier, qui conserve son essence & sa figure, & qui reste toujours feu, quoiqu'il ne brûle pas toujours. *L'Existence de Dieu, &c. pag. 310.* Et il n'attribue pas à l'air la cause de la grande & violente ébullition de l'eau-forte & de l'huile de carvi, tandis que nous trouvons par l'Expérience LXII, que toutes les hui-les contiennent beaucoup d'air, & que l'eau-forte versée sur de l'huile de gérofle, s'étendit dans un

efpace 720 fois auffi grand que le volume d'huile.
La raréfaction qui provenoit des vapeurs aqueufes de l'huile & de l'efprit, fut bientôt contractée ;
au lieu que l'expanfion caufée par l'air élaftique
dura jufqu'au lendemain, & auroit été permanente,
fi les fumées fulfureufes n'en euffent pas abforbé
le principe.

Il y a des gens qui croient que la putréfaction
eft l'effet d'un feu inhérent dans les matières, &
que les végétaux n'ayant chez eux aucun principe
de chaleur, ne font fujets qu'à la fermentation,
mais que les animaux font fujets à la fermentation
& à la putréfaction ; & ils attribuent ces opérations
à des caufes très-différentes, en difant que la caufe
immédiate de la fermentation eft le mouvement de
l'air intercepté par les parties fluides & vifqueufes
de la liqueur qui fermente, & que le feu lui-même
renfermé dans le fujet qui pourrit, eft la caufe de
la putréfaction. Mais je ne vois pas pourquoi l'on
ne doit pas regarder la putréfaction comme un
différent degré de fermentation ; car je ferois très-
porté à croire que la nutrition n'eft que l'effet d'un
degré de fermentation dans laquelle la fomme de
l'action attractive des particules eft bien fupérieure
à la fomme de leur puiffance répulfive. Si cette
puiffance répulfive devient fupérieure à l'autre, les
parties conftituantes fe féparent ; & quand, dans
cette féparation, elles fe trouvent délayées dans
beaucoup de flegme, leur mouvement eft retar-
dé, & par conféquent elles n'acquièrent pas un
degré de chaleur en fe diffolvant. Mais lorfque
ces parties conftituantes n'ont qu'un certain degré d'humidité, elles acquièrent, comme le foin
amaffé vert, affez de chaleur pour brûler & s'enflammer, ce qui rend leur féparation plus parfai-

te, & les diſſout juſqu'au point de ne pouvoir plus en tirer d'eſprits acides ou vineux : ce qui ſans doute doit plutôt s'attribuer à ces cauſes, qu'au feu prétendu qui réſide au dedans de ces matières ; puiſque, ſelon le vieux axiome, *l'on ne doit point multiplier les êtres ſans néceſſité.*

Si l'on reſtreint la notion de la fermentation (comme on le fait ordinairement) aux plus grands degrés de cette fermentation, il ſera vrai de dire que les fluides des animaux & des végétaux ne fermentent point quand ils ſont en ſanté ; mais en la prenant, comme on le doit, dans un ſens moins ſtrict, c'eſt-à-dire, en appelant fermentation tous les degrés du mouvement inteſtin des fluides, on ſera forcé de l'admettre dans l'état même de la plus parfaite ſanté des végétaux & des animaux, car leurs fluides contiennent en abondance des particules ſulfureuſes & des particules élaſtiques.

On pourroit, avec autant de raiſon, conclure qu'il n'y a point de chaleur dans les animaux, parce qu'une grande chaleur les détruira en ſéparant leurs parties, que d'aſſurer qu'il n'y a point d'autre fermentation que celle qui peut auſſi les détruire & les diſſoudre.

Voici comment le chevalier Newton raiſonne ſur la nature des acides.

» Les particules des acides ſont douées d'une
» grande force attractive ; c'eſt dans cette force
» que conſiſte leur activité ; c'eſt par cette force
» qu'elles s'approchent des corps métalliques ou
» pierreux, & qu'elles s'y attachent à n'en pou-
» voir preſque pas être ſéparées par la diſtillation
» ou la ſublimation. Sont-elles logées dans ces
» corps, elles en remuent & ſéparent les parties,

» jufqu'à ce qu'ils foient abfolument diffous : elles
» remuent auffi le fluide où elles nagent ; & par
» tous ces mouvemens elles excitent la chaleur,
» & frappent les particules jufqu'à les convertir
» en air & produire des bulles. Elles font donc la
» caufe de toutes les diffolutions & de toutes les
» violentes fermentations. » *Dictionnaire des Arts
& des Sciences* de Harris, *vol. 11. Introduction.*

Tout cela fe trouve confirmé par les expériences précédentes, qui nous ont appris & montré évidemment, que les fubftances animales, végétales ou minérales, produifent ou abforbent de l'air par le moyen du feu ou de la fermentation.

Cet air qui fort des corps, eft affurément du véritable air élaftique, & doué des mêmes qualités que l'air ordinaire, puifque, dans les Expériences LXXXVIII & LXXXIX, il élève le mercure, & qu'il conferve fon reffort pendant plufieurs mois, plufieurs années, quoique expofé à des gelés violentes, qui auroient condenfé dans l'inftant des vapeurs aqueufes ; car elles fe dilatent à la vérité par la chaleur, mais elles fe refferrent d'abord que cette chaleur les abandonne (*a*).

L'air que le feu faifoit fortir des corps fixes,

---

(1) On voit manifeftement ici que M. Hales a jugé des fluides aériformes, retirés des différentes fubftances qu'il a analyfées, par leurs qualités extérieures, par celles qu'ils offrent au premier afpect, & qui leur font communes avec l'air atmofphérique ; par celles, en un mot, qui ont déterminé le docteur Prieftley, & prefque tous ceux qui fe font livrés, après lui, à ce genre de recherches, à conferver à ces fortes de fluides le mot générique d'*air*. S'il ne fe fût point particulièrement borné à la feule décompofition des corps pour en extraire ces fortes de fluides, & à mefurer feulement la quantité qui s'en échappe dans cette décom-

tels que le nitre, le tartre, le fel de tartre & la couperofe, ne s'en féparoit pas fans une grande violence : ainfi il femble que cet air contribue à la fixité de ces fels, auffi-bien *que les particules les plus folides & les plus denfes de la terre, qui, par leur grande attraction, appellent & faififfent les acides pour compofer les particules de fel.* Newton, *Optique, queftion 31.* Car nous avons trouvé qu'en féparant & volatilifant l'efprit acide après la diffolution des parties conftituantes du fel par le feu, les particules d'air changent en grand nombre de l'état fixe à l'état élaftique. Il faut donc néceffairement que ces mêmes particules, qui dans leur état d'élafticité repouffoient avec force, aient acquis la vertu contraire en devenant fixes, c'eft-à-dire, la puiffance d'attirer, & par conféquent d'agir avec force fur les efprits acides & les particules fulfureufes & terreufes du fel : auffi a-t-on obfervé que les particules qui font les plus élaftiques & qui repouffent le plus, font celles qui, dans l'état fixe, attirent le plus fortement.

Mais les acides aqueux, qui, quand on les fépare du fel par l'action du feu, font un efprit fumant & très-corrofif, ne produifirent point d'air élaftique, non plus que plufieurs fubftances

---

pofition ; s'il eût analyfé ces produits eux-mêmes, & qu'il ne s'en fût point tenu à leur forme extérieure, & à leurs qualités les plus apparentes ; il eft conftant qu'il eût découvert, comme on l'a fait depuis, combien ils diffèrent de l'air atmofphérique. Mais il n'eft pas donné à un feul homme, quelque habile qu'il foit, de faifir tous les rapports que préfente une nouvelle découverte ; & on ne peut trop admirer le génie de M. Hales dans les moyens qu'il imagina pour extraire & mefurer la quantité de ces fortes de principes.

volatiles, telles que les sels volatils de sel ammoniac, de camphre & d'eau-de-vie, quoique distillées par le feu à une chaleur assez grande, dans les Expériences LXXV, LII, LXI & LXVI. Il est donc évident que les vapeurs acides flottent dans l'air comme les vapeurs aqueuses, & que quand les particules élastiques de l'air les attirent puissamment, elles leur adhérent fortement, & composent les sels.

Aussi voyons-nous par l'Expérience LXXIII, que le tartre, quoiqu'il contienne tous les principes des végétaux, semble cependant contenir une bien plus grande quantité d'air & de sels volatils, puisqu'il en sort une si grande abondance d'air élastique. Cet air, dans son état fixe, est sans doute très-fermement uni, par l'action du feu, avec la terre & les particules sulfureuses dans le sel de tartre, & c'est pourquoi il faut une plus grande chaleur pour l'en séparer, comme on le voit par l'Expérience LXXIV; mais cet air & cet esprit volatil s'en séparent plus aisément par la fermentation.

L'on voit par l'Expérience LXXIV, qu'il sort du nitre, par l'action du feu, une grande abondance d'air, dans le même temps que les esprits acides s'en séparent.

Et nous trouvons par l'Expérience LXI, qu'il en sort aussi du sel marin, quoique en moindre quantité & avec beaucoup moins de facilité, parce que le sel marin, qui contient beaucoup de soufre, est un corps plus fixe que le tartre & le nitre; il ne change même que difficilement de nature dans le corps des animaux, quoiqu'à la vérité il doive nécessairement en changer dans les végétaux, puisqu'il fertilise la terre.

L'on

L'on peut croire avec raison , que quoique les esprits acides exposés à l'action d'un feu violent ne produisent point d'air élastique , ils ne laissent pas d'en contenir , mais en trop petite quantité par rapport à celle des esprits acides qui l'enveloppent ; car nous voyons par l'Expérience XC , que lorsque l'esprit acide de l'eau régale est plus fortement attiré par l'or que par les particules d'air , ces mêmes particules d'air que l'esprit acide vient d'abandonner s'élèvent en abondance, & sortent nécessairement de l'eau régale , puisque l'or ne perd pas la moindre chose de son poids. De-là on peut conclure avec beaucoup de vraisemblance , que l'air que l'on obtient par la fermentation des acides & des alcalis , ne vient pas tout entier du corps alcalin qui dissout , mais qu'il sort aussi en partie de l'acide : ainsi la grande quantité d'air élastique qui s'élève , dans l'Expérience LXXXIII , du vinaigre & des écailles d'huitres , peut en partie sortir du tartre , auquel le vinaigre doit son acidité. Cette vérité se confirmera , si l'on fait attention que le vinaigre perd son acidité dans la fermentation , c'est-à-dire, perd son tartre , & par conséquent l'air qu'il contenoit. En général , on sait que les dissolvans changent , aussi-bien que les corps dissous , dans la fermentation. Nous pouvons donc dire , avec beaucoup de raison , que la force des esprits acides se doit attribuer en bonne partie à l'air élastique qu'ils contiennent ; car ce principe actif suffit pour faire agir les petites pointes acides & les parties huileuses & terreuses de ces esprits.

Dans l'analyse du sang , nous trouvons qu'il en sort une grande quantité d'air ; & sans doute il sort du *serum* , aussi-bien que de la substance

Q

même du sang , puisque toutes les parties solides
& fluides des animaux contiennent de l'air &
du soufre ; mais il semble que ces principes
soient plus intimement unis dans les globules
rouges , que l'on peut regarder comme la partie
du sang la plus parfaite & la plus élaborée. L'air
sera donc dans le sang, aussi-bien que dans les
sels , le principe de l'union des parties ; & plus
ces parties seront unies, c'est-à-dire, plus elles
seront solides, plus aussi l'on doit y trouver
d'air : ce que l'expérience confirme ; car, en comparant les Expériences XLIX & LI , nous voyons
qu'il sort de la corne une bien plus grande quantité d'air que du sang. Il faut , comme on peut le
remarquer dans cette même Expérience XLIX , un
feu violent pour séparer dans le sang les particules
constituantes, quoique par une fermentation intérieure , qui à la vérité est un dissolvant bien plus
subtil que le feu, cette dissolution se fasse quelquefois dans notre sang , & cause des effets bien fu-
nestes ; mais on peut observer que les sels volatils,
les esprits & les huiles sulfureuses , qui dans le
même temps sont séparées de ces substances (la
corne & le sang) , ne produisent point d'air élastique.

EXPÉRIENCE CXX.

CES substances, & beaucoup d'autres , produisent donc beaucoup d'air élastique ; mais les
substances sulfureuses détruisent bien cette élasticité. Le chevalier Newton nous dit que, « la
» lumière agissant sur le soufre, le soufre doit
» réagir sur la lumière. » L'on peut assurer la
même chose du soufre & de l'air ; car on a vu,

par l'Expérience CIII, que le soufre enflammé attire puissamment & fixe les particules élastiques de l'air. L'huile & la fleur de soufre doivent donc contenir une grande quantité d'air non élastique, puisque la première se fait en brûlant le soufre sous une cloche, & la seconde en le sublimant : ce qui doit même confirmer ceci, c'est qu'on observe que l'huile de soufre *par la campane*, se fait plus difficilement dans un temps sec que dans un temps humide ; & j'ai trouvé, par des expériences faites à ce sujet, qu'une chandelle qui brûle dans un récipient bien sec pendant soixante-dix secondes, n'en brûle que soixante-quatre dans le même récipient lorsqu'il est rempli des fumées de l'eau chaude, & que cependant elle absorbe, dans ce moindre temps, une cinquième partie de plus d'air, que lorsqu'elle brûle dans un air sec.

Le soufre absorbe l'air, non-seulement lorsqu'il brûle en substance, mais même lorsque les matieres où il se trouve incorporé fermentent. La puissance même attractive & réfractive des corps est, selon le chevalier Newton, proportionnelle à la quantité de particules sulfureuses qu'ils contiennent. Toutes ces expériences & toutes ces raisons nous doivent donc faire attribuer la fixation des particules élastiques de l'air, à la forte attraction des particules sulfureuses, dont, selon le même chevalier Newton, les corps abondent tous plus ou moins. Nous observons en conséquence, que les corps électriques attirent plus puissamment, à proportion qu'ils contiennent plus de soufre.

L'on ne peut douter qu'il n'y ait une grande quantité d'air uni avec le soufre dans l'huile des

végétaux , puifqu'il en vient en fi grande abondance dans la diftillation des huiles d'anis & d'o-
lives (Expérience LXII). Lorfque, par l'action
de la fermentation , les parties conftituantes des
végétaux font obligées de fe féparer, une partie
de l'air s'élève dans un état élaftique ; une partie
s'unit avec les fels effentiels, l'eau, l'huile &
la terre , & par cette union, forme le tartre qui
adhère aux parois du vaiffeau ; & le refte qui
demeure dans la liqueur fermentée , eft en partie
dans un état d'élafticité, ce qui donne à la liqueur
fa vivacité , & en partie dans un état fixe : celui
qui demeure fous cette première forme fort de
la liqueur en groffes bulles , lorfqu'on la met fous
le récipient de la machine pneumatique.

Nous avons trouvé plus d'air dans les cornes
de cerf que dans le fang ; & en général les parties
les plus folides des animaux & des végétaux en
contiennent plus que leurs fluides : on peut fe
fouvenir à ce fujet des Expériences LV , LVII
& LX , où l'on voit qu'un tiers de la fubftance
des pois , du cœur de chêne & du tabac , fe
change en air élaftique par l'action du feu. Puifqu'il fe trouve donc une plus grande quantité
d'air dans les parties folides des corps que dans
leurs fluides , ne pouvons-nous pas conclure que
l'air eft le lien qui joint ces parties folides ,
& qu'il eft la caufe de la folidité ? car le chevalier Newton obferve que « les particules qui
» fe repouffent avec la plus grande force, & qui
» par conféquent s'uniffent le plus difficilement,
» font celles qui, dans le contact, s'attirent &
» adhèrent le plus fortement. » *Queft.31.* Si donc
la force d'attraction, & par conféquent la cohé-
fion d'une particule d'air non élaftique, eft pro-

portionnelle à ſa force de répulſion dans l'état
élaſtique, on ne peut douter que cette première
force ne ſoit extrêmement grande, puiſqu'on ſait
par l'expérience, que la ſeconde ſurpaſſe toutes
les forces connues. Le chevalier Newton a ſupputé, par l'inflexion des rayons de la lumière,
que la force attractive des particules près du
point de contact, eſt 10,000,000,000,000,000
plus grande que la force de la gravité.

Lorſque le ſoufre eſt en maſſe, & dans un
état de repos, il n'abſorbe point d'air élaſtique;
car du ſoufre en canons n'abſorbe point d'air;
mais lorſque, après avoir pulvériſé ce ſoufre, on
le mêle avec de la limaille de fer, pour le laiſſer
enſuite ſe diviſer & ſe réduire par la fermentation en particules déliées, dont l'attraction augmente à meſure que leur groſſeur diminue, ce
ſoufre abſorbe alors beaucoup d'air, comme on
peut le voir dans l'Expérience XCV.

Le minéral de Walton, qui contient beaucoup de ſoufre, fermentoit avec l'eau-forte dans
l'Expérience XCVI, & abſorboit une bonne quantité d'air élaſtique : lorſque j'ajoutois à un ſemblable mélange autant d'eau commune que d'eau-
forte, la fermentation augmentoit beaucoup;
mais, au lieu d'abſorber 85 pouces cubiques d'air,
ce mélange en produiſoit 80 : d'où l'on voit que
les matières qui fermentent enſemble, & qui
contiennent du ſoufre, n'abſorbent pas toujours
de l'air, mais qu'elles en produiſent même quelquefois. Voici la raiſon de cette différence. Il
ne faut pas croire que, dans le premier cas, où
l'air eſt abſorbé, il n'y en eût point de produit
d'abord : le mouvement inteſtin du mélange produit, en fermentant, une bonne quantité d'air

élastique ; mais, comme il s'élève en même temps
des fumées épaisses , acides & sulfureuses, elles
absorbent une plus grande quantité d'air que le
mouvement de la fermentation n'en produit.
Ceci s'accorde avec l'Expérience CIII, où l'on
voit que les particules sulfureuses qui s'élèvent
dans l'air , en détruisent l'élasticité par leur attraction ; car, dans l'inflammation du soufre, qui
fait perdre à l'air une si grande partie de son
élasticité , l'on ne peut attribuer cet effet qu'à la
flamme & aux fumées ; parce que le soufre est ,
en quelque façon, absolument détruit par le feu ,
n'y restant après sa déflagration qu'un tant soit peu
de terre sèche , qui ne contient sûrement pas l'air
absorbé : il n'a donc pu l'être que par les fumées ,
qui l'auront saisi aussitôt que leurs particules seront
devenues assez petites , par la division, pour attirer
avec force celles de l'air élastique. L'on sait assez
qu'une chandelle en brûlant se consume toute en
flamme & en fumée ; ainsi l'on doit conclure de
même, que ce n'est que par ses fumées qu'elle
absorbe l'air.

EXPÉRIENCE CXXI.

J'AI trouvé de plus, que ces fumées détruisent l'élasticité de l'air, non-seulement dans le
temps qu'elles s'élèvent, mais même plusieurs
heures après avoir ôté de dessous le vaisseau $z\,z$
$a\,a$ (*Pl. XV. figure 35.*) la mèche soufrée qui
les avoit produites ; car je faisois d'abord refroidir ces fumées en plongeant ce vaisseau , avec
sa cuvette $x\,x$, (ou seulement une bouteille à
vin pleine de ces fumées) dans l'eau froide , &
le retenant au dessous de cette eau pendant quel-

que temps : enſuite je marquois la ſurface de l'eau *ʓʓ*, & je plongeois de nouveau le vaiſſeau dans l'eau tiède ; & laiſſant tout refroidir, je trouvois le jour ſuivant qu'une bonne partie de l'air avoit perdu ſon élaſticité, car l'eau étoit élevée au deſſus de *ʓʓ*. Je répétai ſouvent cette expérience : l'évènement fut toujours le même.

Mais, au lieu de remplir la bouteille des fumées de ſoufre enflammé, ſi je la rempliſſois de celles de bois dont la flamme venoit de s'éteindre, ces fumées abſorboient la moitié moins d'air que les fumées de ſoufre, parce que les fumées du bois ſe trouvoient comme délayées dans les va- peurs aqueuſes qui s'élevoient avec elles ; & c'eſt pourquoi la fumée du bois incommode ſeule- ment les poumons, ſans cauſer de ſuffocation comme celle du charbon de terre, qui contient plus de particules ſulfureuſes, & moins de va- peurs aqueuſes.

J'ai trouvé que l'air nouvellement produit eſt abſorbé par ces fumées ; car, en enflammant une mèche ſoufrée avec un verre ardent, par le moyen d'un aſſez grand morceau de papier trempé d'abord dans une forte ſolution de nitre, & enſuite ſéché, ce nitre détonna en s'enflam- mant, & il en ſortit deux pintes d'air qui furent abſorbées, & au-delà, lorſque le ſoufre brûla.

Les 85 pouces cubiques d'air qui furent abſor- bés par le minéral de Walton & l'eau-forte, dans l'Expérience XCVI, font donc l'excès de l'air abſorbé par ces fumées, ſur celui qui étoit pro- duit par la fermentation.

Et l'on doit dire la même choſe de l'Expérience XCIV, dans laquelle la limaille de fer, mêlée avec l'eſprit de nitre & l'eau, ou même la limaille de fer & l'efprit de nitre feulement, abforbent plus d'air qu'ils n'en produifent : nous voyons même la raifon pourquoi la limaille de fer & l'eau-forte, dans cette même Expérience XCIV, abforbent plus d'air lorfqu'on y ajoute de l'eau, & que ce même mélange produit quelquefois de l'air après l'avoir abforbé, & enfuite le reprend & l'abforbe de nouveau ; ce que font auffi l'huile de vitriol, la limaille de fer & l'eau, & le charbon de Newcaftle avec l'eau-forte, & encore d'autres mélanges ; car, lorfque la fermentation eft violente, les fumées abforbantes s'élèvent très-vîte, & dès-lors il s'abforbe plus d'air qu'il ne s'en produit ; mais, lorfque la fermentation diminue jufqu'au point de ne plus produire affez de fumées pour abforber tout l'air qui en fort en même temps, alors il s'en produit plus qu'il ne s'en abforbe.

L'Expérience XCV nous montre que plufieurs autres mélanges abforbent de l'air en bien plus petite quantité : par exemple, les efprits de corne de cerf avec la limaille de fer ou de cuivre, l'efprit de fel ammoniac avec la limaille de fer ou de cuivre & l'eau, le caillou pulvérifé, ou le caillou de Briftol, auffi pulvérifé, avec l'eau-forte, n'abforbent qu'une très - petite quantité d'air.

L'on a vu, par les Expériences CIII & CVI, que plus les vapeurs fuligineufes font épaiffes, plus promptement elles abforbent l'air ; ainfi il eft à croire que fi les mélanges dont nous venons de parler euffent fermenté en plein air, & non pas dans des vaiffeaux fermés, ces vapeurs auroient été moins denfes, & auroient par conféquent abforbé moins d'air, & peut-être même beaucoup moins qu'il ne s'en produifoit en même temps par l'action de la fermentation.

Quand le minéral de Walton, mêlé avec l'eau-forte & l'eau commune, produit de l'air, tandis qu'il en abforbe lorfqu'il n'eft mêlé qu'avec l'eau-forte toute feule, c'eft parce que les particules de l'eau-forte, étant délayées dans l'eau, fe trouvent avoir plus de liberté pour agir, & caufent ainfi une fermentation plus violente, qui chaffe avec plus de force & en plus grand nombre les particules qui reprennent leur elafticité : cette élafticité en eft peut-être même augmentée juf-qu'au point de pouffer ces particules au-delà de la fphère d'attraction des particules fulfureufes.

Ceci fe confirme par l'Expérience XCIV, dans laquelle la limaille de fer & l'huile de vitriol ne produifent que très-peu d'air ; mais, en y verfant autant d'eau que d'huile de vitriol, elles en produifent 43 pouces ; & avec trois fois cette quantité d'eau, 108 pouces.

Quoique les fumées qui s'élèvent des matières par la fermentation, comme dans le fecond cas du minéral de Walton, foient très-abondantes, il fe peut faire cependant que cette fermenta-tion produit beaucoup plus d'air que de fumées pour l'abforber ; & alors l'air nouvellement pro-duit, qui fe trouve entre ɀɀ & *a a*, (*Pl. XV. figure 35.*) eft l'excès de celui qui eft forti des matières, fur celui que leurs fumées ont abforbé.

Et fans doute que dans ce fecond cas, où le minéral de Walton eft mêlé avec l'eau-forte & l'eau, les fumées qui s'en élèvent n'abforbent pas tant d'air à proportion de leur denfité, que dans le cas où ce minéral n'eft mêlé qu'avec l'eau-forte, parce que les vapeurs fulfureufes fe trouvent affoiblies par les vapeurs aqueuſes ; enſorte que dans l'exemple propoſé, elles détruiſent ſix fois moins d'air que lorſqu'elles agiſſent avec toute leur force : une bonne partie du pouce cubique d'eau s'éleva avec les vapeurs ſulfureuſes ; &, quoiqu'elle augmentât leur denſité en apparence, elle diminua leur force abſorbante ; car les vapeurs aqueuſes n'abſorbent point d'air, quoique, dans l'Expérience CXX, nous ayons obſervé qu'une chandelle en abſorbe plus dans un air humide que dans un air ſec.

C'eſt à cauſe de ces vapeurs aqueuſes que la limaille de fer, avec l'eſprit de nitre & l'eau, abſorba moins d'air qu'avec l'eſprit de nitre ſeul.

Et c'eſt parce que les fumées ſont en petite quantité & bien délayées par les vapeurs aqueuſes de la craie, que l'huile de vitriol & la craie produiſent de l'air.

Et c'eſt auſſi parce qu'il s'élève beaucoup de fumées de la chaux mêlée avec l'huile de vitriol, ou le vinaigre de vin blanc & l'eau, que ce mélange abſorbe beaucoup d'air ; au lieu que la chaux toute ſeule, & qu'on a laiſſé d'elle-même ſe réduire en pouſſière, ne faiſant point de fumée, n'abſorbe point d'air.

Dans l'Expérience XCII, la fermentation n'étoit ni ſubite ni violente, & la quantité des fumées abſorbantes n'étoit pas grande ; auſſi voyons-nous que l'antimoine & l'eau-forte produiſirent une quantité d'air égale à 520 fois le volume de l'antimoine ; & dans l'Expérience XCI, l'antimoine & l'eau régale, qui fermentoient d'abord foiblement, produiſoient de l'air ; mais la fermentation venant à augmenter, il s'élevoit une grande quantité de fumées, & alors ils en abſorboient.

Puisque nous trouvons, par toutes ces expériences, que les subftances animales & végétales produifent beaucoup d'air dans leur diffolution, nous ne pouvons nous empêcher de croire qu'il ne s'en élève beaucoup dans la diffolution qui s'en fait dans l'eftomac des animaux, & même qu'il ne s'élève auffi des fumées qui l'abforbent ; car nous voyons dans l'Expérience LXXXIII, que les écailles d'huitres & le vinaigre, les écailles d'huitres & la préfure, les écailles d'huitres & le jus d'orange, la préfure feule, la préfure & le pain, produifirent d'abord, & enfuite abforbèrent de l'air ; mais les écailles d'huitres avec la liqueur de la mulette d'un veau qui avoit été nourri de foin, ne produifirent point d'air, non plus que les écailles d'huitres & le fiel de bœuf, la falive & l'urine ; mais les écailles d'huitres & le lait en produifirent un peu, tandis qu'en même temps le lait & le jus de citron en abforbèrent un peu : d'où nous voyons que le mélange & la différence des alimens doivent néceffairement, tantôt produire, & tantôt abforber de l'air dans l'eftomac, & qu'il y en aura quelquefois plus d'abforbé que de produit, quelquefois également, & fouvent moins, felon la proportion de la puiffance productrice des alimens qui fe diffolvent, à la puiffance abforbante des fumées qui s'en élèvent. Quand la digeftion fe fait bien, la puiffance génératrice furpaffe un peu la puiffance abforbante : fi elle la furpaffe trop, on s'en trouve incommodé, & l'on eft plus ou moins fujet aux vents, qui ne font autre chofe que cet air élaftique qui fort des alimens dans l'eftomac & les boyaux. J'avois deffein de faire fur la digeftion plufieurs expé-

riences dans une chaleur égale à celle de l'estomac ; mais d'autres expériences que j'ai été obligé
de pourfuivre, ne m'ont pas laiffé le temps d'exécuter celles-ci.

Tous les mélanges produifent donc de l'air
élaftique par la fermentation ; mais ceux dont il
fort en même temps des fumées épaiffes & fulfureufes, abforbent quelquefois plus d'air qu'ils
n'en produifent, & cela à proportion de la denfité de ces fumées & du foufre qu'elles contiennent.

Les expériences précédentes nous montrent
qu'il s'élève de l'air en abondance des acides &
des alcalis par la fermentation, & que cet air
conferve fon état d'élafticité ; qu'il s'en élève
fur-tout une grande quantité dans la diffolution
des fubftances animales & végétales, dans lefquelles il eft intimement & fermement incorporé :
c'eft donc dans le temps de leur production &
de leur accroiffement, que cet air fe mêle &
s'unit avec les particules qui le compofent : une
partie reprend, comme nous voyons, fon élafticité lorfque la fermentation l'en fépare ; mais
le refte demeure pour toujours, ou du moins
pendant plufieurs fiècles, dans cet état de fixité,
fur-tout celui qui fe trouve incorporé dans les
parties les plus folides & les plus durables des
animaux & des végétaux.

Quoi qu'il en foit, nous pouvons toujours remarquer avec plaifir la fageffe infinie de la Providence, qui, par la fermentation des corps, fait
réparer continuellement la perte, & fuppléer à
la dépenfe néceffaire de la prodigieufe quantité
d'air qui entre dans leur production ; car, comme
nous l'avons déja dit, il eft très-probable que

plusieurs matières qui, renfermées dans mes verres, absorboient par la densité de leurs fumées
une bonne quantité d'air, en auroient produit si
elles eussent été mises à l'air libre, où la densité
de ces mêmes fumées auroit été bien moindre.

J'ai fait un grand nombre d'expériences, soit
par le moyen du feu, soit par celui de la fermentation, sur des matières dont il s'élevoit
beaucoup de fumées absorbantes, pour tâcher de
détruire entièrement l'élasticité d'une certaine
quantité d'air; mais je n'en ai pu venir à bout.
L'on ne peut donc pas démontrer directement,
par les expériences qui précèdent, que l'air élastique puisse être totalement fixé; mais nous avons
beaucoup de raison de le croire, puisque nous
voyons que cela lui arrive en si grande partie.
Le chevalier Newton observe sur la lumière,
» qu'il ne faut, pour produire toutes les diffé-
» rentes couleurs de la lumière, & tous ses
» différens degrés de réfrangibilité, que la dif-
» férence dans la grosseur des corpuscules qui
» composent les rayons de lumière; que les
» plus petits de ces corpuscules produisent la
» plus foible de toutes les couleurs, & sont
» plus aisément détournés du chemin droit par
» les surfaces réfringentes; & que les autres,
» à mesure qu'ils sont plus gros, produisent les
» couleurs les plus fortes & les plus éclatantes,
» & sont toujours plus difficilement détournés du
» droit chemin. » *Optique quest.* 29. Et ensuite,
quest. 30, il observe sur l'air, que « des corps den-
» ses sont raréfiés par la fermentation en diffé-
» rentes sortes d'air, & cet air par fermenta-
» tion, & quelquefois sans fermentation, re-
» prend son premier être. » Et comme nous

trouvons en effet, par nos expériences, qu'il fort de l'air d'un grand nombre de différens corps denfes, tant par le feu que par la fermentation, il eft très-probable que ces différens airs ont différens degrés d'élafticité, felon la groffeur & la denfité des particules conftituantes, ou même felon la force avec laquelle ces particules fe trouvent chaffées dans le temps qu'elles prennent leur élafticité. Celles qui feront donc les moins élaftiques, feront auffi les moins propres à réfifter à la puiffance contraire, & par conféquent, perdront plus tôt cette élafticité pour devenir fixes. Et, quoiqu'il foit très-vraifemblable que l'air eft compofé de particules d'une infinité de différens degrés d'élafticité, à les prendre depuis les particules les plus élaftiques & les plus repouffantes, jufqu'aux particules flafques & aqueufes ; il faut cependant convenir que ces dernières particules, tant qu'elles font élaftiques, doivent avoir, près de la furface de la terre, une force de répulfion plus grande que celle du poids d'une colonne de l'atmofphère, dont la bafe eft égale à celle de la furface de ces particules.

Nous avons vu que l'air fe trouve en abondance dans toutes les fubftances animales, végétales & minérales ; mais nous pouvons dire de plus, qu'il y joue un rôle confidérable, & qu'il y eft employé à des fonctions de conféquence. C'eft lui qui eft le principe actif qui conferve le mouvement dans la nature : fi toutes les parties de la matière n'avoient d'autre qualité que celle de s'attirer mutuellement, l'univers feroit bientôt une maffe inactive & fans vie ; mais les particules élaftiques & repouffantes qui fe trou-

vent par-tout, le vivifient par leur réaction continuelle, tantôt victorieuse, & tantôt vaincue par
l'action des particules attirantes ; & comme les
particules élastiques font souvent, dans les opérations de la nature, subjuguées par l'attraction
des autres, & réduites à un état fixe, il falloit
nécessairement qu'elles eussent la propriété de se
libérer & de se dégager de la masse qui les
tient asservies, & de reprendre en même temps
leur premier être, afin de maintenir l'ordre &
la forme de cet univers, & la circulation perpétuelle de la production & de la destruction des
animaux & des végétaux.

L'air est donc extrêmement utile, & même
nécessaire à la production & à l'accroissement
des végétaux & des animaux : il donne de la
force à leurs fluides, tandis qu'il est dans l'état
élastique ; & il contribue, dans son état fixe, à
l'union de leurs parties constituantes, aqueuses,
salines, sulfureuses & terrestres. Cet air fixe se
joint à l'air élastique extérieur, pour agir de concert dans la dissolution & la corruption des corps ;
& ces deux airs n'en faisant plus qu'un, opèrent
bien plus puissamment. Il y a de certains mélanges où l'action & la réaction de ces particules
aériennes & sulfureuses font si violentes, qu'elles
produisent une grande chaleur, & dans quelques-
uns une flamme qui s'élève subitement ; & sans
doute c'est par une action & réaction semblable
de ces deux mêmes principes, que nos feux se produisent & s'entretiennent.

La force de l'élasticité de l'air est si grande,
qu'il peut supporter des poids prodigieux, sans
la perdre ; mais cependant les expériences précédentes nous démontrent que cette élasticité est

aifément détruite par la forte attraction des particules acides fulfureufes qui fortent des corps, ou par l'action du feu, ou par celle de la fermentation. L'élafticité n'eft donc pas une qualité incommutable ; elle n'eft donc pas effentielle aux particules d'air : l'on doit donc regarder notre atmofphère comme un chaos compofé & mêlé d'une infinité de différentes particules, les unes élaftiques, les autres non élaftiques, les autres fulfureufes, falines, aqueufes, terreufes, qui toutes nagent dans ce fluide en grande abondance, & qui ne deviendront jamais de véritables particules d'air élaftique permanent.

Puifque l'air fe trouve donc en fi grande abondance dans prefque tous les corps *, puifque c'eft un principe fi actif & fi opératif ; puifque fes parties conftituantes font d'une nature fi durable, que l'action la plus violente du feu ou de la fermentation, n'eft pas capable de les altérer jufqu'à leur ôter la faculté de reprendre, par le feu ou la fermentation, leur élafticité, (à moins que ce ne foit dans le cas de la vitrification, où celui qui eft incorporé dans le fel végétal & le nitre, peut en partie être fixé pour toujours) ; ne pouvons-nous pas adopter ce *Protée*, tantôt fixe, tantôt volatil, & le compter parmi les principes chimiques, en lui donnant le rang, que les chimiftes lui ont refufé jufqu'à préfent, d'un principe très-actif, auffi-bien que le foufre acide ?

Si ceux qui perdent malheureufement leur temps & leur bien à la recherche d'une production imaginaire, dans l'idée de transformer tout en or, avoient, au lieu de ces travaux infructueux, employé leur temps & mis leurs foins à travailler fur cet *Hermès* volatil qu'ils ont toujours négligé, &

qui

* *Jovis omnia plena.* Virgil.

qui leur a ſi ſouvent caſſé des vaiſſeaux pour en ſortir , & s'exhaler ſous la forme d'un eſprit ſub-til , ou d'une vapeur flatulente & exploſive , ils auroient, au lieu de la récolte de la vanité , moiſ-ſonné, dans le cours de leurs recherches , les lau-riers qui ſont dus aux découvertes brillantes & utiles.

CHAPITRE VII.

De la Végétation.

Nous ne ſentons que trop combien les raiſonnemens que nous faiſons ſur la mécanique compliquée des ouvrages de la nature , ſont remplis d'incertitude ; & le Sage nous dit avec raiſon, *que rarement nous devinons juſte ſur les choſes qui ſont ſur la terre , & que nous ne trouvons les choſes les plus aiſées qu'avec travail.* La Sageſſe , chap. IX, *verſ. 16.* La nature végétale nous fournit un exemple de cette grande vérité ; ſes productions ſont abondantes, immenſes : elles ſe renouvellent à chaque inſtant , & ſe préſentent continuellement à nos yeux ; mais, malgré toutes ces faveurs qui devroient nous fournir des lumières, nous ne laiſſons pas que d'être dans des ténèbres profondes à l'égard de toutes ſes opérations.

Les vaiſſeaux des plantes ſont ſi déliés, leur texture eſt ſi fine & ſi embarraſſée, que, quoique armés des meilleurs microſcopes, nous ne pouvons en ſaiſir qu'un très-petit nombre. Nous ne devons cependant pas nous rebuter pour cela , & nous avons même de bonnes raiſons pour nous encourager à faire toujours de nouvelles recher-

R

ches. Il est vrai que nous ne pouvons pas espérer d'arriver jamais aux premiers principes des choses ; mais, comme dès les premiers pas nous trouvons des merveilles , & que tout est ici formé de la manière la plus belle & la plus parfaite, nous ne devons pas douter du succès de nos travaux , & nous avons lieu de nous attendre à les voir récompensés par des découvertes satisfaisantes : & quand même nous n'aurions pas cette espérance , nous sommes du moins sûrs de nous occuper l'esprit très-agréablement , & de voir toujours avec un nouveau plaisir les surprenans ouvrages de la main du Tout-Puissant ; ce qui ne peut manquer de nous conduire à la reconnoître, l'admirer, l'adorer : occupation la plus noble & la plus digne de notre ame.

Je ne répéterai pas ce que j'ai déja dit au sujet de la végétation ; mais l'on sentira aisément que tout ce qui suit est appuyé & fondé sur les expériences précédentes , & aussi sur celles qui suivent.

Nous trouvons, par l'analyse chimique des végétaux , qu'ils sont composés de soufre , de sels volatils , d'eau , de terre & d'air. Ces quatre premiers principes agissent les uns sur les autres par une forte puissance d'attraction mutuelle ; & l'air , que je regarde comme le cinquième principe, est doué de cette même puissance d'attraction , lorsqu'il est dans un état fixe : mais il exerce la puissance contraire aussitôt qu'il change d'état ; car dès-lors il repousse avec une force supérieure à toutes les forces connues. Tout se fait donc dans la nature par la combinaison de ces cinq principes, par leur action & réaction réciproque.

Les particules aériennes actives servent à con

duire à sa perfection l'ouvrage merveilleux de la végétation ; elles favorisent, par leur élasticité, l'agrandissement des parties ductiles, elles aident à leur extension; elles donnent de la vigueur à la sève, elles la vivifient ; & en se mêlant avec les autres principes qui attirent & réagissent, elles font naître une chaleur douce, & un mouvement favorable qui façonne peu à peu les particules de la sève, & qui les change enfin en particules telles qu'il les faut pour la nutrition ; *car une nourriture tendre & humide est aisément disposée, par une chaleur douce & un mouvement tempéré, à changer de forme & de contexture ; les mouvemens intestins rassemblant les particules homogènes, & séparant les particules hétérogènes.* Newton, *Optique, quest. 31.* La somme des effets de la puissance attractive de ces principes agissans & réagissans, est, dans la nutrition, supérieure à la somme des effets de leur puissance répulsive ; ainsi l'union de ces principes devient toujours plus intime, jusqu'à ce qu'ils aient formé des particules d'une consistance assez grande pour les rendre visqueuses & propres à la nutrition. C'est de ces particules qu'est composée la substance même des végétaux, & que leurs parties les plus solides se forment, après avoir laissé échapper le véhicule aqueux, plus ou moins promptement, selon les différens degrés de la cohésion de ces principes rassemblés.

Mais lorsque ces particules aqueuses pénètrent de nouveau ces principes, & qu'elles les désunissent, leur puissance répulsive devient alors plus grande que leur puissance attractive, & dès-lors l'union des parties cesse entièrement ; de sorte que les végétaux se trouvent bientôt dissous, ré-

duits & décompofés jufqu'à leurs premiers principes, & par conféquent, capables de recevoir
un nouvel être, & de reffufciter fous quelque autre forme. Providence admirable ! qui rend les
tréfors de la nature inépuifables, fur-tout ceux
qu'elle deftine à l'entretien de fes productions ;
puifqu'il ne faut pour les renouveler qu'une légère altération dans la forme & dans la contexture de leurs parties.

Dans les végétaux, les principes fe trouvent
combinés & proportionnés pour leur plus grande
perfection : nous trouvons en général plus d'huile
dans les parties les plus élaborées & les plus exaltées des végétaux, telles que leurs femences, c'eft-
à-dire, nous y trouvons plus de foufre & d'air,
comme il paroît par les Expériences LV, LVII
& LVIII. Auffi voyons-nous que les femences
contenant l'embryon du végétal futur, doivent
en même temps contenir des principes capables
de les faire réfifter à la putréfaction, & affez
actifs pour aider à la germination & à la végétation. L'odeur gracieufe des fleurs & le goût re-
levé des fruits, nous apprend qu'ils contiennent
auffi une bonne quantité d'huile très-fubtile &
fort exaltée, qui fans doute contient elle-même
beaucoup d'air & de foufre.

L'huile eft un préfervatif excellent contre le
froid ; auffi la sève des arbres feptentrionaux en
contient-elle beaucoup ; & c'eft cette même huile
qui conferve les feuilles fur les plantes toujours
vertes.

Mais, comme les plantes qui font d'un tiffu
moins folide & moins durable, contiennent une
plus grande quantité de fel & d'eau, principes
dont l'attraction eft moins puiffante que celle de

l'air & du foufre, elles font moins capables de réfifter au froid, qui fe fait même plus fentir aux plantes au printemps qu'en automne, parce qu'elles contiennent beaucoup plus de fel & d'eau dans ce premier temps, & que ce n'eft qu'en avançant en âge & en maturité que la quantité d'huile augmente.

Tout cela nous conduit à penfer que, pour amener à maturité les végétaux, fur-tout les graines & les fruits, la nature s'applique fur toutes chofes à combiner enfemble, dans la proportion la plus exacte, les principes les plus nobles & les plus actifs de foufre & d'air, qui compofent l'huile, dans laquelle, quelque raffinée qu'elle foit, l'on trouve toujours de la terre & du fel.

Plus la maturité eft parfaite, & plus ces nobles principes font étroitement unis ; ainfi les vins du Rhin, qui viennent dans un climat feptentrional, contiennent dans leur tartre (Expérience LXXIII) plus d'air & de foufre que les vins violens des contrées chaudes & méridionales, auxquels ces principes font plus fermement attachés; cela fe voit fur-tout dans le vin de Madère, où ils font fixés à un tel point, que le même degré de chaleur qui fuffiroit pour gâter tout autre vin, eft néceffaire pour conferver celui-ci, & lui donner de la force. C'eft par cette même raifon que les petits vins de France donnent plus d'efprits par la diftillation, que les forts vins d'Efpagne.

Mais lorfque la partie crue & aqueufe de la nourriture eft trop grande, par rapport à celle qui contient les autres principes ; par exemple, lorfque la plante eft gourmande, ou que fes racines font plantées à une trop grande profondeur, ou que la plante fe trouve trop à l'ombre, ou même que l'été est trop froid & fort humide ; alors, ou elle ne produit point de fruit, ou bien, si elle en produit, il est cru, vert, aqueux, & jamais il ne vient à ce degré de maturité auquel une meilleure proportion des principes l'auroit conduit.

Aussi voyons-nous, pour peu que nous y fassions attention, que l'Auteur de la nature a départi aux végétaux, aussi-bien qu'à tous les autres corps, la quantité & la proportion de ces principes qu'il falloit pour les amener aux fins qu'il s'étoit proposées, & auxquelles il les destinoit.

Les observations & les expériences précédentes nous démontrent que les feuilles aident infiniment à la végétation des plantes ; elles servent, pour ainsi dire, de pompes pour élever les particules nutritives, & les conduire jusqu'à la sphère d'attraction du fruit, qui lui-même est pourvu, comme les jeunes animaux le sont aussi, d'organes propres à sucer & à tirer cette nourriture. Mais ces mêmes feuilles rendent encore bien d'autres services aux végétaux ; car la nature, aussi économe dans les moyens, que féconde dans l'exécution, fait admirablement se servir des mêmes instrumens à plusieurs fins : elle a placé dans les feuilles les conduits excrétoires des végétaux ; ainsi elles séparent & chassent le fluide aqueux superflu, qui se corromproit dans les vaisseaux, & incommoderoit la plante ; au lieu qu'après cette séparation, les particules nutritives se trouvant rapprochées, se réunissent plus aisément. Il est à croire qu'une partie de cette matière nutritive entre dans les végétaux par les feuilles, puisqu'elles tirent en grande quantité la pluie, la rosée, qui contiennent du sel, du soufre, &c.

car l'air est rempli de particules sulfureuses &
acides ; & même, lorsqu'elles s'y trouvent en
trop grand nombre, elles causent, par leur action & réaction avec l'air élastique, cette chaleur étouffante qui précède ordinairement le
tonnerre & les orages : aussi l'on peut assurer que
ces combinaisons toujours nouvelles d'air, de
soufre & d'esprit acide, font extrêmement utiles
à l'avancement de la végétation. Les particules
dont les feuilles se saisissent, font sans doute les
matériaux dont les principes les plus subtils &
les plus raffinés des végétaux font formés ; car
l'air, ce fluide délié, est bien plus propre à servir de milieu & de moyen pour combiner & préparer les principes les plus relevés des végétaux,
que l'eau, ce fluide grossier, qui n'est que la partie inactive de la sève. La même raison nous porte
à croire que les principes les plus raffinés & les
plus actifs des animaux, font aussi préparés dans
l'air, & de-là conduits par les poumons jusque
d ns le sang.

L'on ne peut douter que les feuilles ne contiennent en abondance des particules sulfureuses
aériennes, puisque l'on trouve sur leurs bords
des matières sulfureuses qu'elles exsudent : c'est
de ces exsudations sulfureuses, aussi-bien que de
la poussière des fleurs, que les abeilles composent leurs cellules de cire ; & l'on sait que la cire
contient beaucoup de soufre, puisqu'elle s'enflamme très-facilement.

Nous pouvons donc raisonnablement assurer
aujourd'hui, ce qui avoit été soupçonné long-
temps auparavant ; savoir, que les feuilles servent aux végétaux, comme les poumons aux animaux : mais comme les plantes n'ont point d'or-

ganes qui puiffent, comme le fait la poitrine, fe dilater & fe contracter, auffi leurs infpirations & leurs expirations ne font-elles pas fi fréquentes que celles des animaux : elles dépendent même entièrement des alternatives du froid & du chaud, c'eft-à-dire, du chaud au froid pour l'infpiration, & du froid au chaud pour l'expiration ; & il y a lieu de croire que les plantes qui font les plus fucculentes, tirent, par ces moyens, plus de nourriture aérienne, que les plantes plus aqueufes & plus infipides : la vigne peut nous fervir d'exemple. Nous voyons dans l'Expérience III, qu'elle tranfpire moins que le pommier ; &, comme elle tire moins de nourriture aqueufe du fein de la terre par fes racines, elle en tire davantage de l'air pendant la nuit, & toujours plus que les autres arbres dont les racines tirent beaucoup de nourriture aqueufe : &, felon toutes les apparences, c'eft par la même raifon que, dans les pays chauds, les plantes contiennent une plus grande quantité de principes fubtils & aromatiques, que les plantes plus feptentrionales; favoir, parce que celles-là tirent fans doute plus de rofée que celles-ci. Cette conjecture, qui paroît jufte, peut nous fournir une raifon de plus pour expliquer comment & pourquoi les arbres trop à l'ombre, ou bien trop gourmands, ne donnent point de fruits; favoir, parce qu'étant, dans ce cas, remplis de beaucoup d'humidité, ils ne peuvent tirer avec autant de force cette rofée bienfaifante.

Comme le goût exquis des fruits, & l'odeur agréable des fleurs, viennent de ces principes aériens fubtilifés, il eft affez naturel de penfer que les belles couleurs de ces mêmes fleurs doivent auffi être attribuées à la même caufe ; car on fait d'ailleurs que les terrains fecs favorifent plus le jeu & contribuent plus à la variété de leurs couleurs, que les terrains humides, d'où elles tireroient plus de nourriture aqueufe.

La lumière, par fon action fur les larges furfaces des feuilles & des fleurs, & par la liberté avec laquelle elle les pénètre, ne contribue-t-elle pas auffi à annoblir encore le principe des végétaux ? car le chevalier *Newton* nous dit avec raifon : *Ne peut-il pas fe faire une transformation réciproque entre les corps groffiers & la lumière ? & les corps ne peuvent-ils pas recevoir une grande partie de leur activité des particules de la lumière qui entrent dans leur compofition ; le changement des corps en lumière, & de la lumière en corps, étant une chofe très - conforme au cours de la nature, qui femble fe plaire aux transformations ?* Optique, queft. 30.

EXPÉRIENCE CXXII.

L'EXPÉRIENCE fuivante nous porte à croire que les tiges & les feuilles des plantes tirent l'air élaftique. Dans la première édition de cet ouvrage, je ne l'ai rapportée que comme faite avec trop peu d'exactitude pour pouvoir y ftatuer ; mais je l'ai répétée depuis avec bien plus d'attention & de foins, comme on va le voir. Je plantai le 29 de juin, dans une cuvette de verre pleine de terre, une menthe bien fournie de racines ; & je verfai de l'eau fur cette terre, autant qu'il y en put entrer, & que la cuvette en put contenir. Sur cette cuvette de verre, je plaçai un vaiffeau de verre renverfé *z z a a*, (*Pl. XV. figure 35.*) ayant fait monter l'eau jufqu'en *a a*, par le moyen d'un fiphon. Dans le même temps, je plaçai de la même manière un autre verre renverfé *ꝣ ꝣ a a*, égal & femblable au premier, fur une cuvette auffi pareille à la première, pleine de terre & d'eau, mais dans laquelle il n'y avoit point de plante comme dans la première. La capacité de chacun de ces vaiffeaux, à la prendre au deffus de *a a*, étoit de 49 pouces cubiques. Dans un mois la menthe avoit pouffé plufieurs rejetons minces & déliés, & plufieurs petites racines comme du chevelu, qui partoient des nœuds qui étoient au deffus de l'eau : la grande humidité de l'air qui environnoit la plante, fut apparemment la caufe de ces productions. La moitié des feuilles de la vieille tige étoit morte au bout de ce premier mois ; mais la tige & les feuilles des jeunes rejetons vécurent, & confervèrent leur verdeur pendant la plus grande partie de l'hiver fuivant.

L'eau qui étoit fous les deux verres renverfés *ꝣ ꝣ a a*, hauffa & baiffa, comme fi elle avoit été affectée par les variations de la pefanteur de l'atmofphère, ou bien par les dilatations & contractions alternatives de l'air au deffus de *a a*. Mais, outre cela, l'eau du vaiffeau fous lequel étoit la menthe, s'éleva fi fort au deffus de *a a*, & au deffus de la furface de l'eau de l'autre vaiffeau, que je fupputai qu'il étoit néceffaire qu'une feptième partie de l'air contenu fur ce premier vaiffeau eût été réduite à l'état de fixité, foit par les vapeurs qui s'étoient élevées de la plante, foit par la fuccion de la plante elle-même : ceci fe fit pendant les deux ou trois mois d'été ; car après cela l'air ne fut plus abforbé.

Au commencement d'avril de l'année fuivante,

j'ôtai la vieille menthe , & j'en mis une autre en fa place dans le même air , pour voir fi elle en abforberoit ; mais elle ne fit que languir , & fe fana en quatre ou cinq jours ; tandis qu'une autre plante femblable , mife fous l'autre vaiffeau dans un air qui y avoit été renfermé pendant neuf mois , vécut pendant près d'un mois , c'eft-à-dire , auffi long-temps à proportion que la première avoit vécu dans un air tout nouvellement renfermé ; car je trouvai qu'une jeune & tendre plante , renfermée de cette manière au mois d'avril , ne vivoit pas fi long-temps qu'une autre plante de la même efpèce , plus âgée & plus formée , qu'on renfermoit de même au mois de juin.

Je mis de la même manière d'autres plantes femblables aux premières , dans de l'air que j'avois tiré du tartre par la diftillation , & d'autres dans de l'air tiré du charbon de Newcaftle , auffi par la diftillation : elles fe flétrirent en très-peu de temps ; mais cependant une autre pareille plante , placée de la même manière fous un vaiffeau contenant trois pintes d'air , dont un quart étoit de l'air tiré de la dent d'un bœuf par la diftillation , ne laiffa pas que de croître de deux pouces en hauteur , & de porter quelques feuilles vertes , après avoir été renfermée pendant fix à fept femaines.

Comme je vis que les plantes ne pouvoient vivre dans l'air qui avoit été infecté , par le féjour de plufieurs mois , de la menthe que j'y avois placée le 19 de juin , au lieu d'une plante , je mis dans cet air un mélange de foufre pulvérifé & de limaille de fer , humecté avec de l'eau ; & je trouvai qu'il abforba 4 pouces cubiques d'air.

EXPÉRIENCE CXXIII.

POUR trouver la façon dont croiſſent les branches, je me ſuis ſervi d'un petit bâton *a*, (*Pl. XVIII. fig. 40.*) dans lequel j'ai fixé cinq épingles 1, 2, 3, 4, 5, à un quart de pouce de diſtance les unes des autres, & qui ne paſſoient au-delà du bâton que d'un quart de pouce ; j'ai rabattu enſuite les têtes de ces épingles ſur le bâton, en les recourbant, auquel je les ai bien liées avec du fil ciré ; &, après avoir fait une couleur avec du plomb rouge & de l'huile, j'y ai trempé les pointes des épingles, & j'ai piqué, dans le temps que la vigne a déja pouſſé au printemps de jeunes rejetons, le jeune ſarment *t h* (*Planc. XVIII. figure 41.*) avec les cinq pointes tout à-la-fois en *t s q p o* : & enſuite, ayant mis en *o* la pointe la plus baſſe, j'ai piqué de même en *n m l i*, & enfin en *h ;* de ſorte que le ſarment étoit marqué & diviſé dans toute ſa longueur par des points que la couleur rendoit très-viſibles, & qui étoient éloignés l'un de l'autre d'un quart de pouce.

La *figure 42* repréſente les juſtes proportions de ce même ſarment, vu au mois de ſeptembre ſuivant, après qu'il eut pris tout ſon accroiſſement ; j'ai marqué des mêmes lettres tous les points correſpondans des deux *figures 41 & 42.*

La diſtance de *t* à *s* n'étoit pas augmentée de la ſoixantième partie d'un pouce ; celle de *s* à *q* étoit augmentée d'une vingt-ſixième ; celle de *q* à *p*, de trois huitièmes ; celle de *p* à *o*, de trois huitièmes ; celle de *o* à *n*, de trois cinquièmes ; celle de *n* à *m*, de neuf dixièmes ; celle de *m* à *l*, d'un pouce & d'un dixième ; celle de *l* à *i*, d'un pouce & de trois dixièmes ; & celle de *i* à *h*, de trois pouces.

Nous voyons dans cette expérience, que la longueur jufqu'au premier nœud *r*, n'augmenta que fort peu, parce que cet intervalle étoit endurci, & prefque parvenu à fon entier accroiffement, lorfque je le marquai : l'intervalle fuivant, qui féparoit les deux nœuds *r* & *n*, étent plus jeune, s'étendit un peu plus ; & le troifième compris entre *n* & *k*, qui n'avoit que $\frac{1}{3}$ de pouce, s'étendit jufqu'à 3 $\frac{1}{2}$ pouces ; mais l'intervalle de *k* en *h*, qui étoit le plus jeune & le plus tendre bois, & qui n'avoit qu'un quart de pouce de longueur lorfque je le marquai, avoit trois pouces de longueur lorfqu'il eut pris tout fon accroiffement. Nous pouvons obferver que la nature, par un foin tout particulier qu'elle prend des jeunes rejetons, place, pour pouvoir leur fournir une grande abondance de matière ductile, plufieurs feuilles près les unes des autres dans toute leur longueur, qui fe développent fucceffivement pendant la première année de leur accroiffement, & fervent de puiffances concertées pour élever la sève en abondance, & augmenter ainfi l'extenfion des jeunes rameaux qui croiffent.

Cette attention de la nature eft non-feulement pour les arbres, mais même pour le blé, le foin, le jonc, & toutes les efpèces de rofeaux : l'on peut remarquer à chaque nœud ces feuilles nourrices, long-temps avant que le jeune rejeton paroiffe ; & comme la tige en eft d'abord extrêmement tendre & très-foible, & qu'il feroit à craindre qu'elle ne féchât trop vîte, ou qu'elle ne rompît aifément, la nature a encore eu foin de prévenir ces deux inconvéniens, en la couvrant d'un bon fourreau qui la foutient & la conferve dans l'état de foupleffe & de ductilité qui lui eft néceffaire pour parvenir à fon entier accroiffement.

J'ai marqué dans les faifons convenables, & de la même manière que j'avois marqué la vigne, de jeunes pouffes de chèvre-feuilles, de jeunes afperges, de jeunes foleils ; l'échelle de leur extenfion s'eft toujours trouvée très-inégale, les parties les plus tendres croiffant toujours beaucoup plus que les autres : la partie blanche des afperges qui étoit en terre, n'augmenta que trèspeu en longueur ; auffi voyons-nous que les fibres de cette partie blanche font dures & cordées, en comparaifon des fibres dans la partie verte : elle étoit élevée d'environ quatre pouces au deffus de terre lorfque je la marquai, & fa plus grande extenfion fut d'un quart de pouce à douze pouces. La plus grande extenfion d'un foleil fut d'un quart de pouce à quatre pouces.

De ces expériences on doit conclure, qu'un bouton devient un rejeton par une dilatation graduelle, & par une extenfion continue de chacune de fes parties ; car les nœuds du rejeton font extrêmement près l'un de l'autre dans le bouton, comme on peut le voir très-évidemment dans un bouton de vigne ou figuier fendu en deux. Chaque partie s'étend donc par degrés jufqu'à ce qu'elle ait pris fon accroiffement tout entier : l'on conçoit aifément comment les tuyaux capillaires confervent toujours leurs cavités, quoiqu'ils foient fi fort alongés, puifque l'expérience nous montre qu'un tuyau de verre, tiré & alongé jufqu'à devenir auffi petit que le fil le plus fin, ne laiffe pas de conferver fa cavité.

Toute l'augmentation du farment jufqu'au premier nœud *r*, eft fort petite en comparaifon de l'augmentation des autres parties, & cela, parce que les feuilles font encore fort petites, & la faifon bien fraîche lorfqu'il commence à paroître, & que par conféquent il ne s'y porte que peu de sève : il ne s'augmente donc que lentement ; & ainfi fes fibres deviennent dures & coriaces avant qu'elles aient acquis une longueur confidérable. Mais la partie du farment qui eft entre le premier & le fecond nœud, venant dans une faifon plus avancée, & où les feuilles font plus développées, elle tire une plus grande quantité de nourriture, & auffi devient plus longue que la première : la troifième devient plus longue que la feconde, & la quatrième plus longue que la troifième, par la même raifon : ainfi, les dernières pouffes font, en temps égaux, des progrès plus grands que les premières pouffes.

Plus la faifon eft humide, & plus les végétaux augmentent ; car alors leurs parties fouples & ductiles confervent ces qualités plus long-temps, au lieu que dans une faifon sèche, les fibres fe sèchent & s'enduruciffent bien plus tôt, & qu'outre cela, les fraîcheurs des nuits d'automne retardent & arrêtent leur accroiffement. Je conferve un farment de la crue d'une année, qui a quatorze pieds de longueur, & trente-neuf intervalles, tous à peu près de la même longueur, excepté quelques-uns des premiers & des derniers. C'eft par cette même humidité que les fèves, & plufieurs autres plantes qui fe trouvent toujours à l'ombre, croiffent jufqu'à des hauteurs extraordinaires, parce que leurs parties confervent plus long-temps la moiteur & la ductilité néceffaires à l'extenſion ; mais la ſtérilité accompagne ordinairement cette trop grande humidité, & l'on obſerve que les longues pouſſes des vignes ne portent point de fruit.

Cette expérience qui nous montre comment les bourgeons croiſſent, confirme le ſentiment de Borelli, dans ſon Traité *de Motu Animalium, part.* 2. *chap.* 13. Il nous dit « que le tendre rejeton croît » & s'étend comme de la cire molle, par l'expan-» ſion de l'humidité dans la moëlle ſpongieuſe ; » & que cette humidité, qui ſe dilate, ne retourne » pas en arrière, parce qu'elle eſt attirée par la » qualité ſpongieuſe de la moëlle, qui ſeule ſuffit » pour l'attirer & la retenir, ſans qu'il ſoit beſoin » de valvules ou de ſoupapes pour l'arrêter. » Cela eſt très-probable ; car il paroît néceſſaire que les particules d'eau, qui ſont puiſſamment attirées par les fibres de la moëlle, & qui par conſéquent y adhèrent fortement, ſouffrent extenſion avant que de pouvoir être détachées & ſéparées de ces fibres par la chaleur du ſoleil ; & par conſéquent la maſſe totale des fibres ſpongieuſes qui compoſent la moëlle, doit néceſſairement ſe dilater, & s'étendre en longueur. Pour mieux faire ſervir la moëlle à cet effet, la nature a mis dans preſque tous les rameaux, une forte cloiſon à chaque nœud, qui ſert non-ſeulement de pilier pour retenir la moëlle, & de point d'appui pour exercer ſa force, mais auſſi d'obſtacle à la retraite de la ſève, & encore d'aide pour faire ſortir les branches, les feuilles & les fruits.

L'on dira ſans doute, qu'une ſubſtance ſpongieuſe qui ſe dilate en tout ſens, au lieu de produire un rameau long, doit produire quelque choſe de globuleux comme une pomme ; mais

cette

cette difficulté s'évanouit, quand on considère qu'outre les cloisons qui se trouvent à chaque nœud, il y a plusieurs diaphragmes très-voisins les uns des autres, qui, en traversant la moëlle, préviennent & empêchent sa trop grande dilatation latérale. On peut les voir très-distinctement dans la moëlle des jeunes branches de noyer, & dans celles d'un soleil, & même de plusieurs autres plantes où ces diaphragmes sont très-visibles dès que la moëlle est séchée ; car souvent on ne les apperçoit pas, tandis qu'elle est pleine de nourriture & d'humidité. L'on a observé de plus dans les parties de la moëlle elle-même, qui sont composées de vésicules assez grosses pour être clairement distinguées, que ces vésicules sont formées de fibres couchées pour l'ordinaire horizontalement, ce qui les met en situation de mieux résister à la force de l'expansion latérale.

C'est par un art tout pareil, que la nature fait croître les plumes des oiseaux : on peut le découvrir évidemment dans les grandes plumes de l'aile, dont la plus mince & la plus haute partie s'étend & s'augmente à l'aide d'une moëlle spongieuse qui la remplit, mais dont le tuyau ne s'étend qu'à l'aide d'une suite de vésicules, qui, tant qu'elles sont remplies d'humidité, augmentent le tuyau, & le conservent dans l'état de souplesse & de ductilité nécessaire à son accroissement. Aussitôt que cet accroissement est pris, ces vésicules se sèchent ; & c'est alors que l'on peut clairement observer que chaque vésicule est contractée à chacune de ses extrémités, par un diaphragme ou sphincter qui empêche l'extension latérale, & favorise la longitudinale. Et, de même que dans les plumes, cette moëlle, ou plutôt ces vésicules, deviennent

inutiles dès que le tuyau à pris son accroissement ;
tout de même aussi la moëlle, qui dans les arbres est
toujours pleine de sucs & d'humidité tant que le
jeune rejeton croît, & qui, par son humidité,
conserve la souplesse des fibres , & par sa force de
succion & de dilatation, en augmente l'accroissement & l'extension ; cette moëlle, dis-je, aussitôt
que le rejeton de chaque année cesse de croître,
se sèche par degrés, & demeure toujours sèche,
avec ses vésicules toujours vides. Mais la nature
prévoyante conserve, pour la crue de l'année
suivante, dans l'intérieur du bouton, une petite
portion tendre & ductile de moëlle succulente.

Les os des animaux croissent par la même mécanique : chaque partie qui n'est pas durcie &
ossifiée, augmente par degrés ; mais , comme les
mouvemens des articulations ne permettoient pas
que les extrémités des os fussent molles & ductiles comme dans les parties des végétaux , la
nature a fourni les extrémités des os d'une matière glutineuse, qui , tant qu'elle est ductile,
laisse croître l'animal, mais qui, dès qu'elle s'os-
sifie , l'empêche de croître, comme je m'en suis
assuré par l'expérience suivante.

Je pris un poulet qui n'avoit encore pris que la
moitié de son accroissement; je lui piquai l'os de
la jambe, qui n'avoit que deux pouces de longueur, avec une petite pointe de fer très-aiguë,
en deux endroits, à un demi-pouce de distance ,
en perçant la membrane écailleuse qui recouvre
la jambe. Deux mois après je tuai le poulet, &
ayant découvert l'os, j'y remarquai les restes obs-
curs des deux piqûures, à la même distance d'un
demi-pouce l'une de l'autre ; de sorte que cette
partie de l'os ne s'étoit point du tout étendue en

longueur depuis le temps que je l'avois marquée, quoique, dans ce même intervalle de temps, l'os tout entier eût augmenté de plus d'un pouce en longueur : l'accroiſſement ſe fit principalement à l'extrémité ſupérieure de l'os, où la matière ductile & glutineuſe ſe trouve abondamment, à l'endroit de la jointure ou ſymphiſe de la tête avec le corps de l'os.

Il eſt à croire que les autres fibres du corps animal, ſoit membraneuſes, muſculeuſes, nerveuſes, cartilagineuſes ou vaſculeuſes, ſe dilatent & s'étendent comme les fibres oſſeuſes, par la nourriture ductile que la nature fournit à chaque partie : l'on peut donc dire que l'animal végète à cet égard comme la plante ; ainſi il eſt d'une extrême importance que la nourriture du jeune animal ſoit propre à cet ouvrage de végétation & d'accroiſſement, ſur-tout pour former une bonne & forte conſtitution ; car ſi, pendant ſa jeuneſſe, la nature ſe trouve dépourvue des matériaux propres & néceſſaires à cet ouvrage, elle ne peut tirer que de petits fils de vie : cela ne ſe remarque que trop ſouvent dans les jeunes gens qui croiſſent, lorſque, par des excès & des débauches de liqueurs ſpiritueuſes, ils altèrent & corrompent la matière nutritive qui doit étendre toutes les fibres.

Les expériences précédentes nous démontrent que les fibres longitudinales & les vaiſſeaux ſéveux du bois, croiſſent en longueur la première année, par l'extenſion de chaque partie ; & comme la nature, dans les mêmes productions, ſe ſert de moyens ſemblables ou très-peu différens, l'on doit penſer que les couches ligneuſes de la ſeconde, troiſième, &c. année, ne ſont pas formées par la ſeule dilatation horizontale des vaiſ-

feaux, mais bien plutôt par une extenſion de fibres
longitudinales, & de tuyaux qui ſortent du bois
de l'année précédente, avec les vaiſſeaux duquel
ils conſervent une libre communication. L'obſervation que j'ai faite ſur l'accroiſſement des couches ligneuſes, Expérience XLVI, (*Pl. XVIII.
fig. 40.*) confirme ceci; outre qu'il n'eſt pas aiſé
de concevoir comment les fibres longitudinales
& les vaiſſeaux ſéveux de la ſeconde année, peuvent être formés par la ſeule dilatation horizontale des vaiſſeaux de l'année précédente.

Quoi qu'il en ſoit, nous pouvons toujours obſerver que la nature a eu grand ſoin de conſerver
la ſoupleſſe & la ductilité des parties qui ſont entre
l'écorce & le bois, en y entretenant une humidité
viſqueuſe, qui ſert à former la matière ductile, les
fibres ligneuſes, les véſicules & les boutons.

La nature, en préparant la matière ductile qui
doit ſervir à la production & à l'accroiſſement de
toutes les parties des végétaux & des animaux,
choiſit des particules de degrés très-différens d'attraction mutuelle, & les combine enſuite dans
la proportion la plus convenable à ſes deſſeins,
ſoit pour former les fibres oſſeuſes ou les fibres
plus molles dans les animaux, ou bien pour former les fibres ligneuſes ou herbacées dans les
végétaux. Le grand nombre des différentes ſubſtances qui ſe trouvent dans le même végétal,
prouve qu'il y a des vaiſſeaux faits exprès & deſ-
tinés à conduire différentes ſortes de nourriture.
Dans pluſieurs plantes, on voit ces vaiſſeaux pleins
d'une liqueur ou laiteuſe, ou jaune, ou rouge.

Le docteur Keill, dans ſon *Traité des Sécrétions animales, page* 49, obſerve que, quand la
nature veut ſéparer du ſang une matière viſqueuſe,

elle trouve le moyen d'en retarder le mouvement, ce qui permet aux particules du sang de se mieux unir, & de former ainsi la sécrétion visqueuse ; & le docteur Grew a observé avant lui, un exemple de la même méthode sur les végétaux, quand la nature veut faire une sécrétion pour composer une substance dure, & cela sur les amandes des fruits à noyau, qui n'adhèrent pas immédiatement au noyau, ce qui seroit le moyen le plus court pour en tirer de la nourriture, mais qui sont pourvus d'un vaisseau ombilical, qui seul porte & conduit la nourriture, après avoir fait un tour entier en s'ajustant à la concavité, & en aboutissant à la pointe du noyau. Ce prolongement de vaisseaux retarde le mouvement de la sève, & rend la nourriture qu'ils contiennent assez visqueuse pour la faire devenir une substance dure & ligneuse.

L'on peut remarquer un art tout semblable dans les longs vaisseaux capillaires fibreux, qui sont entre l'écorce verte & la coquille de la noix, comme aussi dans le macis fibreux des noix de muscade ; les extrémités de ces fibres ont leurs insertions dans les angles des sillons de la coquille. Ils servent sans doute à conduire la matière visqueuse, qui se change, lorsqu'elle est sèche, dans une substance dure, dont est faite la coquille ; au lieu que si cette coquille tiroit immédiatement sa nourriture de la pellicule molle & pulpeuse qui l'environne, elle seroit certainement de la même qualité : cette pellicule sert seulement à conserver la souplesse & la ductilité de l'écorce, jusqu'à l'entier accroissement de la noix.

Dans les arbres qui transpirent peu, la sève se meut bien plus lentement que dans les arbres qui transpirent davantage : aussi leur sève est bien plus vifqueufe; & par cette qualité elle rend, eux & leurs feuilles, plus propres à réfifter aux froids des hivers. L'on a même obfervé que la sève des arbres toujours verts des pays méridionaux, n'eft pas fi vifqueufe que la sève des arbres toujours verts des pays feptentrionaux, comme celle du fapin, &c. Et en effet, la sève dans les contrées plus chaudes, tranfpirant en plus grande quantité, doit être en plus grand mouvement.

EXPÉRIENCE CXXIV.

POUR trouver la façon dont les feuilles fe développent, je me fuis fervi d'une petite planche ou fpatule de chêne *a b c d*, de la même forme & de la même grandeur qu'on la voit repréfentée dans la *figure 43*, *Pl. XVIII.*

J'ai fixé fur cette fpatule vingt-cinq pointes d'épingles *x x*, toutes à égale diftance d'un quart de pouce, & également élevées au deffus de la furface de la fpatule d'un quart de pouce.

J'ai piqué dans la faifon plufieurs jeunes feuilles avec toutes ces pointes à-la-fois, que j'avois auparavant trempées dans une couleur de plomb rouge.

La *figure 44* repréfente la grandeur & la figure d'une jeune feuille de figuier, lorfque je la marquai par des points rouges, éloignés les uns des autres d'un quart de pouce.

La *figure 45, Pl. XIX*, repréfente les juftes proportions de cette même feuille, après qu'elle eut pris tout fon accroiffement : j'ai marqué des mêmes nombres les points correfpondans des deux figures; on peut, en les comparant, voir dans quelle proportion ces points fe font éloignés, ce qui va à peu près jufqu'à trois quarts de pouce.

L'on voit par cette expérience, que l'expanfion des feuilles fe fait, comme l'extenfion des rejetons, par la dilatation de chaque partie; & fans doute c'eft à la même mécanique que l'on doit attribuer l'accroiffement des fruits.

Si l'on répétoit fouvent ces expériences fur les feuilles, elles nous fourniroient, felon toutes les apparences, plufieurs obfervations curieufes fur la figure des feuilles, en remarquant la différence des mouvemens directs & latéraux fur des feuilles de longueur & de largeur très-inégales.

Nous concevons aifément que l'air & la sève renfermés dans les véficules innombrables des jeunes rejetons & des feuilles, ont affez de force pour caufer l'extenfion des pouffes & l'expanfion des feuilles, puifque nous avons vu la grande énergie avec laquelle cette sève agit dans le farment, Chap. III; & que l'Expérience XXXII nous donne une preuve de la grande force avec laquelle l'humidité s'infinue dans les pois, & les dilate.

Nous favons d'ailleurs que l'eau agit avec une force très-grande, lorfqu'elle eft échauffée dans la machine à élever l'eau par le feu. La sève, qui n'eft qu'un compofé d'eau, d'air & d'autres particules actives, agit donc avec une très-grande force dans les tuyaux capillaires & dans les véficules, quoiqu'elle ne foit échauffée & dilatée que par la chaleur du foleil.

Tout ceci nous démontre que la nature exerce une puiffance confidérable, mais fecrettement & dans le filence, pour conduire tous fes ouvrages à leur perfection; preuve évidente de l'intelligence de fon Auteur, qui a fu donner à toutes ces puiffances la proportion & la direction convenables pour mieux concourir à la production &

à la perfection des êtres naturels ; car toutes ces puissances n'auroient produit qu'un chaos, si elles avoient été dénuées du guide éclairé qui les dirige.

La chaleur du soleil dilate la sève, & influe aussi-bien sur les racines des végétaux, que sur leurs parties exposées à l'air ; car nous voyons, dans l'Expérience XX, qu'elle agit très-sensiblement sur les boules des thermomètres, jusqu'à deux pieds de profondeur en terre.

Lorsque, pendant la plus forte chaleur du jour, l'esprit de vin contenu dans le thermomètre exposé à l'air libre & à la chaleur du soleil, s'élevoit, à commencer dès le grand matin, de 21 degrés jusqu'à 48 ; alors l'esprit de vin du second thermomètre, dont la boule étoit à deux pouces sous terre, étoit à 45 degrés, & les trois, quatre & cinquième thermomètres, toujours moins élevés à proportion qu'ils étoient placés plus bas ; de sorte que le sixième, dont la boule étoit à deux pieds sous terre, c'est-à-dire, à la plus grande profondeur, n'étoit qu'à 31 degrés. Le soleil échauffe donc toutes les parties des végétaux, & dilate par conséquent la sève de toutes ces mêmes parties. Mais cette chaleur est bien plus sensible à l'égard du tronc & des autres parties qui sont hors de terre, qu'à l'égard des racines, sur-tout de celles qui sont à deux pieds & plus de profondeur; aussi ne sont-elles pas tant affectées par les alternatives du chaud & du froid, du jour & de la nuit. Mais la dilatation de la sève doit être bien grande dans les parties qui sont hors de terre, puisque la chaleur augmente assez pour élever l'esprit de vin du thermomètre, de 21 degrés au dessus du point de la congélation, jusqu'à 48.

Lorſque, pendant le plus grand froid de l'hiver 1724, la gelée avoit aſſez de force pour glacer la ſurface d'une eau calme, d'environ un pouce d'épaiſſeur, l'eſprit de vin du thermomètre expoſé à l'air libre, avoit baiſſé de quatre pouces au deſſous du point de la congélation ; celui du thermomètre dont la boule étoit à deux pouces ſous terre, étoit à 4 degrés au deſſus ; les trois, quatre & cinquième thermomètres étoient plus haut, à proportion de la profondeur à laquelle leurs boules étoient placées ; & enfin le ſixième thermomètre, qui étoit à deux pieds de profondeur, étoit à 10 degrés au deſſus du point de la congélation : il ſembloit que, dans cet état, l'ouvrage de la végétation eût ceſſé abſolument, ou tout au moins dans les parties ſur leſquelles la gelée pouvoit agir.

Mais, lorſque le froid eut diminué aſſez conſidérablement pour laiſſer remonter l'eſprit de vin, dans le premier thermomètre expoſé à l'air, juſqu'à 5 degrés au deſſus du point de la congélation, dans le ſecond thermomètre à 8 degrés, & dans le ſixième à 13 ; la sève que le froid avoit extrêmement condenſée, s'étendit en ſentant ce petit retour de chaleur, & fit pouſſer pluſieurs plantes plus courageuſes que les autres, ſavoir, quelques plantes *toujours vertes*, quelques narciſſes *, quelques crocus, &c. Ces plantes hâtives participent ſans doute beaucoup de la nature de celles qui ſont *toujours vertes*, c'eſt-à-dire qu'elles tranſpirent peu, que le mouvement de leur sève eſt très-lent, que cette sève devient par conſéquent plus viſqueuſe, plus propre à réſiſter au froid, & enfin, que la petite force d'expanſion qu'elle peut avoir en hiver, s'emploie preſque

* *Narciſſo Leucoium vul gare.* Tournefort.

toute à dilater & faire pousser la plante ; tandis que dans celles qui transpirent beaucoup, la plus grande partie de cette petite force est détruite par la transpiration.

Je vais suivre à présent, à la faveur des lumières que m'ont fournies les expériences précédentes, la végétation des plantes, depuis l'embryon jusqu'à l'état de maturité parfaite, sans cependant entrer dans le détail d'une description exacte de leurs parties & de leur structure ; car cela a déja été fait avec grand soin par le docteur Grew & par Malpighi.

Nous voyons par les Expériences LVI, LVII & LVIII, sur le blé, les pois, & la graine de moutarde distillée, que les semences des plantes contiennent les principes les plus actifs ; ils y sont réunis & retenus jusqu'au temps de la germination, par un degré de cohésion tel qu'il le faut pour cet effet. Si ces semences étoient d'une constitution plus molle, elles se corromproient & se dissoudroient trop vîte, comme les autres parties tendres & annuelles des végétaux se dissolvent : si elles étoient d'une constitution plus ferme, comme le cœur de chêne, il leur faudroit plusieurs années pour germer.

Quand donc on met en terre une graine, elle en tire, en peu de jours, assez d'humidité pour se gonfler avec une très-grande force, comme on l'a vu dans l'expérience des pois mis dans le pot de fer. Ce gonflement des lobes *a r a r* (*Pl. XIX. fig. 46.*) de la graine, pousse & fait pousser l'humidité depuis les vaisseaux capillaires *r r* (qui sont les racines de la graine) à la radicule *c z d*, & par-là fait grandir cette radicule : aussitôt qu'elle a acquis quelque longueur, elle tire elle-même de la

terre l'humidité qu'il lui faut pour se nourrir &
s'augmenter ; cet accroissement se fait en haut
vers *c*, & en bas vers *d;* ainsi les lobes sont pous-
sés en haut, & la radicule en bas. Après qu'elle
a pris un bon accroissement, elle fournit de la
nourriture à la *plume b :* cette plume grossit donc
& ouvre les lobes *a r a r,* qui, dans le même
temps, continuent de s'élever jusqu'à ce que, sor-
tant de terre, s'étendant & s'élargissant en diminuant d'épaisseur, ils deviennent des feuilles qui
servent de nourrices à la jeune plume, & qui lui
sont si nécessaires, qu'elle périt quand on les ôte;
(il faut excepter ici les graines légumineuses,
dont les lobes ne se changent point en feuilles :)
de sorte qu'il est très-probable que ces feuilles
rendent à la jeune plume, les mêmes services que
les feuilles qui accompagnent les pommes, les
coings & autres fruits, rendent à ces mêmes fruits,
en tirant la sève, & la conduisant jusqu'au dedans
de leur sphère d'attraction. *Voyez* Expériences
VIII & XXX. Mais, lorsque la plume a pris assez
d'accroissement pour avoir déja des branches &
des feuilles développées jusqu'au point de pouvoir tirer en haut la nourriture, ces feuilles sé-
minales & nourricières deviennent inutiles, & pé-
rissent; non-seulement à cause de l'ombre que leur
font les autres feuilles, ce qui, diminuant leur
transpiration, diminue leur force de succion; mais
encore parce que les feuilles d'en haut s'accrois-
sent de leur substance, & les privent de nourriture.

A mesure que l'arbre croît, le premier, le second, le troisième & le quatrième rang des branches pousse & se développe : les plus basses sont
toujours les plus longues, non-seulement à cause

de leur aîneſſe , mais auſſi parce qu’elles ont leur inſertion plus près de la racine & dans de plus groſſes parties du tronc, qui leur fourniſſent une plus grande quantité de sève. La belle figure des arbres iſolés, qui eſt à peu près parabolique, dépend de cette proportion des branches.

Mais les arbres ne conſervent point cette figure dans les forêts, où ils ſont ſerrés près les uns des autres ; car leurs branches les plus baſſes, ſe trouvant fort à l’ombre, ne peuvent tranſpirer que peu, & ne tirent par conſéquent que peu de nourriture, ce qui les fait périr ; tandis que les branches de la cime, qui ſont expoſées au ſoleil & à l’air libre, tranſpirent abondamment, & tirent la sève au ſommet en abondance, ce qui le fait élever de plus en plus. Et par l’expérience & la raiſon contraire, ſi l’on coupe une forêt d’arbres élevés, & qu’on y laiſſe des baliveaux, ils pouſſeront des branches latérales, dont les feuilles, tranſpirant alors abondamment, tireront la sève en abondance, & s’accroîtront aux dépens du ſommet, qui périra faute de nourriture.

Et de même que, dans les forêts, les arbres croiſſent ſeulement en hauteur, parce que toute la sève eſt élevée par les feuilles au ſommet, ce qui fait périr les branches latérales faute de tranſpiration & de nourriture ; de même auſſi les plus groſſes branches, qui font ordinairement avec la tige un angle de 45 degrés, & par-là rempliſſent également les intervalles entre les branches les plus baſſes & le ſommet, forment auſſi une eſpèce de buiſſon épais, qui met à l’ombre les petits rameaux que ces mêmes branches pouſſent, ce qui les fait périr auſſi faute de tranſpiration & de nourriture : & c’eſt ce qui fait que dans les forêts, les branches des arbres font auffi liffes que le tronc, & que quand le fommet de ces branches eft bien expofé à l'air libre & au foleil, elles groffiffent beaucoup.

Lorfque les branches font affez vigoureufes, & ont affez de rameaux & de feuilles pour tirer la sève en grande abondance, l'arbre ne s'élève guère à une grande hauteur; & au contraire, lorfqu'un arbre s'élève, fes branches font ordinairement foibles. Nous pouvons donc regarder un arbre comme une machine compofée d'autant de puiffances qu'il a de branches, que toutes tirent leur fubftance d'une mère commune, qui eft la racine; & nous pouvons dire que l'accroiffement de chaque année dans un arbre, eft proportionnel à la fomme de leurs puiffances attractives, & à la quantité de nourriture que fournit la racine: or, cette puiffance attractive eft plus ou moins grande, felon le différent âge de l'arbre, & les faifons plus ou moins favorables.

La proportion de l'accroiffement des branches latérales à l'égard de celles du fommet, dépend beaucoup de la proportion de leurs puiffances attractives; car, fi la tranfpiration des branches latérales eft fort petite, ou bien nulle, la tige s'élèvera, & les branches du fommet furpafferont les autres de beaucoup; c'eft ce qui arrive aux arbres des forêts: mais fi la tranfpiration des branches latérales eft à peu près égale à celle des branches du fommet, celles-ci s'élèveront & groffiront beaucoup moins, & les autres beaucoup plus que dans le premier cas; & c'eft ce qui arrive aux arbres ifolés. Les arbres, en général, ont cela de commun avec plufieurs autres plantes, qui s'élèvent beaucoup dès qu'elles font ferrées.

Comme les feuilles font très-néceſſaires à l'accroiſſement des arbres, la nature n'a pas manqué
de les placer dans les endroits où il falloit plus
de nourriture qu'ailleurs; & même elle a placé
de petites ſurfaces herbacées, que l'on peut appeler des premières feuilles, dans les endroits où
les boutons à feuilles & les rejetons doivent pouſſer, afin de les protéger & de leur tirer de la
nourriture, avant que la feuille elle-même ſoit
développée.

Ceci nous fournit un exemple bien ſenſible
de l'intelligence admirable de l'Auteur de la nature dans la conduite de ſes ouvrages, & des différens moyens dont il ſe ſert, ſelon les cirçonſ-
tances différentes, pour amener les choſes à leur
perfection; car, lorſque les boutons ſont encore
ſi petits, qu'ils ne ſont, pour ainſi dire, que les
embryons des rejetons à venir, nous voyons que
les moyens dont ſe ſert la nature pour leur amener
la nourriture, ſont proportionnés à leur petiteſſe
& à celle de leurs beſoins; mais lorſqu'ils ſont
formés, & qu'il leur faut par conſéquent une plus
grande quantité de nourriture, la nature change
de méthode, & devient plus libérale: ce qui augmente tous les jours à meſure que les feuilles ſe
développent, c'eſt-à-dire, à meſure que leur puiſſance attractive devient plus forte; & ainſi la
quantité de la nourriture augmente à proportion
des accroiſſemens & des beſoins.

L'art eſt encore plus grand & plus admirable
dans les fleurs que dans les feuilles; leur manière
de s'épanouir & de croître, eſt plus ſingulière:
la nature les a formées non-ſeulement pour protéger le fruit ou la graine, mais auſſi pour leur
amener la nourriture qui leur eſt néceſſaire; mais

lorfque le fruit eft noué, & qu'il contient en raccourci le petit arbre féminal avec toutes fes membranes, dès-lors il eft en état de tirer par lui-même, & avec l'aide des feuilles qui fe développent, affez de nourriture pour lui, & pour les fœtus dont il eft imprégné ; & les fleurs devenues inutiles, fe sèchent & tombent en peu de temps.

Les plus habiles obfervateurs, après des recherches infinies, ne nous ont donné que des conjectures fur l'ufage de la pouffière des étamines. S'il m'étoit permis après cela de hafarder les miennes, je les prierois d'examiner fi la preuve manifefte que nous avons que le foufre attire fortement l'air, ne nous conduit pas à penfer que la première action de cette pouffière eft d'attirer l'air élaftique, & de s'unir intimement avec fes particules les plus actives & les plus exaltées; car il eft très-probable que cette pouffière contient beaucoup de foufre raffiné, puifque les chimiftes tirent du fafran une huile fi fubtile. Et fuppofé que ce foit là l'ufage auquel cette pouffière eft deftinée, étoit-il poffible de la mieux placer que fur des extrémités mobiles, au deffus des pointes menues des étamines, où le plus petit fouffle de vent peut les difperfer dans l'air, & environner ainfi la plante d'une atmofphère de foufre fubtil & fublimé, qui, s'uniffant avec les particules d'air élaftique, eft peut-être tiré par différentes parties de la plante, & furtout par le piftil, d'où il eft conduit dans la capfule féminale ; ce qui doit arriver principalement pendant la nuit, lorfque les pétales des fleurs font fermés, & qu'ils font, auffi-bien que toutes les autres parties des végétaux, dans l'état & le temps où ils attirent le plus fortement ? Et fi, en nous appuyant fur les expériences du chevalier **Newton**, qui a trouvé que le foufre attire la lumière, nous fuppofons qu'à ces particules d'air & de foufre mêlées & unies enfemble, il fe joigne quelques particules de lumière, ne pouvons-nous pas dire que le réfultat de ces trois principes les plus actifs de toute la nature, forme le *punctum faliens* ou le principe de vie qui la doit communiquer à toute la plante féminale ? Nous ferions donc ainfi parvenus, par une analyfe regulière de la nature végétale, au principe primitif qui l'anime dans fa première origine.

CONCLUSION.

Nous connoiffons, par les expériences précédentes, la quantité de liqueur que plufieurs efpèces d'arbres tirent & tranfpirent, avec les changemens que le froid, le chaud, la féchereffe & l'humidité caufent à cette tranfpiration : nous favons combien la nature a mis de liqueur dans la terre pour fournir à la production & à l'entretien des végétaux ; nous voyons ce que la rofée ajoute à cette provifion de liqueur ; & nous remarquons qu'elle ne feroit pas, à beaucoup près, fuffifante pour fuppléer elle feule à la tranfpiration. Nous voyons que les végétaux tirent l'humidité à travers leur tige & leurs feuilles, auffi-bien qu'ils la tranfpirent. Nous connoiffons le degré de chaleur avec lequel le foleil agit fur les différentes parties des végétaux, depuis leur fommet jufqu'à leurs racines, à deux pieds fous terre. Nous connoiffons auffi la grande force avec laquelle les plantes, leurs branches & leurs feuilles tirent la sève par leurs tuyaux capillaires. Nous
remarquons

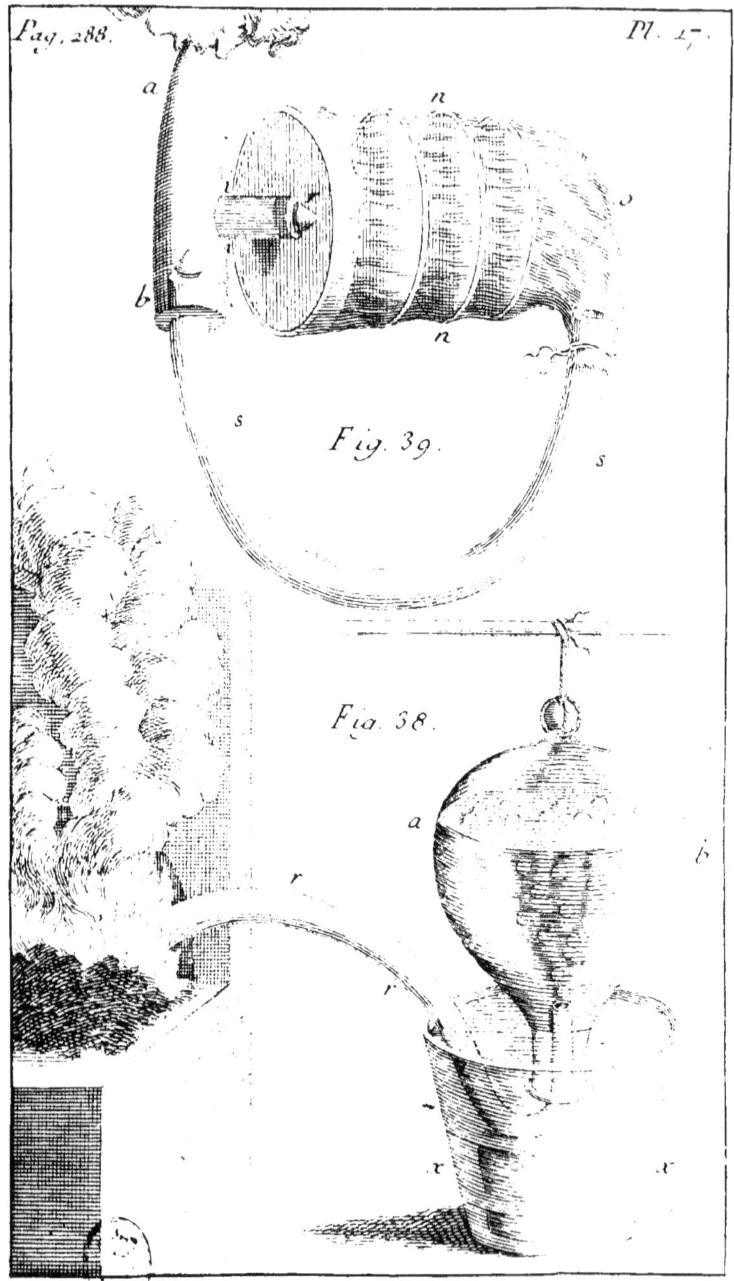
a
n
o
b
n
s
s
Fig. 39.
Fig. 38.
r
r
a
b
x
x

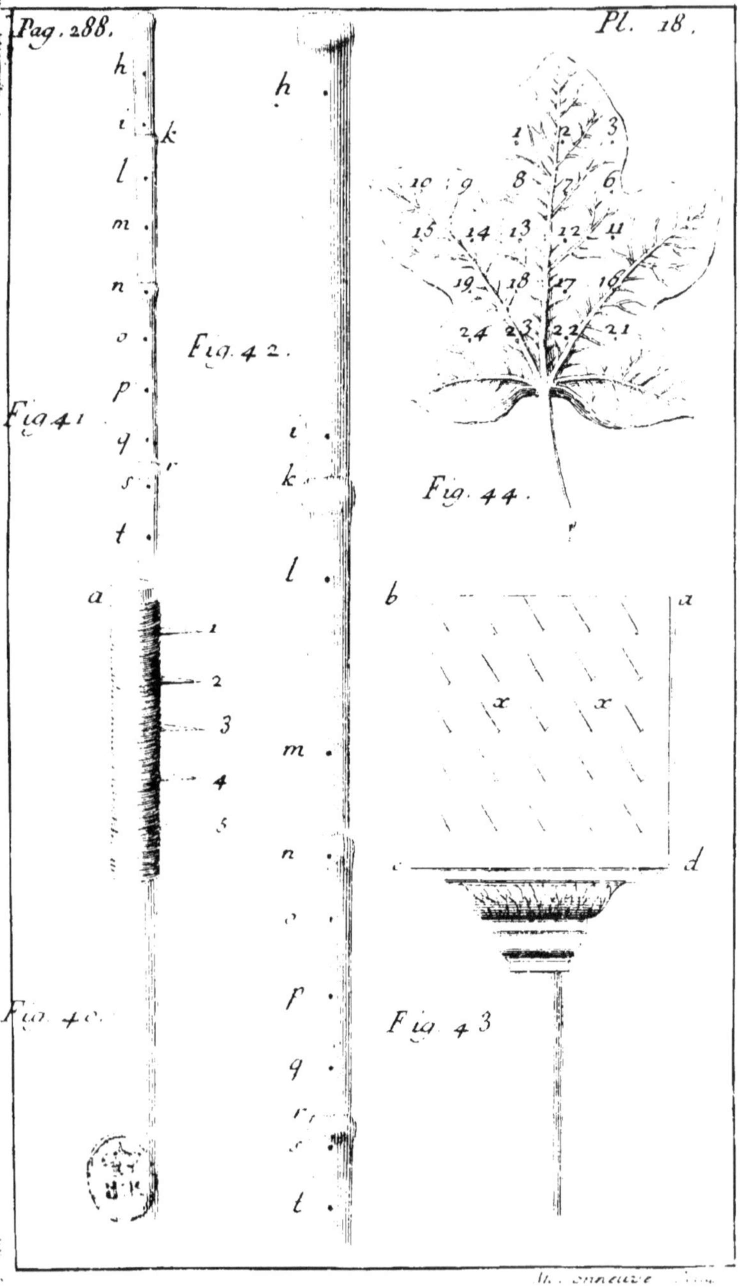

Pag. 288.
Pl. 18.
Fig. 41
Fig. 42
Fig. 40
Fig. 43
Fig. 44
h i k l m n o p q s r t
a
1 2 3 4 5
h i k l m n o p q r s t
b
x x
a
d
1 2 3 10 9 8 7 6 15 14 13 12 11 19 18 17 16 24 23 22 21
Bonneuve

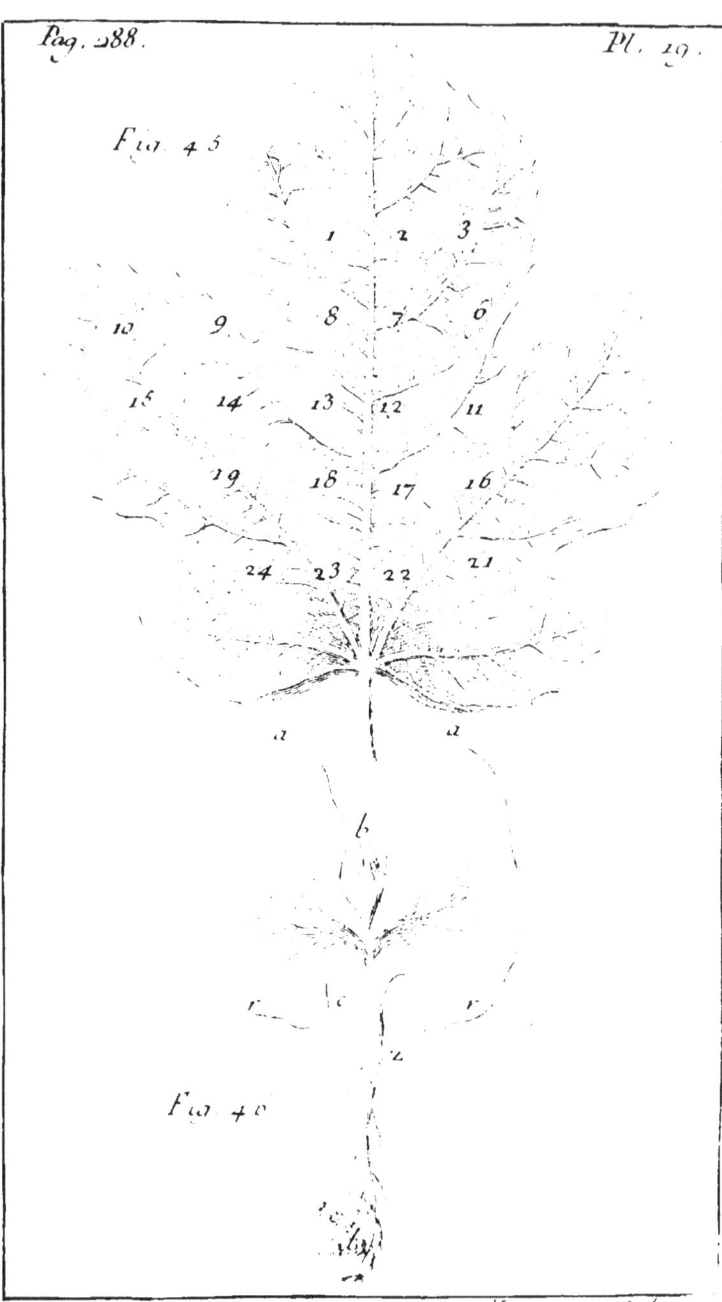
Fig. 45
1 2 3
10 9 8 7 6
15 14 13 12 11
19 18 17 16
24 23 22 21
a a
b
c
Fig. 46
Maisonneuve Sculp.

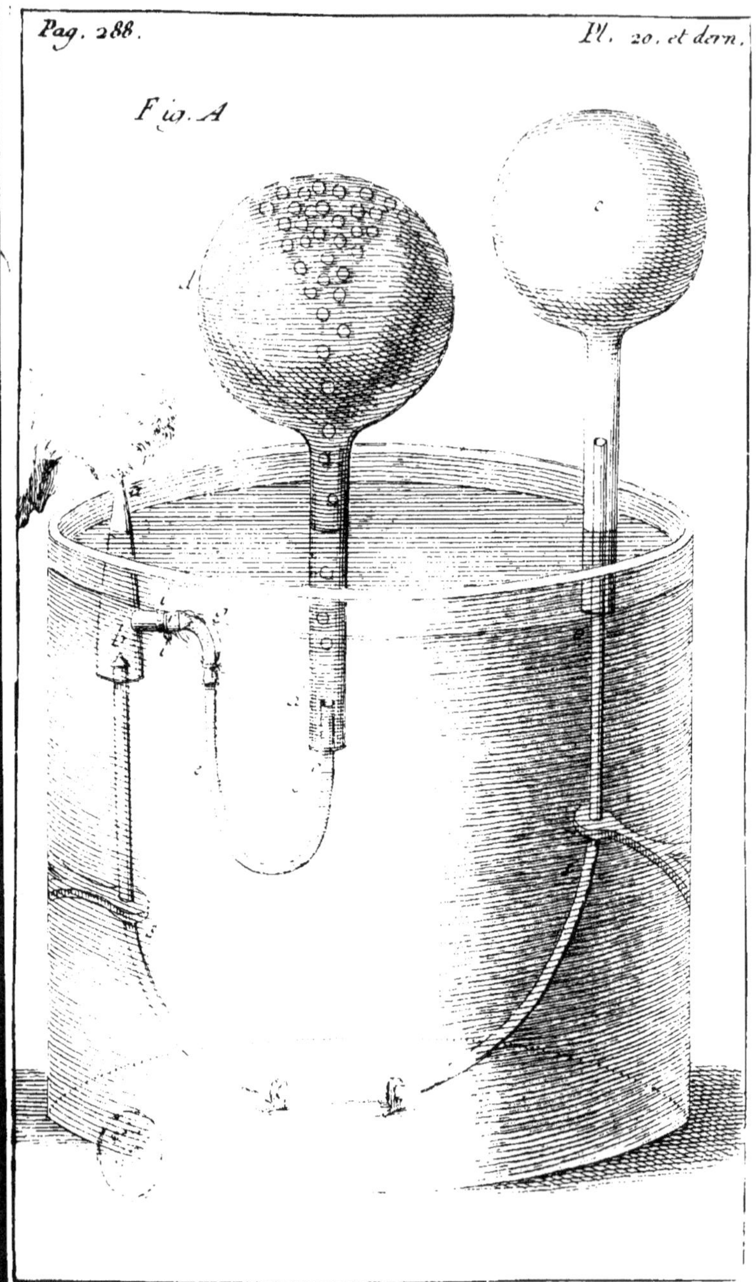
Pag. 288.
Pl. 20. et dern.
Fig. A

ren
cor
tat
de
où
où
for
por
l
jett
l'ai
fait
cor
cu
du

me
laq
fele
feu
par
cou
évi
qua
eux
l
fter
ron
reſt
con
fons
nou
met
déc
me l

remarquons combien les feuilles tranſpirent, &
combien elles ont de part à l'ouvrage de la végétation : nous reconnoiſſons l'attention & les ſoins
de la nature, qui les a placées dans les endroits
où elles peuvent être utiles, ſur-tout dans ceux
où la plante a beſoin de beaucoup de nourriture,
ſoit pour nourrir les jeunes rejetons, ou bien
pour faire groſſir les fruits.

Nous voyons auſſi que l'accroiſſement des rejetons des feuilles & des fruits, conſiſte dans
l'extenſion particulière de chaque partie, qui ſe
fait au moyen des véſicules innombrables qui les
compoſent, & qui ſont remplies d'une liqueur
qui, par ſon expanſion, étend & dilate les parties
ductiles.

Nous connoiſſons la force de la sève du ſarment, lorſque la vigne pleure, & la liberté avec
laquelle la sève en général monte & deſcend,
ſelon qu'elle eſt agitée par la tranſpiration des
feuilles : nous ſavons que la sève ſe communique
par des vaiſſeaux latéraux, & même avec beaucoup de facilité : enfin, nous avons des preuves
évidentes que les végétaux tirent une grande
quantité d'air, & que cet air s'incorpore avec
eux.

Toutes ces connoiſſances ne peuvent pas être
ſtériles, & nous avons lieu de croire qu'elles ſeront utiles à l'agriculture & au jardinage, ſoit pour
rectifier des pratiques fondées ſur des notions mal
conçues, ſoit pour nous aider à expliquer les raiſons de pluſieurs uſages dont la ſeule expérience
nous a fait reconnoître l'utilité, ſoit pour nous
mettre en état d'aller plus loin, & de pouſſer nos
découvertes ſur les végétaux. Mais comme nous
ne pouvons eſpérer d'avancer que par des expé-

T

riences auſſi ſuivies que variées , nous ne devons auſſi nous attendre, dans la pratique, qu'à des progrès lents , & proportionnés à notre travail.

C'eſt de la même nourriture que tous les végétaux tirent leur ſubſiſtance ; nous devons donc attribuer la différence de leurs formes à cell ede leurs petits vaiſſeaux : cela ſuffit pour changer & varier les combinaiſons des principes communs, & pour nous préſenter différentes figures ; & c'eſt ce qui fait que les uns contiennent plus de ſoufre , les autres plus de ſel , plus d'eau ,&c.; que les uns ſont d'une conſtitution plus ferme & plus durable , les autres d'une conſtitution plus molle & plus aiſée à détruire ; c'eſt ce qui fait que certaines plantes viennent mieux dans de certains climats ; que la grande humidité convient aux unes , & nuit aux autres ; que pluſieurs demandent un terrain gras & terreux , & pluſieurs autres un terrain maigre & ſablonneux ; que l'ombre fait bien aux unes , & le ſoleil aux autres ,&c. Si nous pouvions atteindre à voir & connoître intuitivement la ſtructure des parties d'où dépend la figure des végétaux ; quel ſpectacle magnifique & charmant, quels mélanges inimitables, quelle variété de machine, que de coups de maître, que de chefs-d'œuvres , que de démonſtrations d'une ſageſſe conſommée ſe préſenteroient à nos yeux !

L'état des végétaux répond aſſez à celui de l'air & des ſaiſons : ils ſont vigoureux tant que la ſaiſon eſt mêlée à propos de chaleur, de fraîcheur, de ſéchereſſe & d'humidité ; mais dès qu'elle devient extrême , ils en ſouffrent plus ou moins, ſelon leur plus ou moins de force & de ſanté.

La convenance des ſaiſons pour les plantes ,

dépend en partie de la quantité de leur tranfpiration; ainfi les plantes toujours vertes, qui tranf-
pitent peu, & dont la sève eft vifqueufe, épaiffe
& huileufe, réfiftent plus que les autres au froid,
& vivent avec peu de nourriture; elles ne fe portent pas fi bien pendant les chaleurs, parce que
leur tranfpiration eft alors trop abondante pour
pouvoir être remplacée par la nourriture qu'elles
tirent lentement & en petite quantité. L'on doit
dire la même chofe des plantes qui végètent pendant les mois de janvier & de février, & qui
périffent dès que le printemps eft avancé, c'eft-
à-dire, dès que leur tranfpiration devient trop
grande : ainfi, quoique les grains que l'on sème
avant l'hiver, & les pois & les fèves qu'on sème
dans la faifon qui leur convient le mieux, favoir
en novembre, janvier & février, ne pouffent que
très-peu en hauteur; pendant la faifon froide,
ils ne laiffent pas que de pouffer profondément
leurs racines dans la terre plus chaude alors que
l'air, ce qui les met en état de tirer une grande
quantité de nourriture, lorfque leur accroiffement
& leur tranfpiration augmentent. Mais fi l'on sème
les pois au mois de juin, pour les recueillir au
mois de feptembre, ils ne réuffiffent pas, à moins
que l'été ne foit frais & humide ; car fans cela la
chaleur du foleil qui les fait tranfpirer trop abondamment, sèche & endurcit leurs fibres avant
qu'ils aient pris leur entier accroiffement.

Quoique les expériences précédentes, & même les obfervations communes, nous montrent
que les racines ont une grande force pour pouffer
& s'étendre, cependant nous pouvons dire que,
moins elles trouvent de réfiftance, & plus elles
font de progrès : ainfi, quand on laboure & qu'on

T ij

remue la terre, quand on la mêle avec différentes matières, comme de la craie, de la chaux,
de la marne, du limon, &c. il en résulte de bons
effets, dont le premier est de bonifier la terre par
ces mélanges, & le second, de l'adoucir & de
l'éfraiser de sorte que l'air pénètre plus facilement les racines, & que ces racines elles-mêmes
poussent plus vigoureusement.

Plus la surface des racines sera grande, à proportion de celle des parties de la plante qui sont
exposées à l'air, plus aussi la plante tirera de
nourriture, & plus elle sera vigoureuse & capable
de résister au froid, & aux autres intempéries de
l'air.

La science du ménage de la campagne, consiste donc principalement à connoître les conve-
nances des terrains & des saisons, avec les différentes espèces de grains que l'on veut employer;
ensorte que depuis la terre la plus dure jusqu'à la
plus légère, rien ne demeure inutile, & que le
tout soit travaillé pour faire pousser & nourrir les
racines le mieux qu'il est possible. Il nous viendroit, sans doute, plusieurs idées utiles sur les différentes espèces de graisses, & sur la différente
culture que l'on doit donner aux différens terrains,
selon les saisons & les différens grains, si nous
faisions souvent des observations sur tout ce qui
arrive aux grains pendant leur accroissement, &
non-seulement sur ce qui leur arrive au dessus de
terre, mais même sur ce qui se passe au dessous à
leurs racines : nous devrions principalement observer les plantes qui croissent en différens terrains,
& qui, quoique de la même espèce, sont quelquefois cultivées différemment : nous connoî-
trions, par exemple, entr'autres choses très-utiles,

fi nous femons le grain trop clair ou trop épais ;
& cela, feulement en comparant la longueur &
l'extenfion de chaque racine & de tout fon chevelu, à l'efpace de terre qu'elle doit occuper fans
nuire à fes voifines. Puifqu'il fe mêle avec la sève
une grande quantité d'air qui s'incorpore avec la
fubftance même des végétaux, l'on peut affurer
que le labour & la façon des terres, fert non-
feulement à les rendre plus meubles & plus péné-
trables par les racines des plantes, mais même les
met en fituation de devenir bien plus fertiles, en
recevant les particules aériennes, fulfureufes &
acides de l'air qui fe mêle alors bien plus facilement avec elles : ceci fe confirme par la fertilité
que les terres vierges acquièrent quand elles demeurent expofées à l'air.

Comme nous avons vu que les plantes tirent &
tranfpirent une grande quantité de liqueur, &
comme nous avons remarqué que la température
de l'air influe beaucoup fur leur tranfpiration, l'une
de nos premières attentions pour leur culture, doit
être de les femer ou de les planter dans les terrains
& dans les faifons convenables, enforte qu'elles
puiffent tirer juftement la quantité de nourriture
qui leur eft néceffaire, & de ne pas manquer enfuite de changer, ou du moins de renouveler la
terre, en y mêlant des matières pleines de particules falines, fulfureufes & aériennes, comme du
fumier, de la chaux, des cendres, du gazon & de
la tourbe brûlée, & même des matières qui contiennent du nitre & d'autres fels; car, quoiqu'on
ne trouve ni nitre ni fel commun dans les végétaux *, comme l'on a cependant remarqué que
ces fels augmentent la fertilité de la terre, nous
devons feulement dire que, fi on ne les trouve

* M. Boul-
duc en a trou-
vé.

pas dans les végétaux, c'est parce que leur forme
est extrêmement altérée dans la végétation, leur
sel acide volatil étant peut-être séparé de son air
& de sa terre, & formant avec le suc nourricier de
nouvelles combinaisons qui ne ressemblent point
du tout au sel: ceci se confirme par la grande quantité d'air & de sel volatil qui se trouve dans le
tartre des liqueurs fermentées, que l'on doit regarder comme venant des végétaux ; car les chimistes
croient qu'il n'y a dans la nature qu'un seul sel
volatil, dont tous les sels sont formés par des
combinaisons très-différentes les unes des autres :
ce sont tous ces principes qui forment la matière
nutritive & ductile dont sont composés les végétaux, le véhicule aqueux n'étant pas suffisant pour
rendre tout seul un terrain fertile.

Mais ce n'est pas encore là toutes les attentions
& tous les soins que l'on doit donner aux plantes
lorsqu'on veut les faire réussir ; leur succès dépend
de bien d'autres circonstances. Par exemple, il y
a bien des arbres qui sont stériles, parce que leurs
racines sont à une trop grande profondeur, & que
par conséquent elles sont trop humides & trop
éloignées de l'action du soleil ; ces arbres ne tirent
donc qu'une sève crue qui n'est pas propre à former le fruit, quoiqu'elle soit bonne pour nourrir
& faire augmenter le bois. Il y a des plantes gour-
mandes, ou plantées à l'ombre, ou dans un terrain humide, qui sont stériles aussi, quoique leurs
racines ne soient qu'à une petite profondeur ; &
cela par la même raison, c'est-à-dire, parce que
leur sève n'est pas suffisamment digérée par la
chaleur du soleil.

Aussi voyons-nous que la vigne qui se plaît dans
un terrain sec, graveleux & pierreux, donne moins

de fruits lorfqu'elle fe trouve dans un terrain ferme, gras & humide. Nous pouvons obferver en
conféquence, que dans l'Expérience III, la vigne
tranfpire, à la vérité, plus que les plantes toujours
vertes, mais beaucoup moins que le pommier qui
préfère le terrain gras & humide; car, quoique la
vigne jette de la sève en abondance dans le temps
qu'elle pleure, & quoiqu'elle porte une très-grande
quantité de fruits pleins de fucs, cependant l'Expérience III nous montre qu'elle ne tranfpire pas
beaucoup, ce qui fait qu'elle préfère les terrains
fecs & graveleux.

L'Expérience XVI nous montre que pendant
l'hiver la tranfpiration ne ceffe pas, & même
qu'elle ne laiffe pas d'être confidérable; c'eft fans
doute à cette caufe que l'on doit attribuer la perte
des fleurs, des jeunes feuilles & des fruits au commencement du printemps, lorfqu'ils font gâtés &
noircis par les vents froids du nord-eft : ces vents
les dessèchent trop vîte, & la sève ne peut fournir
à cette tranfpiration forcée & trop abondante; car,
plus le temps eft froid, & plus le mouvement de
la sève eft lent, quoiqu'il ne ceffe jamais.

La même chofe arrive au blé vert, au commencement du printemps : quand des vents froids &
defféchans règnent, il languit & devient jaune, de
forte que le laboureur a raifon de fouhaiter de la
neige; car, quoiqu'elle foit très-froide, elle dé-
fend la racine de la gelée, elle garantit le blé de
ces vents nuifibles, & lui conferve l'humidité &
la foupleffe néceffaires à fon accroiffement.

Il femble donc que quelques-uns des auteurs
qui ont écrit fur le jardinage & l'agriculture, nous
donnent un très-bon confeil, quand ils nous pref-
crivent d'arrofer les arbres dans les terrains fecs

pendant ces vents froids & deſſéchans, dans le temps que les fleurs ſont épanouies, ou que le fruit eſt extrêmement tendre, pourvu qu'il ne tombe pas beaucoup de roſée, ou que la gelée ne ſoit pas à craindre immédiatement après l'arroſement ; &, en cas que la gelée ſoit continuelle, de bien couvrir les arbres, & de les arroſer en même temps tout par deſſus en forme de pluie. Mais, quand même le ſuccès de cette pratique en hiver ſeroit un peu douteux, il eſt ſûr, par l'Expérience **XLII**, qu'elle ne peut être que très-utile en été ; car la plante tire beaucoup plus de rafraîchiſſement des arroſemens en forme de pluie, que des arroſemens ordinaires.

Pour ce qui eſt des abris ou couverts que quelques-uns mettent au deſſus des eſpaliers, j'ai reconnu que, dès qu'ils ſont aſſez avancés pour empêcher la roſée & la pluie de tomber ſur les arbres, ils ſont beaucoup plus de mal que de bien pendant le règne de ces vents deſſéchans ; car les arbres ont alors plus beſoin que jamais de rafraîchiſſement & de nourriture. Mais ces couverts & tous les autres abris ſont bons dans le temps de gelée, précédé de pluies abondantes, parce qu'ils défendent les arbres contre le trop grand froid, qui n'agit jamais avec tant de force, que quand les arbres ſont bien remplis d'humidité, & qui ſouvent les détruit alors abſolument.

La preuve évidente que nous avons, par ces expériences, de l'utilité des feuilles pour élever la sève, & l'attention que la nature apporte à en garnir les tiges, ſur-tout auprès des fruits, peut nous apprendre, d'un côté, à ne pas trop ôter des feuilles aux arbres, & à en laiſſer toujours derrière les fruits ; & d'autre côté, à ne pas négliger de cou-

per les branches chiffonnes & inutiles qui confom-
ment une grande quantité de sève. L'on pourroit
effayer, outre les moyens que l'on connoît déja,
de diminuer la gourmandife d'un arbre ou d'une
branche, en leur ôtant une partie de leurs feuilles :
je dis une partie, car l'expérience nous apprend
qu'en les dépouillant abfolument, on court rifque
de les faire périr.

Les feuilles fervent encore à conferver le jeune
fruit dans l'état de ductilité & d'humidité qui convient à fon accroiffement, en le défendant des
ardeurs du foleil, & de l'action des vents defféchans, qui fouvent endurciffent fes fibres, &
l'empêchent de croître lorfqu'il y eft trop expofé
dans fa jeuneffe ; car, dès qu'il a pris fon accroiffement, on peut ôter les feuilles, & lui donner un
peu plus de foleil, afin de rendre fa maturité plus
prompte & plus parfaite. Les fruits demandent plus
d'ombre dans les climats plus chauds, & plus dans
les étés fecs & brûlans, que dans les étés humides
& tempérés.

La grande force de fuccion des branches & des
arbres, & la liberté avec laquelle la sève paffe
& repaffe pour obéir à cette puiffance, peut donner des idées utiles aux jardiniers pour la taille
des arbres, foit en diminuant les parties gour-
mandes, foit en aidant à celles qui font foibles &
délicates.

Une de leurs règles, fondée fur une longue expérience, eft de tailler les arbres foibles de bonne
heure en hiver, parce que la taille plus tardive
les fait dépérir ; & au contraire, ils taillent les
arbres trop vigoureux & gourmands bien tard,
& au printemps, afin de leur ôter cette trop
grande vigueur. Il eft sûr que cette diminution

de vigueur ne doit pas être attribuée à la perte de sève caufée par la taille, puifqu'il n'en fort que très-peu par les endroits coupés, excepté dans quelques arbres qui pleurent lorfqu'on les taille dans cette faifon ; car, dans les Expériences XII & XXVII, lorfque je fixois les jauges pleines de mercure à des tiges d'arbres fraîchement coupées, elles fuçoient toutes avec force, excepté celles de vigne dans la faifon des pleurs.

Quand on taille un arbre foible au commencement de l'hiver, les orifices des vaiffeaux féveux fe ferment long-temps avant le printemps, comme nous nous en fommes affurés par plufieurs Expériences des Ier, IIe & IIIe Chapitres ; & par conféquent, lorfqu'au printemps & en été, la chaleur fait augmenter la force attractive des feuilles qui tranfpirent, cette force ne fe trouve pas affoiblie par les paffages nombreux qui fe trouveroient à la coupe encore fraîche d'un arbre nouvellement taillé : toute la puiffance des feuilles n'eft donc employée qu'à tirer la sève de la racine ; tandis que d'un autre côté, dans un arbre gourmand & taillé tard au printemps, la puiffance des feuilles diminue par les paffages de la coupe encore fraîche, qui n'ont pas eu le temps de fe refermer.

Outre cela, l'arbre taillé de bonne heure, a l'avantage de demeurer tout l'hiver avec une tête mieux proportionnée à fes foibles racines ; & comme, par l'Expérience XVI, la sève monte en hiver, & que l'on doit penfer qu'elle eft alors bien froide & bien crue, il aura encore celui de ne pas tirer autant de cette mauvaife nourriture, qu'il auroit fait s'il n'avoit pas été taillé ; & cela feul devroit prefque toujours nous faire préférer la taille hâtive.

L'expérience confirme cette pratique ; car fi l'on taille la vigne auffitôt après vendange, & fi on lui ôte en même temps toutes fes feuilles, elle produit en plus grande abondance l'année fuivante ; ce qui eft arrivé particulièrement en 1726. En 1725, l'été fut extrêmement frais & humide, & le bois qui n'avoit pu mûrir, ne produifit que très-peu de fruit.

Je ferois cependant d'avis de préférer à cette méthode la taille hâtive ; car, en ôtant les feuilles, on peut endommager les boutons, foit en les froiffant, foit en les privant de la nourriture que les feuilles leur apportent.

Les expériences du fecond Chapitre, feront connoître aux jardiniers la force avec laquelle les greffes tirent la sève du fujet : leur grande attention en greffant, doit être à bien unir les parties correfpondantes, & à toujours choifir des greffes bien chargées d'yeux, afin que les feuilles foient plus en état de tirer la sève, lorfqu'elles commencent à fe développer.

La grande quantité de liqueur que les branches tirent à leur coupe dans l'Expérience XII, nous montre que c'eft avec bien de la raifon que l'on applique des emplâtres ou des feuilles de plomb, fur les plaies des arbres nouvellement faites, lorfqu'on veut les conferver ; cette précaution eft fort utile, & empêche que la pluie ne forme des abreuvoirs dans le tronc de l'arbre.

Cette même Expérience XII peut nous fournir une idée pour effayer de donner un goût artificiel aux fruits, en préfentant aux arbres & leur faifant tirer quelque liqueur bien forte d'odeur & bien parfumée, mais non fpiritueufe, puifque nous avons vu que cette dernière qualité les faiſoit périr. J'ai fait tirer par la tige d'une branche deux pintes d'eau, ſans qu'elle en ſoit morte : ceux qui ſeront curieux de faire cette expérience, auront ſoin de couper la tige qui doit tirer l'eau, la plus longue que faire ſe pourra, afin d'avoir plus de bois pour en rogner de temps en temps un pouce ou deux, lorſque le bout eſt ſi rempli de liqueur, qu'il ne peut plus en paſſer.

Quoique les plantes toujours vertes tirent & tranſpirent beaucoup moins que les autres, elles ne laiſſent pas de tranſpirer ſi conſidérablement, que l'on a toujours été embarraſſé pour leur fournir, dans les ſerres, aſſez d'air frais, ſans les trop expoſer à l'air froid. La tranſpiration des plantes n'eſt ni libre, ni ſalutaire dans un air renfermé & plein de vapeurs : ainſi la ſève croupit dans ſes vaiſſeaux, & les plantes ſe moiſiſſent, ou bien elles deviennent languiſſantes & tombent malades, en tirant les vapeurs nuiſibles de cet air renfermé ; car les obſervations de M. Miller ſur la tranſpiration de l'arbre *muſa* & de l'*aloès*, Expérience v, nous montrent que les plantes tirent ſouvent l'humidité pendant la nuit, auſſi - bien dans les ſerres où l'on fait du feu, que dans celles où il n'y en a point : il eſt donc auſſi important de donner aux plantes les moyens de ſe décharger de cet air infecté, qu'il l'eſt de les garantir du grand froid de l'air extérieur, qui les feroit périr ſi elles y étoient expoſées. J'approuverois donc fort la méthode de ceux qui bouchent les jours de leurs ſerres avec du cannevas, & dans le froid extrême, avec des volets de paille ou de roſeau par deſſus le cannevas, afin que l'air puiſſe toujours entrer dans la ſerre, mais en filets ſi déliés, & en ſi petite quantité à-la-fois, que

le froid ne puiſſe incommoder les plantes. On
pourroit, ſelon toutes les apparences, ſe ſervir
du même moyen pour purifier par degrés les vapeurs épaiſſes & infectées qui s'élèvent du fumier des couches, & qui ſouvent font beaucoup
de mal aux jeunes plantes ; c'eſt imiter la nature
qui garantit les animaux du froid par de bonnes
couvertures, ou de poil, ou de laine, ou de plume,
& qui en même temps laiſſe à travers ces mêmes
couvertures, une infinité de paſſages à la tranſpiration.

J'ai dans cette concluſion & dans chaque expérience, ſelon que l'occaſion s'eſt trouvée, donné
quelques petits exemples qui ſe préſentoient naturellement, pour faire voir que des recherches
de cette eſpèce peuvent devenir très-utiles, &
nous donner d'excellentes idées par rapport à la
culture des plantes ; car, quoique je ſente parfaitement que c'eſt de la longue expérience que
nous devons attendre & tirer les règles les plus
ſûres de la pratique, cependant je prierai toujours
les curieux de ſe ſouveuir que le moyen le plus
ſûr de perfectionner les choſes, eſt de les bien
connoître.

APPENDICE

CONTENANT

PLUSIEURS OBSERVATIONS

ET

PLUSIEURS EXPÉRIENCES

QUI ONT RAPPORT AUX PRÉCÉDENTES.

APPENDICE

APPENDICE

CONTENANT

PLUSIEURS OBSERVATIONS

ET

PLUSIEURS EXPÉRIENCES

Qui ont rapport aux précédentes.

OBSERVATION I.

AYANT trouvé par l'Expérience XIX, *pag. 42*, que la quantité de vapeurs qu'une furface d'eau laiſſe évaporer pendant neuf heures d'un jour d'hiver, eſt la vingt-unième partie d'un pouce de profondeur, cela me donna occaſion de faire quelques réflexions fur l'erreur vulgaire où l'on eſt, qu'il eſt plus mal-ſain d'habiter le côté méridional de la rivière, que d'habiter le côté ſeptentrional, parce que, dit-on, le ſoleil par ſa chaleur attire les vapeurs de ſon côté.

1°. Il eſt certain que dans un air calme l'action de la chaleur élève perpendiculairement les particules aqueuſes ; mais ſi l'air eſt agité ou pouſſé, ſelon telle direction que l'on voudra, il emmènera

V

les vapeurs avec lui, & leur cours deviendra plus ou moins oblique, felon la viteffe du courant de l'air qui les entraîne. La chaleur, bien loin d'attirer les vapeurs aqueufes, les repouffe & les éloigne toujours d'elle-même.

2°. Une obfervation affez ordinaire a pu donner lieu à cette erreur. Plufieurs perfonnes ont remarqué que, lorfqu'on fait fécher un linge mouillé en le préfentant au feu, les vapeurs qui s'en élèvent vont toutes du côté de la cheminée & du feu : mais l'on ne doit pas attribuer ce mouvement des vapeurs à l'attraction du feu, puifqu'il eft caufé par le courant d'air frais qui vient prendre la place de l'air raréfié par le feu, qui, étant devenu plus léger, monte continuellement & s'en va par la cheminée.

3°. Comme l'on a obfervé qu'ici, (en Angleterre), le vents de fud & de fud-oueft font plus fréquens que leurs contraires, les vapeurs doivent par conféquent être pouffées vers les bords feptentrionaux plus fouvent que vers les bords méridionaux de la rivière ; mais en vérité, la différence que cela peut faire par rapport à la falubrité du côté méridional, me paroît fi peu de chofe, que je n'en aurois pas même fait mention, fi je n'avois fu combien l'opinion contraire à prévalu chez bien des gens. Je penfe que le principal avantage que peut avoir le côté du nord fur celui du midi, le long d'une rivière, c'eft qu'il doit être un peu plus chaud, à caufe de la réflexion des rayons du foleil par la furface de l'eau.

OBSERVATION II.

L'ON a trouvé par la même Expérience XIX, que, déduction faite de la quantité de rofée & de

pluie qui fe confomme par la végétation & l'évaporation, il en entre affez en terre pour fournir
aux fontaines & aux rivières, & que par conféquent il n'eft pas néceffaire de recourir à la mer
pour en tirer leur origine ; cela fe confirme par
les obfervations fuivantes.

1°. M. le comte Marfilli, dans fon *Hiftoire de la
Mer, page 13*, obferve que les rivières qui viennent des montagnes de Languedoc & de Pro-
vence fe déchargent dans la mer voifine, par des
courans qui font à des profondeurs confidérables
fous l'eau de la mer, fur-tout à Port *Miou.*

2°. J'ai appris par des gens dignes de foi, que
les fontaines qui defcendent des montagnes de
Folkftone en Kent, bouillonnent vifiblement fous
le fable au fond de la mer ; preuve que l'eau de la
mer ne monte pas au fommet des montagnes pour
former les rivières & les fontaines.

3°. Si l'eau tranfpiroit du fond de la mer au
fommet des montagnes, leur penchant du côté
de la mer devroit être fort humide, au lieu qu'il
eft ordinairement fort fec. Dans l'île de Wigth,
par exemple, la côte méridionale eft bordée d'une
longue chaîne de montagnes crétacées, à pente fort
roide & toujours fort sèche ; & les fources dont
le cours fe détermine par l'humidité des différens
lits qui compofent les montagnes, fourdiffent &
fortent toutes du côté du nord, à une diftance confidérable de la mer qui eft à leur côté du fud, &
forment plufieurs petits ruiffeaux qui vont fe rendre à la mer par la côte feptentrionale de l'île.
Ainfi le côté du nord de ces montagnes, qui eft
fort éloigné de la mer, & confidérablement élevé
au deffus de fon niveau, eft arrofé par un grand
nombre de fontaines ; tandis que le côté du midi

de ces mêmes montagnes , qui est proche voisin de la mer , & presque battu des vagues , est toujours extrêmement sec.

4°. L'on sait à merveille que , quand il tombe de grandes pluies , l'eau pénètre la terre à des profondeurs considérables , & augmente les sources : ce ne peut donc être que par une vertu particulière , si l'eau de la mer fait l'effet contraire , c'est-à-dire , si elle pénètre la terre en montant , au lieu de la pénétrer en descendant.

Observation III.

Le docteur Désaguliers , dans l'extrait qu'il a fait de cet ouvrage , tire une observation de mon Expérience XX , *page 45* , où j'ai prouvé que le soleil raréfie les vapeurs à deux pieds de profondeur sous terre. Il dit donc « que , selon toutes les » apparences , la chaleur du soleil raréfie l'humi- » dité de la terre à une bien plus grande profon- » deur , pour la conduire aux racines des plantes , » puisqu'il a observé , avec M. Beigthon de la So- » ciété royale , que dans la machine pour élever » l'eau par le moyen du feu , la vapeur de l'eau » bouillante , lorsque son élasticité est égale à celle » de l'air , est plus de treize mille fois plus rare » que l'eau qui la produit. » *Transactions philosophiques , num. 398.*

Observation IV.

1°. La force qu'a le soleil d'élever l'esprit de vin à trente-un degrés dans le sixième thermomètre de l'Expérience XX , *page 45* , nous montre que c'est la trop grande chaleur qui fait gâter le vin dans les caves dont les murailles ou les voûtes font expofées au foleil , parce que ces murs n'ont pas affez d'épaiffeur pour en empêcher l'action.

2°. J'ai auffi obfervé par ces thermomètres pla‑ cés fous terre à différentes profondeurs , qu'au mois de mars, lorfque le foleil a brilié tout le jour, il échauffe la terre affez profondément, mal‑ gré le vent froid d'eft , qui fouffloit continuelle‑ ment le jour de mon obfervation. Le foleil a fans doute la même action fur la sève dans l'intérieur des arbres , & fur le fang dans le corps des ani‑ maux , lors même que la furface eft très-froide à caufe du vent. Si l'on doit donc ajouter foi à l'opinion commune , que de demeurer long-temps au foleil dans cette faifon peut caufer la fièvre , il eft probable qu'on doit l'attribuer à la chaleur & au froid qui agiffent en même temps fur le corps, la première à l'intérieur , & l'autre à l'ex‑ térieur , où le mouvement du fang diminuant de beaucoup, il ne pourra manquer de s'épaiffir ; & l'on croit qu'au commencement des fièvres le fang eft dans cet état. Une obfervation commune nous apprend d'ailleurs que le fang n'a qu'un mouve‑ ment lent près de la furface du corps , lorfqu'on demeure au froid pendant un temps confidérable; car , fi l'on demeure fans fe remuer dans un lieu froid , il arrive fouvent que dans cette fituation l'on ne fent pas le froid bien vivement ; mais dès que l'on commence à fe remuer, & à mettre par conféquent le fang plus en mouvement, l'on fent un friffon dans tout le corps : ce que l'on doit attribuer au refroidiffement du fang dans les pe‑ tits vaiffeaux ; car il coule alors en plus gran‑ de quantité & plus vîte dans les vaiffeaux inté‑ rieurs , & il les affecte d'autant plus fenfiblement, que leur chaleur eft plus grande en comparaifon

de celle du fang de la furface du corps, qu'ils reçoivent dans ce moment.

OBSERVATION V.

1°. LORSQU'ON enlève à une branche une
ceinture d'écorce d'un pouce de large, il arrive
fouvent que cela fait mourir la branche voifine au
deffous de la première, quand même elle fe trouve
du côté oppofé. L'Expérience XL, *page 100*, en
nous fourniffant des preuves de la libre communication latérale des vaiffeaux de la sève dans
les arbres, nous fournit en même temps la raifon de cet effet fingulier ; car, en dépouillant la
branche de fon écorce, vous la privez d'une partie
confidérable de fa nourriture qu'elle recevoit par
les vaiffeaux de l'écorce & du livre : elle fe trouve
donc obligée de tirer fa nourriture par les vaiffeaux du bois, mais avec plus de force & en plus
grande quantité que ne peut faire la branche op-
pofée : elle enlève par conféquent à celle-ci une
partie de fa nourriture, qui, dès qu'elle eft confidérable, affame la branche & la fait périr.

2°. J'ai fouvent vu des exemples d'une gourmandife pareille dans les branches d'un poirier *,
qui avoient environ 2 pouces de diamètre, & qui
étoient jeunes & très-vigoureufes ; elles attiroient
fi puiffamment la sève, qu'elles affamoient & faifoient mourir les branches voifines au deffous, &
même les rameaux collatéraux jufqu'à 18 pouces
également de tous côtés.

3°. Je foupçonne même qu'on doit quelquefois
attribuer à la même caufe, la mort des branches
qui noirciffent, puifque cela arrive fouvent par
une maladie, ou un défaut dans la racine particulière qui fervoit à cette branche, & encore par la

mauvaife qualité de l'air qui peut faire périr les branches déja affoiblies par l'une ou l'autre de ces caufes internes.

4°. L'expérience nous apprend que les arbres plantés dans un mauvais fonds ou dans un terrain qui ne leur convient point, font très-fujets à être brouis : autre raifon pour attribuer la caufe de cette maladie au défaut de nourriture.

OBSERVATION VI.

DANS l'Expérience XLVI, *page 116*, j'ai dit, comme une fimple conjecture, que fi l'on faifoit au commencement du printemps des épreuves pour connoître fi le pied des arbres eft plus tôt en sève que les branches, je penfois qu'on le trouveroit ainfi, & que par conféquent la sève ne monte pas par les vaiffeaux du bois, pour redefcendre enfuite entre l'écorce & le bois. Je me fuis informé depuis, auprès des ouvriers qui écorcent les chênes; ils m'ont affuré qu'au commencement du printemps, l'écorce du pied fe détache plus facilement que celle des branches, & qu'au contraire, vers la fin de cette faifon, celle du pied eft plus adhérente que celle des branches : je fuis prefque sûr de la même chofe dans la vigne, par mes propres obfervations. Cependant on voit que, fi la sève defcendoit par l'écorce, il faudroit abfolument que les branches du fommet fuffent humectées les premières.

OBSERVATION VII.

ON peut ajouter aux argumens contre la circulation de la sève, (Expérience XLVI, *page 116*.) une obfervation de M. le comte Marfilli fur les plantes marines, qui toutes, excepté l'al gue, n'ont point de racine. Il a reconnu que ces plantes n'ont point, comme les plantes à racines, de vaiſſeaux capillaires longitudinaux pour porter la sève à toutes les parties, mais qu'elles ſont entièrement compoſées de véſicules qui tirent immédiatement leur nourriture de l'eau qui les environne : on peut donc dire que, puiſqu'il n'y a point de vaiſſeau pour porter la sève d'une extrémité de la plante à l'autre, il n'y a point de circulation, & qu'ainſi la végétation peut ſe faire ſans elle.

Observation VIII.

L'on a vu, dans la même Expérience XLVI, la grande force de ſuccion qui réſide dans les ſujets ſur leſquels on a greffé : j'ai retrouvé depuis cette même force dans des branches de figuier ; car, ſi on laiſſe deſſus ces branches, pendant l'hiver, les fruits tardifs qui n'ont pu mûrir, ils feront périr la branche qui les porte : la pourriture commence à la queue de la figue, & s'étend ſur toutes les parties de la branche, tandis que ſur le même arbre les autres branches qui n'ont point de fruit ſe portent bien ; ainſi il eſt bon de cueillir les dernières figues avant l'hiver, pour conſerver les branches. Cette attention ſuffira pour les hivers ordinaires ; mais lorſqu'ils ſont rigoureux, comme en 1728, il faut de plus, pour conſerver les branches à fruit de vos figuiers, les couvrir & les mettre dans la ſituation la moins expoſée au froid. L'on ne peut pas dire que la pourriture de la branche ſoit occaſionnée par la circulation de la sève dans la figue & la branche ; il eſt plus raiſonnable de penſer que cette pourriture vient du pus de la figue, que la branche tire avec force. J'ai obſervé

la même chofe fur des coings pourris & defféchés
qui demeurèrent tout l'hiver fur la branche ; &
c'eft fans doute de cette façon que les chancres
répandent leur venin , & augmentent toujours ,
à moins que vous ne les arrêtiez en les coupant
jufqu'au vif.

OBSERVATION IX.

J'AI montré, par plufieurs exemples fenfibles ,
que l'air entre avec liberté & réfide en grande
quantité dans les arbres : qu'il me foit permis de
demander fi ces petites fibres fpirales qui fe trouvent au dedans des vaiffeaux qui paffent pour
être ceux de l'air , & que l'on voit clairement
dans plufieurs arbres & dans plufieurs feuilles ,
comme dans celles de vigne & de fcabieufe,ne font
pas faites pour faire monter l'air plus vìte , par la
conformité de leur figure avec celle que doivent
avoir les parties élaftiques de l'air ; car ces fibres
fpirales me paroiffent de peu d'ufage pour faire
élever une liqueur comme la sève, qui monte bien
plus facilement par les autres vaiffeaux capillaires
qui n'ont pas ces fibres tortilleufes. Je ne fuppofe
pas ici que l'air touche actuellement ces fpirales ,
& qu'il fe détermine par-là à en fuivre les détours ; mais je fuppofe qu'à l'exemple de la lumière , qui eft réfléchie par les corps fans les
toucher immédiatement, l'air élaftique peut changer de route lorfqu'il approche des corps , fans
que pour réfléchir il foit obligé de les toucher.

2°. J'ai obfervé que ces fibres fpirales font tor-
tillées dans un fens contraire au cours du foleil ,
c'eft-à-dire, de l'occident à l'orient.

3°. J'ai fouvent remarqué qu'en brûlant du foufre près d'un arbre, les branches expofées à la

fumée se fanent en très-peu de temps. La chaleur des fumées ne pouvoit faire cet effet, car
le soufre brûloit à une trop grande distance pour
que ces fumées pussent conserver de la chaleur :
il paroît donc qu'on doit l'attribuer à l'action des
fumées sulfureuses sur l'air contenu dans les feuilles, dont elles fixoient l'élasticité : & ne peut-on
pas dire que les vapeurs sulfureuses qui flottent
quelquefois en grande quantité dans l'air, causent
par cette même raison des nielles ? &c.

EXPÉRIENCE I.

1°. L'ON a vu dans l'Expérience LXVI, *p. 151*,
la méthode dont je me sers pour connoître la
quantité d'air que contiennent l'eau-de-vie, l'eau
commune, l'eau de pluie, celle de Holt, celle de
Bristol & celle de Piermont ; j'ai tiré de la même
façon une bonne quantité d'air des eaux de Spaw
& de Tumbrigde.

2°. L'on observe que, dès que ces eaux viennent
à perdre une matière élastique & imprégnée d'un
esprit vitriolique sulfureux qu'elles contiennent,
elles perdent en même temps leur vertu minérale,
elles ne se colorent plus ni avec la noix de galle,
ni avec le sirop violat, & ne font par conséquent
plus d'effet à ceux qui les boivent.

3°. J'ai trouvé de même, que les eaux d'Ebsham
& d'Acton ne contiennent guère plus de matière élastique que l'eau commune ; & sans doute
on trouveroit la même chose sur les eaux de Scar-
borough, de Stretham, & sur les autres eaux pur-
gatives. L'air qui étoit sorti de quelques-unes de
ces eaux minérales perdit son élasticité, ou fut
absorbé par son eau dans deux ou trois jours; mais
une grande partie de l'air qui étoit sorti des eaux

d'Ebsham & d'Acton, conserva sa forme élastique pendant quelques semaines.

4°. De quatre pintes d'eau de Bath, à peine ai-je pu tirer de l'air gros comme la moitié d'un pois. L'on peut dire que la chaleur de cette eau en chasse l'air élastique, & que le soufre qu'elle contient le fixe; & qu'ainsi il n'est pas étonnant qu'elle en contienne peu.

5°. J'ai mis de cette eau sous un vaisseau renversé, à moitié plein d'air, & je l'ai échauffée, pour voir si les fumées qui s'en élèvent absorbent l'air; mais, après avoir tout laissé refroidir, j'ai trouvé que non : ainsi, quand l'eau de Bath guérit les coliques venteuses d'estomac, elle ne le fait pas en absorbant les vents qui sont actuellement dans l'estomac, mais en empêchant, au moyen du soufre subtil qu'elle contient, qu'il ne s'en élève d'autres des alimens, à peu près de la même manière que les fumées du soufre préviennent la fermentation des liqueurs spiritueuses. Les vapeurs sulfureuses les plus violentes, telles que celles qui s'élèvent du soufre enflammé, ou de la fermentation violente qui se fait par l'esprit de nitre versé sur des pierres vitrioliques en poudre, ne peuvent jamais absorber la moitié d'aucune quantité d'air renfermé : il y a donc peu d'espérance de guérir les coliques venteuses, en voulant absorber l'air que les alimens ont déja produit; mais en même temps il y a apparence de réussir en prévenant ces coliques par quelque remède sulfureux, qui empêchera l'air de s'élever des alimens.

6°. Ce remède pourroit avoir le même effet sur le sang; il pourroit en fortifier & serrer les parties, au moyen du soufre ou de l'acier subtil qui s'y mêleroit, ce qui rendroit les sécrétions du fang dans l'eftomac & les boyaux beaucoup moins flatulentes.

7°. Et comme l'eau de pluie eft, fur-tout dans les temps chauds, imprégnée d'une plus grande quantité de foufre fubtil que l'eau commune, les gens fujets aux coliques venteufes devroient la préférer à celle-ci. Si on laiffe repofer l'eau de pluie, & qu'enfuite on la tire au clair dans un autre vaiffeau, on dit qu'elle fe conferve bonne à boire pendant long-temps.

8°. Les expériences que j'ai faites fur l'eau de Bath, ne m'ont pas conduit affez loin pour pouvoir décider des effets que ces eaux peuvent avoir pour purifier le fang, rectifier les efprits animaux, fortifier les fibres relâchées de l'eftomac & des autres parties du corps. Il eft certain, toutes chofes égales d'ailleurs, qu'il s'élève des alimens une plus grande quantité d'air dans un eftomac foible & relâché, que dans un eftomac vigoureux qui les refferre & les comprime; de la même façon que les liqueurs qui fermentent dans un vaiffeau découvert, produifent plus d'air que lorfqu'elles fermentent dans un vaiffeau clos.

EXPÉRIENCE II.

1°. J'ai renverfé une bouteille de bière *, le goulot dans un vaiffeau plein de la même liqueur; & quand il fe fut élevé au deffus de la bière, dans la bouteille, près de deux pouces cubiques d'air, je fis paffer cet air dans une autre bouteille pleine d'eau, au deffus de laquelle il monta. Dans l'efpace de dix heures, une grande partie de cet air avoit perdu fon élafticité, ou avoit été abforbé par l'eau; car il n'en demeuroit que très-peu le lendemain.

* *Ale*

2°. De-là nous voyons que de l'air élastique qui s'élève de la bière ou des autres liqueurs fermentatives, une partie retourne à son premier état de fixité, & cela peut-être dans le temps même qu'il continue de s'en élever; ce qu'il étoit impossible de savoir au juste sans en séparer une partie, comme j'ai fait dans cette expérience, à cause des nouvelles bulles d'air qui montent continuellement.

3°. Cette expérience nous explique aussi pourquoi plusieurs mélanges du Chap. VI, produisent de l'air & en absorbent ensuite, ou au contraire; car cela n'arrive que parce qu'ils en produisent plus qu'ils n'en absorbent dans le premier cas, & que dans le second, qui est assez ordinaire dans un changement du chaud au froid, ils en absorbent plus qu'ils n'en produisent : ce n'est pourtant pas que leur puissance d'absorber, devienne ou soit plus forte dans le froid ; mais c'est parce qu'alors la quantité d'air qu'ils produisent est très-petite, & que celle de l'air déja produit qui perd son élasticité, est toujours la même.

4°. Par plusieurs expériences semblables, j'ai trouvé que tout l'air, de quelque espèce de bière que ce fût, ne perdoit pas son élasticité, & n'étoit pas absorbé entièrement par l'eau, soit que je fisse mes expériences sur une petite ou une grande quantité d'air, avec de l'eau de pluie ou de l'eau commune, avec de l'eau douce ou de l'eau salée, & même avec de l'eau que j'avois fait bouillir pour en faire sortir l'air.

5°. Et même, comme je l'ai observé dans l'Expérience précédente, sur l'eau d'Ebsham & d'Acton, l'air que la chaleur fera sortir de certaines eaux, ne perdra son élasticité qu'au bout de plufieurs femaines. Pour les eaux de Piermont, de Spaw & de Tumbrigde, comme il en fort une très-grande quantité d'air élaftique par la chaleur, il ne demeure pas élaftique auffi long-temps que l'autre ; ce qui pourroit bien être la raifon pourquoi la plupart de ces eaux minérales s'éventent ou perdent leurs vertus médicinales au bout d'un temps, quoique renfermées dans des bouteilles bien bouchées, & même fermées hermétiquement, comme le docteur Jacques Keill m'a affuré l'avoir effayé fur une eau minérale près de Northampton. Ainfi ces eaux peuvent perdre leurs efprits, non-feulement par l'évaporation, lorfque les vaiffeaux qui les contiennent demeurent ouverts ou lorfqu'on les échauffe, mais encore par la fixation de ces parties fpiritueufes & élaftiques.

6°. De-là nous pouvons raifonnablement conclure que les eaux, & plufieurs autres fluides, contiennent des parties élaftiques, auffi-bien que des parties non élaftiques. Ces particules élaftiques groffiffent par expanfion, & deviennent des bulles très-vifibles, lorfqu'on ôte la pefanteur de l'air de deffus ces liquides ; mais la quantité d'air qui s'élève de cette façon, & même par la chaleur, eft très-petite en comparaifon du volume de l'eau, quoique M. Mariotte croie avoir fait fortir d'une goutte d'eau, par la chaleur, une quantité d'air égale à huit ou dix fois le volume de la goutte. *Effai de la nature de l'Air, page* 111. Cet air fortit fans doute de l'huile qui environnoit la goutte d'eau ; car j'ai trouvé, par les Expériences LXII & LXVI, que l'huile abonde en air élaftique. Jai donné à de l'eau une chaleur telle, que fi elle eût été plus grande, l'eau auroit par la force de fon expanfion, ou chaffé le vaiffeau renverfé

fous lequel elle étoit, ou bien elle fe feroit di-
vifée, & s'en feroit allée avec force ; ce qui fans
doute feroit arrivé de même à la goutte d'eau
de M. Mariotte, qui étoit au fond d'un petit vaiffeau de verre, plein & même environné d'huile,
fuppofé qu'il eût donné à cette goutte une plus
grande chaleur, ou feulement la même que je
donnai à l'eau fous mon vaiffeau renverfé.

7°. Jai trouvé par l'expérience fuivante, que
l'air qui fe fépare des fluides, devient plus étendu
& occupe plus d'efpace que lorfqu'il eft dans ces
mêmes fluides.

J'ai joint & maftiqué au goulot d'une bouteille
d'une chopine, un tuyau de verre de trois pouces de longueur, & d'un demi-pouce de diamètre
intérieur ; j'ai rempli de bière la bouteille toute
entière & le tuyau, & je l'ai mife dans un vaiffeau de verre profond de dix pouces ; j'ai rempli
d'eau ce vaiffeau, & j'ai placé fur le trou du
tuyau de la bouteille un petit entonnoir de verre
renverfé, qui n'étoit autre chofe que le col d'une
bouteille de Florence : le petit orifice de cet entonnoir étoit bouché d'un liège qui portoit fur le
trou du tuyau. J'ai fait alors fortir tour l'air qui
étoit retenu fous le fond de la bouteille & fous
l'entonnoir, en inclinant le grand vaiffeau de verre ; & j'ai placé enfuite le tout fous le récipient
de la machine pneumatique. J'ai pompé jufqu'à
ce que les bulles d'air qui s'élevoient de la bière,
aient occupé dans l'entonnoir un efpace à très-peu
près égal à un pouce cubique ; enfuite, laiffant rentrer l'air, j'ai trouvé que l'air qui s'étoit élevé de
la bière, & qui étoit contenu fous l'entonnoir,
occupoit un efpace beaucoup plus grand que celui
du vide du tuyau ; car d'abord la bouteille &

le tuyau étoient abſolument remplis de bière ,
& il ne s'en manquoit que peu qu'ils ne le fuſſent
encore après l'opération ; & même la bière qui
s'éleva en mouſſant , & qui coula par deſſous le
tuyau, fut en partie cauſe de ce vide , & l'air qui
étoit ſorti de la bière n'en occaſionna qu'une très-
petite partie : d'où il eſt clair que l'air, après être
ſorti de la bière, occupe plus d'eſpace que lorſqu'il y eſt contenu. L'on trouve dans l'*Abrégé des
Tranſactions philoſophiques* par Lowthorp, *vol 2 ,
page 219* , qu'après avoir pompé l'air de l'eau , le
volume de cette eau n'eſt preſque pas ſenſiblement diminué. On ne peut cependant pas inférer
de-là que cet air ne ſoit pas élaſtique , lorſqu'il
eſt contenu dans les liqueurs ; & même on peut
prouver que dans l'eau il ſe trouve de l'air élaſtique ; car , lorſqu'elle ſe glace , les bulles d'air ,
en ſe réuniſſant , en forment de plus groſſes , &
ſont alors très-viſibles , quoique le froid , comme
on le ſait fort bien , diminue l'expanſion de l'air
au lieu de l'augmenter.

8°. Il y a des gens qui ont attribué l'expanſion
de la glace à la réunion de ces particules d'air ;
car , lorſque l'eau commence à ſe glacer , elles ne
ſont pas encore viſibles , mais elles augmentent
ſenſiblement tous les jours. Ce qui peut faire douter de cette explication , c'eſt que l'air de ces
mêmes bulles n'eſt pas comprimé dans la glace ;
car , ayant mis un morceau de glace ſous l'eau ,
j'ai percé pluſieurs de ces bulles , & l'air en eſt ſorti
doucement & ſans aucune force , ce qui·ne ſeroit
pas arrivé s'il y eût été comprimé.

9°. Mais quoique l'air qui ſort des fluides ſemble avoir exiſté , du moins pour la plus grande
partie , ſous la forme élaſtique dans ces mêmes
fluides ,

fluides , cependant l'air qui fort des folides , foit par la force du feu ou par la fermentation , femble moins venir des interftices de ces corps que de leurs parties les plus fixes ; car, puifque les différens airs que le même efprit acide fait fortir de différentes fubftances, confervent & perdent leur élafticité dans des temps bien différens, comme je l'ai trouvé par des expériences fur les pierres de la veffie, il eft probable que ces airs ne fortent pas des interftices, mais des parties folides de ces pierres ; & même , puifqu'il y a quelques-uns de ces airs qui , dans peu de jours , perdent abfolument leur élafticité , on peut penfer que tout l'air qui s'élève de l'efprit acide dans la fermentation , n'eft pas élaftique , permanent ; ou bien que, dans de certaines diffolutions, cet air fort doué d'une élafticité plus permanente que dans d'autres diffolutions.

10°. Une autre preuve que l'air qui s'élève des folides par la fermentation n'eft pas fimplement contenu dans leurs interftices , c'eft que le tartre, qui contient une fi grande quantité d'air , n'en produit point lorfqu'il eft diffous par l'efprit de nitre * : donc il faut que la fermentation produife des vibrations d'une certaine force , pour que les parties du corps qui fe diffout , s'élèvent en air élaftique.

11°. Il y a d'autres exemples dans la nature, de ces particules, tantôt fixes & tantôt élaftiques ; car, dans les expériences fur l'électricité, le même duvet ou la même feuille d'or eft quelquefois dans un accès de répulfion, c'eft-à-dire d'élafticité , & quelquefois dans un état d'attraction qui tend à la fixité. On peut obferver la même chofe fur l'eau ; car fes parties, lorfqu'elles font fort échauf-

* L'Auteur l'a démontré dans des Expériences fur les Pierres de la veffie , qui fe trouvent a la fuite de la Statique des Animaux.

* On n'en peut douter, pour peu qu'on connoiſſe la force de la vapeur de l'eau dans la machine à élever l'eau par le moyen du feu.

fées, ſont violemment élaſtiques * ; & lorſqu'elles ſont refroidies juſqu'à ſe glacer, elles deviennent fixes & fortement attachées les unes aux autres. Pourquoi les particules de l'air n'auroient-elles pas les mêmes propriétés ? Toutes les parties de ce vaſte univers ſont dans un mouvement continuel d'oſcillation : toute la matière pourroit bien être aſſujettie à des forces variables toujours agiſſantes d'attraction & de répulſion.

12°. Les corps plus peſans que l'eau, donnent de l'air permanent en grande quantité ; leur attraction dans l'état fixe, & leur répulſion dans l'état élaſtique, eſt plus grande que celle des particules de l'eau, qui ſont plus légères : auſſi ces particules peſantes, venant à être puiſſamment attirées par le ſoufre, ſont plus propres à former la *bande* d'union qui donne aux corps la ſolidité, que les particules aqueuſes ; car, quoique je ne doute pas que toutes les parties de la matière n'adhèrent dès qu'elles ſe touchent, cependant, comme l'on a trouvé dans les Expériences XLIX & LV, que les parties les plus ſolides des animaux & des végétaux, donnent beaucoup plus d'air & moins d'eau que leurs parties molles ou fluides, il ſemble qu'on peut attribuer leur ſolidité aux particules d'air & de ſoufre, & non aux particules d'eau que ces corps contiennent.

13°. La même choſe ſe trouve vraie, lorſque nous conſidérons ces particules dans leur état élaſtique ; car les particules de l'air, ſpécifiquement moins peſantes que les particules aqueuſes, conſervent plus long-temps leur état d'élaſticité. Il eſt vrai que ces particules aqueuſes, échauffées juſqu'à un certain point, font une grande exploſion ; mais apparemment, c'eſt qu'à volume égal il **y** en a une bien plus grande quantité ; & d'ailleurs, aussitôt que la chaleur cesse, l'élasticité des particules aqueuses cesse aussi.

14°. Je laisse à penser aux Epicuriens, comment un chaos, une nécessité, un concours au hasard d'atômes, a pu placer dans tous les corps cette matière précieuse, tantôt fixe & tantôt élastique ; & si l'on ne doit pas attribuer cette merveilleuse propriété à la sagesse infinie d'un Etre intelligent.

O B S E R V A T I O N X.

LORSQUE j'ai distillé du tartre, ou quelque autre substance qui contenoit beaucoup d'air, j'ai trouvé que le meilleur moyen d'empêcher que les vaisseaux ne crèvent, est de luter à la retorte & au récipient, un tuyau de verre de huit ou dix pieds de longueur, & d'un demi-pouce de diamètre, dans lequel l'air qui s'élève par la distillation, doit passer pour arriver au récipient ; la longueur du tube, fait même qu'une bonne quantité des parties volatiles, qui sans cette précaution s'envoleroient, se conserve & demeure dans le récipient. On peut aussi par ce moyen remplir d'air, & de substances flatulentes comprimées, une retorte sans craindre de la casser.

O B S E R V A T I O N X I.

DANS l'Expérience LXXIV, *pag. 154*, un demi-pouce cubique de sel de tartre, distillé avec de la chaux d'os, donna deux cents vingt-quatre fois son volume d'air, & les scories ne coulèrent pas par défaillance, preuve évidente que tout le sel de tartre en étoit sorti ; ce qui montre que le sel de tartre est composé d'un sel volatil, fermement uni aux particules d'air par l'action du feu : car, dans la diffolution par le feu, des parties d'une fubftance végétale, une quantité confidérable de fel volatil s'élève & s'envole ; & dans le même temps une autre partie eft réduite à la fixité, en fe trouvant fortement unie, dans l'opération, aux particules qui doivent s'élever fous la forme d'un air élaftique permanent. On a fouvent pu obferver ceci en faifant du charbon : la pouffière qui couvre la pile lorfque le bois eft prefque réduit en charbon, eft mêlée à la furface & comme poudrée d'une efpèce de fel volatil blanc qui s'élève du bois ; tandis que l'autre partie du fel volatil de ce même bois, que l'on trouve dans les cendres du charbon fous la forme de fel de tartre, eft réduite à un état fi fixe, qu'il eft très-difficile de la volatilifer, à moins que de la mêler avec une chaux, comme l'on a fait dans cette expérience.

Expérience III.

1°. **Dans** l'Expérience xcvi, *pag. 185*, j'ai obfervé que quand je laiffois entrer du nouvel air dans le vaiffeau de verre *a y*, (*Pl. XVI. fig. 34.*) les vapeurs fulfureufes qui s'élevoient du mélange de l'efprit de nitre & du minéral vitriolique de Walton, abforboient ce nouvel air fi vîte, que l'eau s'élevoit à vue d'œil dans le verre renverfé *a y*. Je ne pourfuivis pas alors cette expérience, mais je l'ai fait depuis.

2°. J'ai trouvé qu'après toute fermentation ceffée, lorfque l'air *a z* s'eft éclairci, fi l'on fait entrer du nouvel air dans le verre renverfé *a y*, ces deux airs fe combattent violemment : de clairs & de tranfparens qu'ils étoient, ils deviennent femblables à de la fumée trouble & rougeâtre,

& pendant que cette agitation dure, il s'abforbe environ autant d'air qu'il en eft entré ; & fi, après que tout eft devenu calme, & que l'air s'eft éclairci, on laiffe encore entrer du nouvel air, la même agitation arrive de nouveau, & il eft abforbé de même : cela arriva plufieurs fois de fuite ; mais, après chaque fois, j'obfervois que la quantité de l'air abforbé diminuoit, enforte qu'après un très-grand nombre de ces mêmes opérations, il ne s'en abforboit plus du tout. Ceci arrivoit de même au bout de plufieurs femaines d'intervalle entre les opérations, pourvu qu'on ne laiffât pas entrer une trop grande quantité de nouvel air à-la-fois.

3°. L'antimoine & l'efprit de nitre abforbèrent d'abord un peu d'air, & furent affez tranquilles le premier jour ; mais le lendemain matin, je vis qu'ils produifoient de l'air en affez grande quantité, qui s'élevoit avec des fumées rougeâtres : je foulevai alors le verre renverfé $a\,y$, de deffus le matras, & je plongeai tout de fuite fon orifice dans l'eau du vaiffeau $x\,x$; dans une heure de temps, il y eut une quantité d'air égale au quart de la capacité du vaiffeau $a\,y$, qui fut abforbé, car il y en eut de quatre pouces en hauteur ; la feconde, la troifième & la quatrième fois, il y en eut autant d'abforbé ; mais, à la cinquième fois qu'on y fit entrer du nouvel air, il n'y en eut d'abforbé que de la hauteur de trois pouces & demi ; & à la fixième fois, il ne s'en abforba plus du tout, & même l'air ne devint pas trouble.

4°. J'ai placé le matras b, avec la maffe en fermentation qu'il contenoit, fous un autre verre : ce nouvel air fut abforbé plus vîte & en plus grande quantité que les matières qui fermentoient n'en pouvoient produire, enforte que l'eau monta dans le verre renverfé; mais après quelque temps l'eau devint ftationnaire : preuve qu'alors il fe produi-foit plus d'air qu'il ne s'en détruifoit.

5°. Cet air éteint fur le champ une chandelle qu'on y met : la plupart des airs imprégnés des vapeurs de ces mélanges en fermentation, font le même effet.

6°. De l'efprit de nitre, & autant d'eau verfée fur de la limaille d'acier, abforbèrent dans une heure une bonne quantité d'air. Trois heures après, lorfque l'air contenu dans le verre *ay* fe fut éclair-ci, j'y laiffai rentrer autant de nouvel air qu'il y en avoit eu d'abforbé ; mais cela ne troubla ni ne changea l'air contenu dans le vaiffeau *ay*, & le nouvel air ne fut point du tout abforbé ; cependant une autre fois, que je gardai pendant fix ou fept jours un mélange femblable d'efprit de nitre, d'eau & de limaille de fer, je vis qu'en faifant en-trer du nouvel air fous le vaiffeau *ay*, l'air qu'il contenoit devint trouble & rougeâtre, & que le nouveau fut abforbé comme il l'avoit été avec de l'efprit de nitre, ou de l'eau régale & de l'anti-moine ; mais, la feconde fois que je fis entrer du nouvel air fous le vaiffeau, il n'arriva prefque point de changement fenfible.

7°. De l'eau-forte ou de l'efprit de nitre avec un minéral de Whiftable, dont je parlerai dans l'expérience fuivante, produifoient en fermentant des fumées dont l'air contenu dans le vaiffeau *ay* étant imprégné, abforboit plufieurs fois de fuite le nouvel air qu'on y laiffoit entrer, & ne man-quoit jamais de devenir extrêmement trouble & très-rouge.

8°. Dans toutes ces expériences où l'on fait

entrer du nouvel air dans le vaiſſeau *a y* déja plein d'un air qui, quoique clair, eſt mêlé de matières ſulfureuſes, il doit arriver aux particules de ce nouvel air un changement conſidérable ; car les parties ſulfureuſes doivent par leur attraction ſubjuguer les autres, & d'*élaſtiques* qu'elles étoient, les réduire à l'état *de fixité*, tout comme dans les fermentations à l'ordinaire : ainſi, l'on ne doit pas attribuer l'aſcenſion de l'eau dans le vaiſſeau *a y*, entièrement à la diminution de l'élaſticité de l'air, mais *plutôt* à ſa réduction de l'état élaſtique à l'état fixe ; ce qui ſe confirme en faiſant attention que, dans ces opérations réitérées, l'on faiſoit entrer autant ou preſque autant de nouvel air que *a z* en pouvoit contenir, & que par conſéquent le même eſpace *a z* contenoit les deux airs, & cela ſans les avoir comprimés.

9°. La vapeur du mercure en diſſolution dans l'eau-forte, abſorbe auſſi le nouvel air qu'on fait entrer ſous le vaiſſeau *a y*.

10°. Les airs imprégnés des vapeurs de vinaigre & d'écailles d'huitres, d'huile de vitriol & d'écailles d'huitres, de vinaigre & de pierre bélemnite, n'abſorbèrent point le nouvel air qu'on laiſſa entrer ; mais l'air imprégné des vapeurs de l'eſprit de nitre & de pierre bélemnite, en abſorba, auſſi-bien que les airs ſortis par diſtillation du tartre & du charbon de Newcaſtle ; mais l'air ſorti de même de la dent d'un bœuf n'en abſorba point du tout.

11°. Cette expérience nous fournit, comme l'on voit, bien des exemples d'une violente agitation dans l'air qui ſe mêle avec de l'autre air imprégné de fumées ſulfureuſes ; d'ailleurs, nous avons prouvé par pluſieurs autres expériences l'action & la réaction des particules élaſtiques & ſulfureuſes ;

X iv

ainsi, l'on peut expliquer par-là cette chaleur accablante que l'on souffre quelquefois dans un temps couvert & étouffé : le mouvement intestin de l'air & des vapeurs sulfureuses qui s'élèvent de la terre, la produisent. Ce mouvement de fermentation cesse dès que les vapeurs sont également mêlées avec l'air; car c'est ici comme dans toutes les autres fermentations, où l'on observe que tous les différens fluides, & même les métaux en fusion, mêlent uniformément leurs parties constituantes. L'observation commune que l'éclair rafraîchit l'air a donc quelque fondement, puisque l'éclair est le plus violent, mais en même temps le dernier effort de la fermentation.

12°. Ne pouvons-nous pas conjecturer aussi que l'inflammation de l'éclair se fait par le mélange subit de l'air pur & serein qui est au dessus du nuage, avec les vapeurs sulfureuses que souvent il contient en abondance ? Le nuage fait ici l'effet du verre renversé *a z*, & sert de séparation entre l'air pur & l'air plein de soufre : celui-ci venant à passer par les interstices du nuage, se mêle avec l'autre, & fait le même effet que nos deux airs sous notre verre. La fermentation dans l'air doit, dans ce cas, être bien plus violente que si ces deux airs, sans obstacle & sans nuages, s'étoient mêlés doucement par degrés, & par une espèce de circulation entre les vapeurs sulfureuses les plus échauffées qui auroient monté, & l'air serein plus frais qui seroit descendu. Il est vrai que dans mes verres il ne paroissoit aucun accident de lumière lorsque les deux airs se mêloient; mais il est très-probable que dans l'air libre une beaucoup plus grande quantité de ces vapeurs sulfureuses peut acquérir assez de vitesse, par la force de la fermentation, pour s'enflammer.

13°. C'eſt en détruiſant l'élaſticité de l'air dans les poumons des animaux, que l'éclair les tue; c'eſt en détruiſant cette élaſticité près & en dehors des fenêtres, qu'il briſe ces mêmes fenêtres. En quelque endroit que les vapeurs ſulfureuſes ſe trouvent, elles détruiſent donc l'élaſticité de l'air, ce qui doit cauſer des mouvemens terribles dans l'air; car l'air qui environne celui qui vient d'être fixé, doit ſe précipiter pour aller prendre ſa place. M. Papin a ſupputé que la viteſſe de l'air qui entre dans le vide ſous un récipient, lorſqu'il eſt pouſſé par le poids de toute l'atmoſphère, eſt telle, qu'elle lui feroit parcourir mille trois cents cinq pieds dans une ſeconde. *Abrégé des Tranſactions philoſophiques*, par Lowtorp, *vol. I. pag. 586.* Cette vîteſſe eſt un peu plus grandeque celle du ſon, qui parcourt douze cents quatre-vingt pieds dans une ſeconde. On ne doit donc pas être étonné qu'un mouvement auſſi violent produiſe des orages, des tourbillons, des ouragans & des tonnerres, ſur-tout dans les climats chauds, où les vapeurs ſulfureuſes & aqueuſes s'élevant plus haut, doivent cauſer de plus violens effets, & où l'on entend ſouvent ces tonnerres après de longues ſéchereſſes, & même de longues gelées, parce que les vapeurs s'élèvent alors de la terre en abondance.

14°. Si l'inflammation de l'éclair étoit cauſée par les rayons du ſoleil, raſſemblés dans un nuage comme dans un foyer brûlant, la nuit ſeroit exempte de tonnerres & d'éclairs; tout le monde cependant fait le contraire: ainſi, l'on doit attribuer le tonnerre de la nuit à la ſeule fermentation qui ſe fait dans l'air, ce qui n'empêche pas que cette fermentation n'augmente, & même ne puiſſe s'enflammer le jour par les réfractions & réflexions des rayons du foleil dans les nuages , comme l'a obfervé le favant Boerrhave , dans fes *Elémens de Chimie* , *vol. I. pag. 232.*

15°. Il me paroît que l'on ne doit pas attribuer la caufe de ces fufées , faifant la croffe , qui accompagnent quelques éclairs , à une fuite de vapeurs fulfureufes qui s'enflamment fucceffivement ; car , en frappant de la main un récipient de verre vide d'air , il s'en élève une petite flamme pâle qui fait la croffe , & qui n'a que cinq à fix pouces de longueur : l'on ne doit fûrement pas attribuer cette croffe à la fuite des vapeurs fulfureufes qui s'enflamment , car cela arrivera toutes les fois que vous frapperez le récipient , foit que vous le teniez dans la même place , ou que vous en changiez avec lui. Je crois donc que le coup & l'effort de l'éclair fe fait tout entier dans l'inftant même qu'ils s'enflamme , & que cet effort eft plus ou moins grand , felon le plus ou le moins de vapeurs qui s'enflamment à-la-fois.

EXPÉRIENCE IV.

L'ON a vu dans la même Expérience XCVI , que le minéral de Walton , qui eft une efpèce de pierre vitriolique , abforbe plus d'air qu'il n'en produit lorfqu'on le mêle avec l'eau-forte , mais qu'au contraire il en produit plus qu'il n'en abforbe , quand on le mêle avec quantité égale d'eau-forte & d'eau. J'ai fait de pareils effais fur un minéral vitriolique que l'on trouve au bord de la mer , près de Whiftable en Kent , & dont on tire la couperofe ; mais les effets ont été différens ; car un pouce cubique d'eau-forte , fur un demi-pouce ou 525 grains de ce minéral en poudre , produifit une fumée rouge , & remplit en fe dilatant un espace égal à 216 pouces cubiques ; mais au bout de deux heures, cette expansion disparut entièrement, & cent huit pouces cubiques d'air furent absorbés. Les vapeurs qui s'élevoient de ce minéral étoient absorbantes à un tel degré, que quand l'eauforte étoit délayée dans trois fois autant d'eau, elles absorboient cent quarante-quatre pouces cubiques d'air au-delà de celui qu'elles produisoient.

2°. L'expérience suivante nous donne une nouvelle preuve que ces vapeurs produisent & détruisent de l'air en même temps.

Sous un grand récipient renversé, dont l'orifice trempoit dans l'eau, j'ai placé cinq tuyaux de verre profonds & assez larges, chacun scellé hermétiquement d'un bout, & tous joints & soutenus ensemble à la hauteur convenable au dessus de l'eau, par le moyen d'un bâton qui étoit au milieu des cinq tuyaux. Dans chacun de ces tuyaux, il y avoit un pouce cubique d'eau - forte, sur laquelle j'ai laissé tomber du minéral de Whistable pulvérisé, mais à différens temps ; c'est-à-dire, je n'en ai laissé tomber dans le second tuyau que deux heures après en avoir mis dans le premier, & dans le troisième tuyau, deux heures après en avoir laissé tomber dans le second, & ainsi de suite : il arriva que les deux premiers mélanges absorbèrent plus d'air qu'ils n'en produisirent, mais ensuite les trois autres en produisirent beaucoup plus qu'ils n'en absorbèrent ; & cela, comme nous l'avons déja dit ailleurs, parce que l'air contenu sous le récipient étant fort imprégné des vapeurs sulfureuses des deux premiers mélanges, les vapeurs des trois autres ne purent plus absorber d'air ; celui qu'ils produisoient se reconnoissoit à l'abaissement de l'eau dans le récipient renversé.

3°. L'huile de vitriol, l'huile de foufre, l'efprit de fel, chacun mêlé avec de l'eau, & verfé féparément fur ce minéral vitriolique, caufoient une grande chaleur, mais fans fumée & fans fermentation vifibles.

4°. Dans ces expériences, je me fuis fouvent fervi d'un grand récipient renverfé, au lieu du verre cylindrique (*Pl. XVI. figure* 34.): il étoit foutenu par une corde qui le lioit en l'environnant: je verfois auparavant l'efprit acide dans le verre ou grand tuyau, & enfuite je mettois au fommet de ce tuyau le col renverfé d'une bouteille de Florence, ce qui formoit une efpèce de petit entonnoir, dont je bouchois légèrement l'orifice inférieur, foit avec du liège, du coton ou du lin; je rempliffois l'entonnoir avec les poudres, par exemple, avec le minéral de Whiftable pulvérifé, & j'y mettois dans le même temps un morceau de fil d'archal fort, qui étoit plus long de deux ou trois pouces que l'entonnoir: alors, plaçant le verre ou le grand tuyau fous le récipient renverfé, j'élevois l'eau dans le récipient à la hauteur convenable, par le moyen d'un fiphon; je foulevois enfuite avec ma main le verre ou grand tuyau, jufqu'à ce que le fil d'archal touchant & venant à preffer contre le fommet du récipient, le bouchon de liège ou de coton fortoit, & laiffoit tomber la poudre fur l'efprit acide.

5°. Mais lorfque je plaçois, comme ci-deffus, les cinq tuyaux à-la-fois fous le récipient, alors j'attachois au fommet de chaque fil d'archal une longue ficelle, afin de pouvoir déboucher tel tuyau que je voulois, & ne déboucher que celui-là feul.

Expérience V.

Puisque l'air est un principe actif répandu dans la nature, puisqu'il se trouve & qu'il agit si puissamment dans les animaux, dans les végétaux & dans les minéraux, il peut aisément nous fournir un grand champ pour faire de nouvelles expériences, & peut-être des découvertes importantes sur son usage pour la vie, & l'entretien des plantes & des animaux ; car il contribue infiniment à leur santé lorsqu'il est pur, & leur nuit beaucoup dès qu'il est souillé ou altéré.

Je rapporterai ici les expériences de M. Musschenbroek, sur un grand nombre de mélanges fermentatifs faits dans le vide & dans l'air, & qu'il nous a données dans ses *Additamenta ad Tentamina Experimentorum naturalium captorum in Academia del Cimento.*

1°. « Trois dragmes d'esprit de vin bien rec» tifié, & autant de vinaigre, n'ont produit au» cun mouvement visible ; cependant ce mélange » s'est réchauffé assez pour faire monter le ther» momètre de Fahrenheit, de quarante-quatre » degrés à cinquante-deux.

2°. » Dans le vide, ce même mélange a fait » une ébullition remarquable qui a peu duré, mais » qui a été accompagnée d'une chaleur qui a fait » monter le thermomètre de quarante-quatre à » quarante-neuf. Le mercure a baissé de deux li» gnes dans la jauge qui le contenoit, & qui étoit » attachée au récipient. La grandeur de ce réci» pient étoit de cent quarante-deux pouces cu» biques *du Rhin*. Le mélange n'étoit pas bien » clair, mais tiroit sur le bleu. Le mercure est » descendu dans la jauge, parce que dans l'effer-

» vefcence les matières ont produit un fluide élaf-
» tique.

3°. » Une demi-once d'efprit de vin fur une
» dragme d'efprit de fel, a produit une chaleur de
» 46 à 50, mais fans aucun mouvement fenfible.

4°. » Dans le vide, ces matières fe font échauf-
» fées à un degré de plus, c'eft-à-dire, de 46
» à 51.

5°. » M. Geoffroy, dans *l'Hiftoire de l'Acad.*
» *royale des Sciences, année 1727*, dit que la plu-
» part des huiles effentielles des plantes, pro-
» duifent un refroidiffement affez fenfible, lorf-
» qu'on les mêle avec l'efprit de vin rectifié.
» M. Muffchenbroek a trouvé ce froid plus grand,
» quand on fait ce mélange dans le vide.

» L'efprit de vin & l'huile de fenouil, ont fait
» defcendre le thermomètre de 44 à 42 dans le
» vide, & ils n'ont eu aucun effet dans l'air libre.

6°. » L'huile de carvi & l'efprit de vin, n'ont
» fait baiffer le thermomètre que d'un demi-degré
» dans l'air ; mais dans le vide il a baiffé de $45\frac{1}{2}$
» à $41\frac{1}{2}$.

7°. » Une demi-once d'huile de térébenthine
» & autant d'efprit de vin, ont fait baiffer le
» thermomètre de 45 à 43 dans l'air, & de 45 à
» 42 dans le vide.

8°. » Une demi-once de vinaigre fur une
» dragme de corail rouge, a caufé une grande
» effervefcence, à peu près comme celle de l'eau
» bouillante, il en eft forti un nombre infini de
» bulles d'air : le thermomètre a monté de 44 à
» $46\frac{1}{2}$.

9°. » Une demi-once de vinaigre fur une
» dragme d'yeux de cancres, a caufé dans l'inf-
» tant une grande effervefcence qui a duré long-

» temps, & a produit beaucoup d'écume. La cha-
» leur a augmenté de 44 à 46.

10°. » Dans le vide, ces mêmes matières ont
» auſſi fermenté beaucoup, elles ont fait une
» écume gluante & viſqueuſe ; mais ce qui eſt fort
» remarquable, le thermomètre a baiſſé de 44 à
» 43 : le mercure dans la jauge eſt deſcendu de 4
» lignes. Le diſſolvant a beaucoup moins agi que
» dans l'air, car les yeux de cancres étoient bien
» moins altérés.

11°. » Une demi-once de vinaigre ſur une
» dragme de craie blanche, a fait une efferveſ-
» cence ſenſible, mais peu d'écume : la chaleur
» a augmenté de 44 à 45 $\frac{1}{2}$.

12°. » Dans le vide, l'efferveſcence s'eſt faite
» avec plus de force & plus d'écume ; mais le
» thermomètre a deſcendu de 44 à 43 : la quan-
» tité de matière élaſtique qui ſe produiſoit étoit
» ſi grande, que le mercure a baiſſé de 4 lignes
» dans la jauge.

13°. » Le vinaigre ſur la pierre bleue de Namur,
» a cauſé les mêmes effets dans l'air & dans le vide.

14°. » Trois dragmes d'eſprit de ſel marin ſur
» une dragme de limaille de fer, n'ont produit
» qu'une petite efferveſcence, mais une chaleur
» de 47 à 57.

15°. » Dans le vide, l'efferveſcence a été gran-
» de, écumeuſe & durable ; le diſſolvant a beau-
» coup plus agi que dans l'air : la chaleur a aug-
» menté de 47 à 70 ; le mercure dans la jauge n'a
» pas bougé.

16°. » Une dragme d'eſprit de ſel marin ſur
» autant de biſmuth, a produit une très-grande
» efferveſcence, beaucoup d'écume, de vapeurs
» blanches, & une chaleur ſi grande, que le ther-

» momètre a hauſſé de 47 à 115. Dans le vide,
» l'efferveſcence a été auſſi fort grande, & accom-
» pagnée de beaucoup d'écume & de vapeurs ;
» mais la chaleur n'a été que de 47 à 94 : le mer-
» cure dans la jauge eſt tombé de 4 pouces.

17°. » Trois dragmes d'eſprit de ſel ſur une
» dragme de marcaſſite d'or, n'ont point fait d'ef-
» ferveſcence, & preſque point de diſſolution
» dans un mois : la chaleur n'a augmenté que de
» 47 à 48 $\frac{1}{4}$.

18°. » Dans le vide, l'efferveſcence a été ſen-
» ſible, écumeuſe & froide ; car le thermomètre
» a baiſſé d'un degré : le mercure dans la jauge
» n'a pas bougé ; le diſſolvant avoit plus agi que
» dans l'air.

19°. » Trois dragmes d'eſprit de ſel ſur une
» dragme de corail rouge, ont cauſé une violente
» efferveſcence, accompagnée de beaucoup d'é-
» cume, & d'une chaleur de 47 à 56.

20°. » Dans le vide, l'efferveſcence, l'écume
» & la chaleur ont été les mêmes : le mercure a
» baiſſé dans la jauge de 3 pouces $\frac{1}{12}$.

21°. » Trois dragmes d'eſprit de ſel ſur une
» dragme de marbre pulvériſé, ont produit une
» grande efferveſcence, accompagnée d'écume,
» & qui a duré long-temps, avec une chaleur de
» 47 à 57 degrés.

22°. » Dans le vide, elles ont fait une très-
» grande efferveſcence, mais qui a peu duré, &
» dont la chaleur n'a été que de 47 à 52 : le mer-
» cure dans la jauge a baiſſé de trois pouces $\frac{1}{4}$, à
» cauſe de la matière élaſtique qui ſe produiſoit
» dans le récipient.

23°. » Trois dragmes d'eſprit de ſel ſur une
» dragme d'os de bœuf, ont cauſé une grande

efferveſcence

» effervefcence écumeufe , & qui a duré quelque
» temps avec une chaleur de 47 à 57 degrés.

24°. » Dans le vide, l'effervefcence a été plus
» grande, mais moins longue , & la chaleur moin-
» dre de deux degrés , c'eft-à-dire , de 47 à 55.

25°. » L'efprit de nitre *, fur autant d'eau de
» pluie, a produit une chaleur de 54 à 53.

» L'efprit de nitre avec autant d'eau de fureau
» diftillée, une chaleur de 47 à 51.

» Dans le vide, ce dernier mélange a fait une
» effervefcence fenfible , accompagnée de quel-
» ques vapeurs, & d'une chaleur de 41 à 55.

26°. » L'efprit de nitre, fur autant d'eau de co-
» chlearia, a caufé dans l'inftant un petit mouve-
» ment qui a peu duré , & une chaleur de 46 ½
» à 55.

27°. » Dans le vide, il s'eft fait une efpèce d'ef-
» fervefcence, accompagnée de quelques vapeurs,
» & d'une chaleur de 46 ½ à 55.

28°. » L'efprit de nitre fur une dragme de cé-
» rufe, a caufé une grande effervefcence , & une
» chaleur de 46 à 58.

29°. » Dans le vide , l'effervefcence a été con-
» fidérable , avec écume & chaleur de 46 à 72 :
» le mercure n'a pas bougé dans la jauge.

30°. » L'efprit de nitre , fur une dragme de fu-
» cre de faturne, n'a point caufé de mouvement
» fenfible , mais il a produit une chaleur de 46
» à 52.

31°. » Dans le vide, il a fait une effervefcence
» confidérable , mais de peu de durée ; elle étoit
» accompagnée d'écume , & d'une chaleur de 46
» à 54.

32°. » Une dragme de *minium*, jetée dans l'ef-
» prit de nitre, a fait une effervefcence fenfible ,

* Par-tout où la quanti-té de nitre n'eft pas dé-fignée , on doit en fup-pofer trois dragmes. *V.* M.Muffchen-broek , part. 2, p. 157 de fes *Tentami-na.*

» quoique légère , & presque sans écume & sans
» vapeur.

33°. » Dans le vide, elle a fait une efferves-
» cence remarquable, d'une longue durée & avec
» écume, en un mot, dix fois plus grande que
» l'effervescence dans l'air : la chaleur a augmenté
» de 46 à 88.

34°. » Une dragme de litharge a fait dans l'es-
» prit de nitre une effervescence considérable &
» avec écume, mais qui a peu duré : la chaleur
» a augmenté de $46\frac{1}{2}$ à 62.

35°. » Dans le vide, elle a fait une efferves-
» cence durable, & une chaleur de $46\frac{1}{2}$ à 60.

36°. » Une dragme d'étain projetée sur l'esprit
» de nitre, a causé dans l'instant une effervescence
» terrible : la chaleur a augmenté de $46\frac{1}{2}$ à 250 :
» les fumées se sont élevées en si grande quantité,
» qu'elles ont rempli toute la maison : tout l'étain
» a été dans un moment transformé en une pous-
» sière blanche, sèche & très-fine, qui ressem-
» bloit à de la vraie chaux d'étain. Il faut prendre
» garde à sa poitrine, en faisant cette expérience.
» L'étain avec l'eau-forte n'ont produit une cha-
» leur que de 46 à 163.

37°. » Dans le vide, une dragme d'étain pro-
» jetée sur l'esprit de nitre, a aussi causé une vio-
» lente effervescence, mais moindre que la précé-
» dente, & une chaleur de $46\frac{1}{2}$ à 180. Quelques-
» unes des vapeurs se sont trouvées élastiques;
» car le mercure dans la jauge a baissé de trois
» pouces $\frac{1}{3}$.

38°. » De la limaille de fer & de l'esprit de
» nitre, ont produit une très-grande effervescence,
» beaucoup d'écume, & de grandes fumées jaunes
» & fétides, avec une chaleur de 46 à 145.

39°. » Dans le vide, ces matières ont bien
» bouillonné; elles ont produit des vapeurs jaunes
» & épaisses, & une chaleur de 46 à 120: le mer-
» cure dans la jauge a baissé de quatre pouces $\frac{1}{2}$.
» Si l'on fait cette expérience avec de l'esprit
» de nitre *fumant* *, la chaleur est si subite & si
» grande, qu'elle fait casser les thermomètres.

* A la façon de M. Geoffroy, ou de Glauber.

40°. » L'esprit de nitre, sur une dragme de li-
» maille de cuivre rouge, a produit une grande
» effervescence, avec des vapeurs jaunes, & une
» chaleur de 46 à 106: il n'y a eu que peu de
» cuivre de dissous, mais qui a suffi pour teindre
» le mélange en beau vert.

41°. » Dans le vide, l'effervescence a été grande,
» la chaleur de 46 à 100; & le mercure est des-
» cendu dans la jauge de 3 pouces $\frac{1}{2}$.

42°. » L'esprit de nitre, sur une dragme de
» cuivre jaune, a fait une très-grande efferves-
» vescence, accompagnée de beaucoup de vapeurs
» rouges & chaudes, & d'une chaleur de 48 à
» 180: le métal a été entièrement dissous, & a
» donné un beau vert.

43°. » Dans le vide, il s'est fait une très-grande
» effervescence, avec beaucoup de vapeurs, & une
» chaleur de 48 à 100; le métal a été aussi entiè-
» rement dissous, & la couleur a été la même:
» le mercure dans la jauge a baissé d'un pouce $\frac{1}{12}$.
» L'effet de l'esprit de nitre sur le cuivre jaune
» & sur le cuivre rouge, est donc à peu près le
» même dans le vide, quoiqu'il soit très-différent
» dans l'air.

44°. » L'esprit de nitre, sur une dragme de li-
» maille d'argent, n'a pas fait grande efferves-
» cence, & n'a produit que peu de fumées; la
» chaleur a été de 48 à 57.

Y ij

45°. » Dans le vide, il y a eu effervefcence,
» mais avec peu d'écume, & à peu près comme
» de l'eau qui bout; mais ce qui eft étonnant,
» c'eft qu'elle n'a produit aucune chaleur : le ther-
» momètre a demeuré où il étoit, à 48 degrés.

46°. » L'efprit de nitre, fur une dragme de bif-
» muth, a fait une effervefcence plus violente que
» l'on ne peut l'exprimer; les fumées s'en font
» élevées en fi grande abondance, qu'elles ont
» rempli toute la maifon, comme avoient déja
» fait celles de l'étain : la chaleur a augmenté de
» 48 à 253. Après l'ébullition, il s'eft précipité
» une chaux sèche & jaunâtre.

47°. » Dans le vide, il s'eft fait une très-
» grande effervefcence, avec beaucoup de vapeurs
» qui couloient comme des gouttes de rofée le
» long des parois du récipient : la chaleur a été
» de 48 à 150; le mercure dans la jauge eft def-
» cendu de 2 pouces $\frac{2}{3}$. Il ne s'eft pas précipité
» en chaux autant de métal que dans l'air.

48°. » Une dragme de marcaffite d'or, projetée
» fur l'efprit de nitre, a fait une grande ébulli-
» tion, beaucoup d'écume & de fumées épaiffes
» jaunes; elle a été prefque entièrement dif-
» foute.

49°. » L'efprit de nitre, fur une dragme d'anti-
» moine cru, a fait une ébullition femblable à
» celle de l'eau bouillante; il s'eft élevé quelques
» vapeurs, & la chaleur a été de 46 à 73. La plus
» grande partie de l'antimoine reftoit, & n'avoit
» pas été diffoute.

50°. » Dans le vide, il s'eft fait une ébullition
» & une écume confidérable, avec beaucoup de
» vapeurs, & une chaleur auffi de 46 à 73. L'a-
» cide avoit encore moins agi que dans l'air; car

» il reſtoit plus d'antimoine. Le mercure dans la
» jauge eſt deſcendu de deux pouces & demi.

51°. » Une dragme de pierre calaminaire, pro-
» jetée ſur l'eſprit de nitre, a cauſé une émotion
» viſible, & une chaleur de 46 à 60.

52°. » Dans le vide, il s'eſt fait une ébullition
» très-remarquable, beaucoup de fumées qui obſ-
» curciſſoient les parois du récipient, & une cha-
» leur de 46 à 102.

53°. » L'eſprit de nitre, avec une dragme de
» tutie, n'ont produit aucun mouvement ſenſible ;
» mais la chaleur a été de 46 à 69.

54°. » Dans le vide, il s'eſt fait une efferveſ-
» cence remarquable, avec écume, & chaleur
» de 46 à 80. L'acide a plus agi que dans l'air. Le
» mercure dans la jauge eſt deſcendu de deux
» lignes.

55°. » Une leſſive de cendres gravelées & au-
» tant d'eſprit de nitre, ont fait une violente effer-
» veſcence, beaucoup d'écume & de fumées, &
» une chaleur de 46 $\frac{1}{2}$ à 85.

56°. » Dans le vide, l'efferveſcence a été en-
» core plus grande ; mais la chaleur moindre, &
» de 46 $\frac{1}{2}$ à 74 : le mercure dans la jauge a baiſſé
» de ſept pouces.

57°. » L'eſprit de nitre, avec autant de lait
» frais, n'a fait aucun mouvement ſenſible ; & ce-
» pendant la chaleur a été de 47 à 55 $\frac{1}{2}$.

58°. » Trois dragmes d'eſprit de ſel ammoniac
» ſur autant d'eſprit de nitre, ont cauſé quelque
» ébullition, & une chaleur de 47 à 83 ; mais ſans
» colorer la liqueur, & ſans lui ôter la tranſpa-
» rence.

59°. » Ces deux liqueurs miſes dans des vaiſ-
» ſeaux ſéparés, ſous le récipient de la machine

» pneumatique, ont toutes deux fumé tandis que
» l'on pompoit, & après qu'on a eu pompé l'air :
» auſſitôt que l'on verſoit l'eſprit de nitre ſur celui
» de ſel ammoniac, il ſe faiſoit dans l'inſtant une
» exploſion qui diſperſoit une partie de la liqueur;
» mais ſi l'on mêloit ces deux liqueurs plus dou-
» cement & par degrés, les exploſions étoient
» moins violentes, & la chaleur étoit de 47 à 63 :
» le mercure dans la jauge deſcendoit de quatre
» pouces.

60°. » L'urine récente, avec autant d'eſprit de
» nitre, a produit une chaleur de 47 à 52 ; mais
» ſans efférveſcence ſenſible.

61°. » Dans le vide, il ne s'eſt fait aucun mou-
» vement ſenſible, quoique la chaleur ait été de
» 47 à 57.

62°. » L'eſprit de vinaigre, avec autant d'eſprit
» de nitre, a produit un mouvement qui n'étoit
» preſque pas ſenſible, mais une chaleur de 46 à 54.

63°. » Le même mélange dans le vide, a été
» agité d'un petit mouvement, & a acquis une
» chaleur de 46 à 56 : le mercure eſt demeuré au
» même point dans la jauge.

64°. » Une demi-dragme d'yeux de cancres,
» projetée ſur l'eſprit de nitre, a fait une effer-
» veſcence & une écume conſidérable, ·avec une
» chaleur de 46 à 54.

65°. » Dans le vide, il s'eſt fait beaucoup d'é-
» cume, & une efferveſcence quatre fois plus
» grande que la précédente : la chaleur a été de
» 46 à 56. Dans l'air & dans le vide, la diſſolu-
» tion a été parfaite.

66°. » L'eſprit de nitre, avec autant de jus de
» citron, n'a pas produit une émotion ſenſible ;
» l'eſprit de nitre, comme plus peſant, a été au

» fond dans un inſtant , & le jus de citron a ſur-
» nagé ; malgré tous ces mouvemens , la chaleur
» n'a augmenté que de 46 à 52 ½.

67°. » Dans le vide , il ne s'eſt pas fait non
» plus de mouvement ſenſible ; cependant la cha-
» leur a été de 46 à 56 : le mercure dans la jauge
» eſt demeuré au même point.

68°. » Le vin blanc de France , & l'eſprit de
» nitre en quantité égale , ont produit une chaleur
» de 46 à 53 , ſans aucun mouvement ſenſible.

69°. » L'huile de ſaſſafras , avec autant d'eſprit
» de nitre , a fait une violente efferveſcence , ac-
» compagnée de fumée & de chaleur.

» Mais l'eſprit de nitre ſur deux dragmes d'huile
» d'anis , n'a produit ni mouvement, ni chaleur.

70°. » On doit obſerver que l'eſprit de nitre
» dont je me ſuis ſervi, étoit fait avec de l'argile ; il
» n'en ſortoit que peu de bulles d'air dans le vide ,
» au lieu que l'eſprit fumant de nitre & l'eſprit
» de ſel contiennent une grande quantité d'air :
» il faut donc , avant que de les mêler dans le
» vide , attendre quelque temps , & voir s'il ne
» s'élève plus de bulles d'air , afin qu'on ne
» prenne pas ces bulles pour des efferveſcences.

71°. » L'eſprit fumant de nitre de M. Geoffroy,
» mêlé avec l'huile de térébenthine, ou avec d'au-
» tres huiles eſſentielles des plantes, cauſe à l'inſ-
» tant une grande flamme. Cet eſprit de nitre ſe
» fait en diſtillant au feu de réverbère, deux livres
» de nitre avec une livre d'huile de vitriol.

72°. » Vingt gouttes de cet eſprit de nitre, mê-
» lées dans le vide avec autant d'huile de carvi,
» firent une grande efferveſcence , mais ſans flam-
» me : le thermomètre eſt monté juſqu'à 216.
» Lorſque tous les mouvemens inteſtins me pa-

» rurent calmés, je laissai entrer l'air dans le ré-
» cipient : il s'éleva subitement une flamme qui
» s'éteignit dans l'instant, tant par sa propre fu-
» mée, que par le défaut d'air. L'huile de téré-
» benthine, l'huile de romarin & l'huile d'anis,
» ne s'enflammèrent point sous le récipient, soit
» qu'il fût vide, ou qu'on y laissât entrer l'air ;
» mais, en y ajoutant un peu d'huile de vitriol,
» ces deux premières huiles s'enflammèrent, ce
» que ne fit pas l'huile d'anis.

73°. »Trois dragmes d'huile de vitriol, & trois
» dragmes d'eau de pluie, n'ont produit aucun
» mouvement sensible, mais une chaleur de 48
» à 92.

74°. » Trois dragmes d'huile de vitriol & au-
» tant d'eau de *cochlearia* distillée, ont produit
» une chaleur de 48 à 98, sans aucun mouvement
» sensible.

75°. »Trois dragmes d'huile de vitriol & au-
» tant d'eau de sureau, ont produit une chaleur
» de 48 à 70 ; ainsi l'eau de sureau contient des
» parties qui la rendent moins propre à produire
» de la chaleur, que l'eau commune ou l'eau de
» *cochlearia*.

76°. »Trois dragmes d'huile de vitriol sur au-
» tant de vin du Rhin, ont produit une chaleur
» de 59 à 99 $\frac{1}{2}$; & si l'on y mêloit plus ou moins
» de vin, la chaleur étoit toujours moindre.

77°. » Deux dragmes de sel ammoniac, pro-
» jetées sur trois dragmes d'huile de vitriol, ont
» produit à l'instant une grande effervescence,
» beaucoup d'écume & de fumées âcres & si
» chaudes, qu'elles ont fait monter un thermo-
» mètre qui étoit placé au dessus d'elles, à 10
» degrés, tandis que le thermomètre qui étoit

» placé dans le mélange, a baissé de 60 à 48. La
» plus grande partie du sel a été dissoute. Si pen-
» dant l'effervescence on jetoit de l'eau sur les
» matières, le thermomètre remontoit à l'instant,
» le froid qui s'étoit produit se changeant subite-
» ment en chaud.

78°. »Voici comme M. Musschenbroek a fait
» dans le vide cette expérience remarquable. Il
» a suspendu dans le récipient un thermomètre à
» cinq ou six lignes au dessus de l'écume que de-
» voit produire le mélange, & il a placé l'autre
» thermomètre dans le vaisseau même où étoit
» une dragme de sel ammoniac, après avoir sus-
» pendu au dessus de ce vaisseau une fiole mo-
» bile, qui contenoit trois dragmes d'huile de vi-
» triol; ensuite il a tiré l'air du récipient avec
» soin, & a laissé le tout dans cette situation pen-
» dant une heure, afin que le degré de chaleur
» fût le même; puis il a versé l'huile de vitriol
» sur le sel ammoniac : il s'est fait à l'instant une
» grande effervescence qui a produit beaucoup de
» vapeurs; elles ont rempli le récipient de telle
» façon, qu'il ne pouvoit presque pas distinguer
» les degrés des thermomètres : cette grande obs-
» curité n'a duré qu'une demi-minute. Le ther-
» momètre placé dans le mélange a baissé de 67
» à 46 dans une minute, après quoi il a commencé
» à remonter; lorsqu'il étoit à 58, l'autre ther-
» momètre étoit à 69; lorsqu'il étoit à 60, l'autre
» étoit à 69 $\frac{1}{4}$: deux minutes après, le thermo-
» mètre placé dans le mélange étoit à 68, & l'au-
» tre à 70; une minute ensuite, les deux thermo-
» mètres étoient à 70 ; mais cinq minutes après,
» le thermomètre placé dans le mélange étoit à
» 72, & l'autre étoit demeuré à 70. Au bout

» d'un quart d'heure ce premier avoit monté à 74,
» quoique l'effervefcence eût ceffé : le fecond a
» toujours demeuré à 70 ; l'effervefcence a duré
» au moins vingt minutes. M. Muffchenbroek a
» répété deux fois cette expérience pour plus de
» certitude : l'effet a toujours été le même ; ainfi
» les vapeurs qui fe font élevées de ce mélange
» dans le vide , ont acquis trois degrés de cha-
» leur , tandis que le mélange lui-même s'eft re-
» froidi de 21 degrés : d'abord le froid alloit en
» augmentant, mais dès que l'effervefcence a com-
» mencé de baiffer, la chaleur a commencé à croî-
» tre ; car, tant que l'effervefcence a été grande ,
» le froid a continué. Il fe trouve une différence
» remarquable entre cette expérience faite dans
» le vide , & cette même expérience faite dans
» l'air , puifque les vapeurs ont produit une cha-
» leur très-fenfible dans l'air , au lieu que dans
» le vide elles n'en ont point du tout produit ; car
» le thermomètre qui étoit au deffus n'a monté
» que quand l'effervefcence a ceffé , c'eft-à-dire,
» quand les vapeurs ont difcontinué de monter. »

Cela me fait foupçonner que la chaleur que ce
Thermomètre avoit acquife, pouvoit bien lui venir par communication de celle du mélange qui
en avoit 74 degrés , ce qu'il ne pouvoit pas communiquer en entier , puifque ce thermomètre en
étoit éloigné. Cela peut auffi nous faire juger que
l'effervefcence , & par conféquent la chaleur des
vapeurs , s'augmente beaucoup par l'action & la
réaction de l'air.

79°. L'ingénieux auteur de ces expériences ,
fait enfuite des réflexions fur les différens effets
que ces effervefcences nous préfentent.

80°. Il obferve, que « les effervefcences des mê-

» mes matières produifent quelquefois la même
» chaleur à l'air libre & dans le vide, comme
» l'antimoine cru & l'efprit de nitre, nombres 48
» & 49.

81°. » Quelquefois les effervefcences font plus
» chaudes dans l'air que dans le vide ; car le bif-
» muth & l'efprit de fel , nombre 16 , ont fait une
» plus grande effervefcence, & acquis une plus
» grande chaleur dans l'air libre que dans le vide,
» ce qu'ont auffi fait les matières des nombres 33
» & 34 , 35 & 36, 37 & 38, 45 & 46.

82°. » Quelquefois au contraire , les effervef-
» cences font plus chaudes dans le vide que dans
» l'air, comme dans les nombres 14 & 15 , où
» l'efprit de fel & la limaille de fer , ont fait une
» une plus violente effervefcence dans le vide
» que dans l'air ; car dans le vide la chaleur a
» augmenté de 47 à 70 , & dans l'air de 47 à 57
» feulement. Les nombres 24 , 27 & 28 , 31 &
» 32, 50 & 51 , 52 & 53, 63 & 64 , nous don-
» nent tous cette même chaleur plus grande dans
» le vide que dans l'air.

83°. » Avec quelques matières , l'effervefcence
» n'étoit pas fenfible dans l'air , tandis qu'elle étoit
» fort grande dans le vide, comme dans les nom-
» bres 1 & 2, 50 & 51 , 52 & 53.

84°. » Quelques effervefcences dans l'air, pro-
» duifent de la chaleur, & n'en produifent point
» dans le vide, comme dans les nombres 43 & 44.

85°. » D'autres produifent un plus grand degré
» de froid dans le vide que dans l'air, comme
» l'efprit de vin & l'huile de fenouil, nombre 5.

86°. » D'autres produifent de la chaleur dans
» l'air, & du froid dans le vide, comme le vi-
» naigre & les yeux de cancres , nombres 9 & 10.

87°. » Quelquefois la chaleur eſt grande , & le » mouvement inſenſible , comme avec l'huile de » vitriol & l'eau , nombres 72 , 73 & 74.

88°. » Il y a des efferveſcences qui ne produi-» ſent ni chaud ni froid , comme l'eſprit de ſel » avec le plomb dans le vide.

89°. » De grandes efferveſcences produiſent » quelquefois du froid , comme l'huile de vitriol » & le ſel ammoniac , nombres 76 & 77 , & l'huile » de vitriol avec le ſel volatil d'urine. »

90°. M. Muſſchenbroek infère de-là , que ce froid eſt produit par l'abſence des particules de feu qui s'envolent avec les vapeurs pendant l'ef-ferveſcence ; & que l'on ne doit pas attribuer la chaleur au mouvement inteſtin des parties , mais à un feu élémentaire réellement inhérent dans les matières.

91°. Mais ſi nous faiſons attention à la grande force d'attraction & de répulſion de certaines par-ticules de matière , lorſqu'elles ſont près de ſe toucher , nous pouvons avec aſſez de vraiſem-blance attribuer la chaleur de ces efferveſcences , au mouvement inteſtin que produiſent toutes ces puiſ-ſances en action & réaction : ces puiſſances étant variées par des combinaiſons infinies , leurs effets doivent varier de même ; enſorte que certaines combinaiſons augmenteront la force de vibra-tion des particules en efferveſcence , & que d'au-tres combinaiſons diminueront cette force. Mais , comme nous ne verrons jamais la poſition de toutes ces particules dans toutes les combinaiſons dont dépendent leurs effets , il ſera toujours très-difficile de les déduire d'un principe aſſez ſûr pour les bien expliquer.

92°. M. Muſſchenbroek obſerve encore , que

» les diffolvans agiffent plus fur certains corps
» dans le vide que dans l'air, comme l'efprit de
» fel fur le plomb & la limaille de fer, ou l'efprit
» de nitre fur la tutie, nomb. 53.

93°. » Et qu'ils agiffent cependant fur d'autres
» corps plus dans l'air que dans le vide, comme
» l'eau-forte fur le cuivre jaune. »

94°. Il obferve auffi, que « dans les effervef-
» cences, foit dans l'air ou dans le vide, il fe
» produit fouvent une matière élaftique, fem-
» blable à de l'air. » Pour moi, je ne doute pas
un inftant que ce ne foit de véritable air ; car j'ai
gardé ces airs *factices* pendant fix ans, que j'ai enfuite
comme comprimés dans l'Expérience LXXVII,
page 157 ; & j'ai trouvé qu'ils fe comprimoient
tout de même & dans la même proportion que
l'air ordinaire. J'ai fait le même effai fur de l'air
produit la veille par le tartre du vin du Rhin,
& je l'ai répété huit jours après ; le quart de cet
air avoit perdu dans ce temps fon élafticité, comme
je m'en apperçus par l'afcenfion de l'eau dans le
tuyau renverfé où il étoit contenu.

Pour me mieux affurer des degrés de compreffion de ces différens airs, j'ai divifé les capacités
de deux tuyaux égaux en quarts de pouce cubi-
bique, en verfant à plufieurs fois un quart de
pouce cubique dans les tuyaux, & faifant avec
une lime déliée de petits crans fur les tuyaux, au
deffus de la furface de l'eau. Par ce moyen, je
voyois aifément l'eau comprimée monter dans
les tuyaux, & je pouvois juger fûrement de la
compreffion de l'air *factice* & de l'air commun, &
des proportions qu'elle fuivoit dans tous les degrés & fous toutes les charges, depuis le *zéro*
jufqu'à une charge égale au poids de trois atmof-

phères ; car je n'en ai pas effayé de plus fortes, de peur de faire crever le récipient.

95°. La mauvaife qualité de cet air produit par la fermentation, l'effervefcence ou la diftillation, ne doit pas faire douter que ce foit de véritable air, puifque l'on fait bien que l'air ordinaire eft fouvent imprégné de vapeurs dangereufes & mortelles : celles qui s'élèvent de la vendange & des vins lorfqu'ils fermentent, font à craindre ; & celles qui s'élèvent du foufre enflammé, font pernicieufes. D'ailleurs, M. Hawksbée a trouvé que l'air ordinaire fe gâte en paffant dans des tuyaux échauffés de fer ou de cuivre, & qu'il eft pur & bon à refpirer après avoir paffé par un canal échauffé de verre. L'air chaud n'eft donc pas mauvais par lui - même, mais par les vapeurs qui s'y mêlent, comme celles de fer ou de cuivre. La plupart de ces vapeurs non élaftiques qui s'élevoient dans le vide des matières, dans les expériences de M. Muffchenbroek, étoient fans doute bien mauvaifes, & cela fans contenir de matière élaftique, comme on le reconnoiffoit par l'immobilité du mercure dans la jauge. Il eft donc probable que la mauvaife qualité de l'air *factice*, foit qu'il foit produit par le feu ou par la fermentation, ou &c. & même celle de l'air ordinaire, doit s'attribuer aux vapeurs qui s'y mêlent, (*Voyez* Expérience CXVI.) & non pas à la diminution de fon élafticité, puifque la même chofe arrive dans l'air ordinaire, qui n'eft pas fujet à diminuer d'élafticité comme l'autre.

96. On doit obferver que plufieurs matières, qui dans le vide faifoient de grandes effervefcences, ne produifoient cependant que peu ou point du tout d'air ; & fans doute elles en pro-

duifoient moins qu'elles n'auroient fait dans le récipient, (*Pl. XVI. fig. 34.*) où les mêmes matières ont produit beaucoup plus d'air que dans
le vide de M. Muffchenbroek : ce qui me paroît
affez naturel ; car l'action & la réaction de l'air
ordinaire avec les matières dans le temps de l'effervefcence, doivent en faire fortir plus d'air élaftique fous ce récipient que fous le récipient
vide, où cette action & réaction ne fe trouve
pas.

EXPÉRIENCE VI.

1°. DANS l'Expérience CXVI, *page 216*, j'ai
donné le réfultat de plufieurs expériences faites
fur l'air, en le refpirant dans des veffies ; mais
comme les vapeurs qui s'élevoient de ces veffies
infectoient l'air, je me fuis fervi de la méthode
fuivante pour effayer plus à mon aife, & avec plus
d'exactitude, combien de temps je pourrois refpirer avec la même quantité d'air, & voir en
même temps combien il perdroit de fon élafticité.

2°. A un trou pratiqué au fommet du récipient
d'une machine pneumatique, j'ai maftiqué un robinet de bois ; ce récipient avoit neuf pouces de
diamètre : j'ai pris un grand vaiffeau au fond duquel
il y avoit deux pouces d'eau, & j'y ai placé le récipient, l'orifice en bas, de forte que l'eau pouvoit
paffer par deffous en liberté. Dans cette fituation,
la quantité de l'air contenu dans le récipient étoit
de 522 pouces cubiques. J'ai fermé mes narines,
& j'ai fait fortir de mes poumons, par une longue expiration, tout l'air que j'ai pu ; & tout de
fuite j'ai porté ma bouche au robinet, & j'ai refpiré les 522 pouces cubiques d'air pendant deux
minutes & demie : après quoi, comme j'ai fenti

que la respiration devenoit fort difficile, j'ai fait
sortir, comme la première fois, de mes poumons
tout l'air que j'ai pu, & au même instant j'ai fait
signe à une personne qui étoit auprès de moi, de
marquer la hauteur de l'eau dans le récipient avec
un morceau de craie ; & ayant mesuré, j'ai trouvé
que 18 pouces cubiques d'air, c'est-à-dire la
vingt-neuvième partie du tout, avoit perdu son
élasticité ; à quoi même on doit ajouter quelque
chose, à cause de l'expansion de l'air par la chaleur qu'il conservoit après être sorti du poumon.

3°. Cette expérience nous montre que huit
pintes d'air renfermé dans un récipient, dont il
ne s'élève aucune vapeur, ne suffisent à la respiration que pendant deux minutes & demie : il n'est
donc pas étonnant que l'air s'altère, & cause par
son infection plusieurs maladies dans les lieux où
on le tient renfermé, comme dans les prisons, où
non-seulement la respiration, mais la transpiration de plusieurs personnes renfermées infectent
l'air, & causent une espèce de scorbut dangereux.
On pourroit éviter en partie cet inconvénient, si
l'on construisoit ces lieux de façon à laisser passer
l'air avec liberté ; & l'on préviendroit par ce petit
soin les maladies, & souvent la mort des malheu-
reux qui les habitent.

4°. J'ai appris d'un vieux marin, que quand l'air
qui est entre les ponts du vaisseau devient mauvais, & qu'il est altéré par les vapeurs qui s'é-
lèvent continuellement du corps de ceux qui y
demeurent, on le purifie en lavant les parois des
ponts & en arrosant par-tout avec du vinaigre :
ceci s'accorde avec l'Expérience CXVI, où j'ai
trouvé qu'en respirant l'air à travers plusieurs diaphragmes

phragmes de flanelle trempés dans du vinaigre,
il fe purifioit de telle forte, qu'il pouvoit fervir
à la refpiration pendant une fois autant de temps
que l'air qui ne paffoit pas par ces diaphragmes.
Je ne doute donc pas qu'un arrofement de vinaigre
entre les ponts d'un vaiffeau, n'en rafraîchiffe un
peu l'air ; mais fi l'infection eft grande, cela ne
peut pas être d'un grand fecours ; & même je
penfe que l'effet ne peut s'en faire fentir que pendant un temps fort court : il faut du nouvel air &
chaffer l'ancien, c'eft le remède le plus fûr. Il
y a long-temps qu'on regarde le vinaigre comme
un fpécifique contre la pefte : on peut conjecturer
qu'il fe fait une fermentation entre cet acide &
l'air, peut-être trop alcalin, qui le rend neutre
& plus falubre ; car fouvent un acide & un alcali
produifent un troifième, qui n'eft ni l'un ni l'autre.

5°. Voici comment j'ai trouvé la quantité d'humidité dont les 522 pouces cubiques d'air s'é-
toient chargés en les refpirant. J'ai pris le col d'une
bouteille de Florence, dont l'orifice inférieur avoit
$\frac{3}{4}$ de pouce de diamètre ; je l'ai rempli, jufqu'à un
pouce du deffus, de cendres de bois bien brûlées ;
puis j'ai fait paffer à travers & jufqu'au fond des
cendres un tuyau de verre ; & j'ai recouvert le
tout par deffous avec un linge fin, pour empêcher les cendres d'être foufflées hors du col de la
bouteille par mon haleine ; enfuite j'ai ferré mes
narines, & j'ai refpiré par le tuyau de verre qui
conduifoit mon haleine au fond des cendres :
comme elles étoient fort sèches, & à peine refroidies, leur fel lixiviel a attiré l'humidité de
mon haleine. J'avois auparavant pefé avec foin
les cendres & le tuyau ; j'ai trouvé, en les pefant
une feconde fois, que le poids des cendres avoit

augmenté de dix-sept grains, après cinquante res-
pirations. L'air que j'inspirois étoit fort sec, car
il y avoit depuis long-temps beaucoup de feu dans
la chambre; ainsi cette augmentation de poids ne
pouvoit venir que de l'humidité dont l'air se char-
geoit 'dans mes poumons : or ceci est à très-peu
près la quantité d'humidité, dont les 522 pouces
cubiques d'air se trouvent chargés lorsqu'ils ne font
plus propres à pouvoir être respirés; car nous res-
pirons cinquante fois en deux minutes & demie:
mais un pouce cubique d'eau pesant 254 grains,
522 pouces cubiques pèsent 132588 grains. Un pareil volume d'air qui est huit cents fois plus léger,
pèsera donc $165\frac{7}{10}$ de grain. Les dix-sept grains
d'humidité ci-dessus n'en font que la neuvième
partie, ce qui n'est pas assez considérable pour gâter l'air, & lui enlever ce qui le rend respirable;
car l'air ordinaire contient souvent beaucoup plus
d'humidité, souvent un tiers, & quelquefois une
moitié de son poids, comme on l'a trouvé en faisant passer l'air à travers des cendres brûlées dans
un récipient vide; tandis qu'en été il est quelquefois si sec, que l'on n'en tire aucune humidité par
ce moyen, comme nous l'apprend M. Musschenbroek, qui a fait l'expérience, & qui la rapporte
dans son *Oratio de methodo instituendi Experimenta
physica, pag. 28.* Vide *Tentamina Experimentorum
naturalium captorum in Academia del Cimento.*
Nous pouvons donc raisonnablement conclure que
522 pouces cubiques d'air avoient perdu la qualité qui les rendoit respirables, non-seulement
par l'addition de cette humidité, mais aussi par
quelque mauvaise qualité de cette même humidité;
par exemple, par la grossiéreté des exhalaisons
des poumons, qui, en se mêlant avec l'air, l'em-

pêchent de pouvoir entrer dans les petites véſicules, &c. Car dans cette expérience, les poumons
preſque ſuffoqués à la fin, pouvoient à peine ſe
dilater un tant ſoit peu.

6°. Cette expérience ſur les cendres, peut auſſi
nous faire connoître la quantité d'humidité que
la reſpiration emporte ; car, puiſque dans cinquante
expirations il s'en trouve dix-ſept grains, l'on en
trouvera quatre cents huit pour les douze cents expirations que l'on fait en une heure, c'eſt-à-dire,
9792 grains ou une livre & $\frac{39}{100}$ dans vingt-quatre
heures ; d'où, en ſuppoſant, comme nous l'avons
trouvé, la ſurface des poumons égale à 41635
pouces quarrés, la quantité d'humidité qui s'é-
lève de cette ſurface, ſera egale à un ſolide d'eau
auſſi étendu que cette ſurface, & de $\frac{1}{1074}$ partie
d'un pouce de hauteur.

EXPÉRIENCE VII.

EN réfléchiſſant ſur la néceſſité d'une ſucceſſion d'air frais pour entretenir le feu, & ſur l'intenſité de la chaleur qu'un bon ſoufflet lui donne,
j'ai tenté de connoître la viteſſe & la force de
l'air au ſortir du ſoufflet ; j'ai appliqué pour cela
une jauge convenable & pleine de mercure au
tuyau d'un double ſoufflet de forge, & j'ai reconnu
que la force de l'air comprimé dans le ſoufflet,
élevoit le mercure dans la jauge à un pouce de
hauteur, quelquefois un peu plus haut, & quelquefois un peu plus bas : ainſi la force avec laquelle le ſoufflet pouſſe l'air dans le feu, eſt à
peu près égale à une trentième partie du poids de
l'atmoſphère : cette force doit donc faire ſortir
l'air avec une grande viteſſe.

2°. Voici comment j'ai déterminé cette vi-

teſſe. J'ai meſuré la ſurface de l'aile ſupérieure du
ſoufflet ; j'ai meſuré l'eſpace qu'elle parcouroit
dans une ſeconde en deſcendant, ce qui m'a donné
la quantité de l'air qui ſortoit du ſoufflet dans
cette ſeconde : cette quantité s'eſt trouvée de 495
pouces cubiques ; je l'ai diviſée par l'aire du trou
du tuyau, & jai eu 825 pouces ou 68 pieds &
$\frac{73}{100}$ de pied : cette longueur eſt celle du cylindre
d'air qui ſortoit par le trou du ſoufflet dans une
ſeconde. Mais l'air comprimé dans le ſoufflet
par un poids plus grand que la trentième partie
de celui de l'atmoſphère, occupe d'autant moins
d'eſpace, & par conſéquent doit être augmenté
de cette trentième partie ; c'eſt-à-dire, qu'au lieu
de 495 pouces, nous devons compter 511 pouces cubiques d'air dans le ſoufflet, qui ſont chaſſés
avec une viteſſe de 68$\frac{73}{100}$ pieds dans une ſeconde ;
ce qui ſuffit pour augmenter l'action & la réaction
entre l'air & la matière élaſtique qui cauſe le feu,
juſqu'au point de cauſer la plus grande chaleur, &
même celle de fuſion pour les métaux.

3°. On peut déterminer ainſi la viteſſe de l'air
dans les tuyaux d'orgue, & peut-être pourroit-on
auſſi eſtimer aſſez juſte la viteſſe des ondulations
de l'air, néceſſaire pour former tels & tels ſons. On
ſait que la viteſſe de l'air en odulation, eſt à celle
de l'eau en ondulation, comme 865 ſont à un,
à près peu comme leurs gravites ſpécifiques.

DESCRIPTION
D'UN INSTRUMENT

Pour fonder les profondeurs de la Mer.

1. Dans l'Expérience LXXXIX, *pag. 173*, j'ai donné le projet d'une méthode pour connoître la profondeur de la mer, aux endroits où l'on ne peut la fonder ; M. Défaguliers l'a exécutée & mife en pratique, fous les yeux de la Société Royale, au moyen d'une machine qu'il a trouvée, & dont il a donné la defcription dans les *Tranfactions philofophiques, nombre 450.* Je vais détailler ici ma méthode, & les moyens de bien graduer cet inftrument que l'on peut appeler une *jauge de mer.*

2. Figurez-vous un tuyau de fer ou de cuivre, par exemple, un canon de moufquet, d'environ 50 pouces de longueur, bien fermé par l'un des bouts ; & fuppofez pour un inftant, que vous laiffez defcendre ce tuyau, l'orifice en bas, à 33 pieds dans la mer : la colonne d'eau de mer de 33 pieds, pèfe à très-peu près autant qu'une colonne de notre atmofphère, & eft au poids d'une pareille colonne d'eau douce, comme 41 font à 40 : & comme l'air fe comprime à proportion des poids dont il eft chargé, quand le tuyau fera defcendu à 33 pieds, il n'occupera dans ce tuyau que la moitié de l'efpace qu'il y occupoit d'abord, & l'eau en montant dans ce tuyau remplira l'autre moitié. Enfuite, fi vous le laiffez defcendre encore 33 pieds, l'air n'occupera que le tiers du tuyau, & enfuite $\frac{1}{4}$, $\frac{1}{5}$, $\frac{1}{6}$,

&c. Connoiſſant donc la hauteur à laquelle l'eau monte dans le tuyau , vous connoîtrez auſſi la profondeur à laquelle ce même tuyau eſt deſcendu.

3. Pour meſurer donc une grande profondeur , c'eſt-à-dire , la hauteur de pluſieurs colonnes de de 33 pieds les unes ſur les autres , il faut d'abord laiſſer deſcendre le tuyau, chargé d'un poids, à 33 pieds , en le tenant ſuſpendu par une ficelle , puis le retirer & obſerver juſqu'où l'eau eſt montée ; car ſi le poids de 33 pieds d'eau eſt égal à celui de l'atmoſphère , l'eau aüra monté préciſément à la moitié du tuyau ; mais ſi l'eau monte plus haut ou plus bas que la moitié, on fera une règle de trois , & l'on dira. Le nombre qui marque le degré de la hauteur à laquelle l'eau monte, eſt à l'unité comme 33 pieds ſont au nombre cherché , qui marque la vraie hauteur de la colonne pour faire monter l'eau juſqu'à moitié. Suppoſons, par exemple , que le tuyau étant deſcendu à 33 pieds, l'eau n'eſt montée qu'à $\frac{9}{10}$ de la moitié du tuyau. Pour ſavoir à combien de pieds je dois deſcendre mon tuyau pour faire monter l'eau juſqu'à moitié, je dis, $\frac{9}{10}$ ſont à 1, ou, ce qui revient au même , 9 ſont à 10 comme 33 ſont au nombre cherché , qui exprimera la hauteur de la colonne pour faire élever l'eau juſqu'à la moitié dans le tuyau ; & faiſant la règle de trois, ce nombre ſera $36\frac{1}{2}$: ainſi il faut dans ce cas deſcendre le tuyau à $36\frac{1}{2}$ pieds pour que l'eau comprime l'air juſqu'à moitié dans le tuyau ; & cela étant une fois déterminé, il faudra toujours compter 36 pieds $\frac{1}{2}$ au lieu de 33 , pour la hauteur de chaque colonne d'eau , dont le poids eſt égal à celui de l'atmoſphère.

4. Lorſque le tuyau ſera deſcendu à la profondeur de quatre-vingt-dix-neuf colonnes , c'eſt-

à-dire, de quatre-vingt-dix-neuf fois trente-trois pieds, l'air se trouvera comprimé dans un espace égal à la centième partie de la longueur du tuyau, c'est-à-dire, dans l'espace d'un demi-pouce : l'intervalle des divisions deviendra donc si petit, que la différence de quelques colonnes d'eau de plus ne seroit pas sensible ; à peine pourroit-on prendre, avec ce tuyau de 50 pouces, la profondeur de quatre-vingt colonnes, 2640 pieds, environ un demi-*mille*. Il faudroit donc faire le tuyau quatre, cinq, & même dix fois plus long, afin de rendre les dernières divisions plus sensibles ; mais, comme il est très-difficile de faire un tuyau de métal de cette longueur, & que, quand même on le feroit, il se romproit aisément, voici comment il faut prévenir cet inconvénient.

5. Faites faire une sphère de cuivre, dont la capacité soit égale à neuf fois la capacité du tuyau de 50 pouces ; joignez le tuyau & la sphère par une bonne vis, & couvrez la jointure le plus exactement que vous pourrez, avec un morceau de cuir bien humecté de quelque matière huileuse.

6. La sphère de cuivre doit avoir une autre ouverture vis-à-vis la première, à laquelle vous ferez souder un autre tuyau de métal ouvert des deux bouts, & de trois ou quatre pouces de longueur, qu'il faudra plonger dans une cuvette de métal pleine d'huile, ou d'une matière huileuse colorée, spécifiquement plus légère que l'eau, afin qu'elle puisse surnager dans l'instrument, & s'élever à mesure que l'eau y entrera : &, pour reconnoître la hauteur à laquelle cette huile colorée aura monté, il faut fixer dans le premier tuyau une verge de fer, de cuivre ou de bois, qui l'enfile par le milieu d'un bout à l'autre, & qui soit maintenue dans

ce milieu par un petit cylindre de bois qui doit être au fond du tuyau de fer , & dans lequel la verge doit être infixée, afin qu'étant toujours dans le milieu du tuyau , elle ne puiſſe ſe barbouiller contre les parois en la retirant.

7. Il faut meſurer la capacité du tuyau, en y ver-ſant de l'eau après que la verge & les autres pièces ſont placées.

8. Nous avons dit que la ſphère de cuivre doit contenir neuf fois autant d'air que le tuyau de fer ; cela fait la même choſe que ſi le tuyau étoit neuf fois plus long : ainſi l'air de la ſphère ne ſe reti-rera tout entier dans le tuyau de fer , que quand l'inſtrument ſera deſcendu à la profondeur de neuf colonnes ou neuf fois 33 pieds ; car alors l'air n'occupera plus que la dixième partie de l'eſpace qu'il occupoit d'abord.

9. En ſuppoſant donc que l'inſtrument ſoit deſ-cendu à la profondeur de quatre-vingt-dix-neuf colonnes , c'eſt-à-dire , à quatre-vingt-dix-neuf fois 33 pieds , ou 3267 pieds , l'air ſe trouvera comprimé dans un eſpace égal à la centième partie de cinq cents pouces, (la ſphère ayant 450 pouces & le tuyau 50) , c'eſt-à-dire, dans un eſpace de cinq pouces au deſſus du tuyau de fer ; & l'huile colorera la verge à cette hauteur , c'eſt-à-dire, à cinq pouces du ſommet.

10. De même , ſi l'inſtrument eſt deſcendu à la profondeur de cent quatre-vingt-dix-neuf co-lonnes de 33 pieds chacune, c'eſt-à-dire, à 6567 pieds , l'air ſe trouvera comprimé dans un eſpace de deux pouces & demi.

11. De même encore, lorſque l'inſtrument ſera deſcendu à la profondeur de trois cents quatre-vingt-dix-neuf colonnes de 33 pieds chacune ,

c'eſt-à-dire, à deux milles & demi moins 53 pieds, l'air n'occupera plus qu'un eſpace d'un pouce un quart. Il eſt à croire que c'eſt ici la plus grande profondeur.

12. Mais au cas qu'il s'en trouve de plus grandes à ſonder, il n'y aura qu'à augmenter la capacité de la ſphère, & cela ſe peut faire ſans rendre l'inſtrument trop difficile à manier ; car, ſuppoſons que le diamètre du tuyau ſoit de $\frac{3}{4}$ de pouce, ſa longueur de 50 pouces, faiſant la ſphère dix-neuf fois auſſi ample, elle ne contiendra que douze pintes de Paris. Au reſte, plus cette ſphère eſt groſſe, & plus il faut avoir d'exactitude à bien boucher l'endroit qui la joint au tuyau, pour empêcher l'air de s'échapper par-là.

13. Un autre avantage de la groſſeur de la ſphère, c'eſt qu'étant plus peſante, elle eſt par conſéquent plus en état de tenir la partie inférieure de l'inſtrument toujours la plus baſſe ; car autrement l'air contenu dans la ſphère la rendant plus légère, la pourroit faire monter plus haut que la partie ſupérieure de l'inſtrument, ce qui y feroit entrer l'eau & gâteroit tout. Je ne dois pas oublier de dire qu'il faut bien eſſuyer le tuyau & la verge après chaque expérience.

14. Cet inſtrument étant ainſi préparé, vous y attacherez une grande *bouée*, faite d'un gros morceau de ſapin bien godronné, pour que l'eau ne puiſſe le pénétrer ; car j'ai trouvé, en comprimant de l'eau dans laquelle il y avoit du bois bien plus léger qu'elle, que ce bois devenoit à l'inſtant ſpécifiquement plus peſant que l'eau par cette compreſſion qui la forçoit d'entrer dans les vaiſſeaux & dans les pores du bois, dont les parties conſtituantes, auſſi-bien que celles tous les végétaux, ſont

plus pefantes que l'eau. Si l'on faifoit la bouée d'une veffie ou d'un globe creux, l'orifice en bas, l'air en defcendant à de grandes profondeurs y feroit tellement comprimé, que la bouée deviendroit fpécifiquement plus pefante que l'eau de la mer, & par conféquent ne pourroit jamais remonter; & c'eft pour cela qu'il faut encore que notre bouée foit affez forte pour tenir l'inftrument au deffus de l'eau, lors même qu'il en eft rempli. Outre cela, il faut que la bouée foit affez groffe & affez élévée au deffus du niveau de l'eau, pour qu'on puiffe l'appercevoir de loin; car il eft très-probable qu'après avoir defcendu & remonté une grande hauteur d'eau, elle fe trouvera, même dans un temps calme, fort éloignée du vaiffeau : ainfi, pour qu'on l'apperçoive de plus loin, il faut y clouer des feuilles de fer blanc, peintes de noir ou de blanc, ou bien telle autre chofe voyante que l'on jugera à propos.

15. Il faut, pour une plus grande exactitude, effayer d'abord cet inftrument pour différentes profondeurs, toutes connues par la fonde, afin de découvrir fi le reffort de l'air n'eft point altéré, foit par la grande preffion de l'eau, foit par le chaud ou le froid qui fe trouve à ces profondeurs; examiner enfuite dans quelle proportion fe font ces altérations, & dans quels temps, afin d'avoir égard à toutes ces chofes en mefurant une profondeur inacceffible.

16. Et comme il eft à croire que l'air libre eft plus chaud ou plus froid que l'air contenu dans le tuyau, lorfqu'il eft defcendu à de grandes profondeurs, il convient de laiffer defcendre, par le moyen d'une corde, l'inftrument à une profondeur affez confidérable, & de le tenir là pendant quelque temps, afin que l'air qu'il contient de-

vienne auſſi chaud ou auſſi froid que l'eau de la mer ; après quoi il faut le retirer & l'élever au deſſus de l'eau, afin de laiſſer entrer l'air extérieur dans l'inſtrument, ou ſortir l'air intérieur, ſelon que ce dernier ſe trouvera ou condenſé ou raréfié.

17. Alors, dans le moment, il faut obliger toute la machine à aller au fond de la mer, par un poids qu'on y attachera par un anneau à un crochet ; enſorte que le poids, en touchant le fond de la mer, ſoit, au moyen d'un reſſort, obligé de ſe ſéparer du reſte de la machine que la bouée ne manquera pas de ramener au deſſus de l'eau.

18. Ce poids que l'on attache à la machine doit être de pierre, de ſable, en un mot du *leſt* du vaiſſeau ; & il doit être tel, qu'il emporte ſeulement un tant ſoit peu la machine : car, comme elle devient plus peſante à meſure qu'elle deſcend, parce que l'air ſe comprime au dedans, & que d'ailleurs la gravité en accélère à meſure le mouvement, elle pourroit ſe briſer en frappant le fond de la mer, peut-être avec trop de violence.

19. Il ne ſeroit donc pas mal, avant que de faire l'expérience avec la machine, d'en prendre la bouée, de l'attacher par une verge de fer à quelque choſe dont le poids ſeroit égal à celui de la machine, enſuite de laiſſer aller le tout au fond de l'eau, pour deviner, par la courbure de la verge de fer, la force avec laquelle toute la machine aura frappé contre le fond de la mer ; car la verge de fer pliera à proportion du coup. S'il étoit violent, & qu'il y eût à craindre pour la machine, on pourroit fixer une perche entre le poids & la machine, qui ſeroit telle, que ſa plus grande réſiſtance ne ſeroit pas aſſez forte pour pouvoir rien endommager, mais qui ne laiſſeroit pas, en ſe

caſſant, de bien rompre le coup, & de ſauver ainſi la machine.

L'on auroit du ſable ou de la terre du fond de la mer, tout comme par les ſondes ordinaires, en mettant du ſuif au bas.

20. Il ſeroit bien auſſi de remarquer le temps que la machine demeureroit ſous l'eau ; ce qu'il eſt aiſé de faire avec une montre à ſecondes, ou, à ſon défaut, avec une pendule qui batte les ſecondes, c'eſt-à-dire, avec un plomb ſuſpendu par un fil de trois pieds trois pouces * un cinquième de pouce, y compris le demi-diamètre de la balle.

*C'eſt-à-dire, 3 pieds 8 lignes ½ de France.

21. M. Hook, dans les *Tranſactions philoſo-phiques*, *Abrégé* de Lowtorp, *vol. II*, *page 238*, a trouvé qu'une balle de plomb de deux livres, attachée à un globe de bois de la même peſan-teur, tomboient enſemble dans l'eau à quatorze braſſes * en 17 ſecondes, & que le globe de bois remontoit lui ſeul dans le même temps de 17 ſe-condes. Si donc la machine décrite ci-deſſus, deſ-cendoit & remontoit avec une viteſſe égale, elle feroit 17 minutes à parcourir un mille en deſcen-dant, & autant de temps à le parcourir en remon-tant ; mais, comme la bouée peut remonter plus vîte qu'elle ne deſcend, le temps que la machine reſtera ſous l'eau, ne nous donnera que très-in-certainement celui de la deſcente & celui de la montée : cependant, à force de comparaiſons du temps & de la hauteur de l'eau dans le tuyau de l'inſtrument, on pourroit peut-être en tirer une règle certaine, ſur-tout ſi la machine étoit tou-jours la même, & le leſt toujours de la même groſſeur & du même poids ; ce que l'on peut faire aiſément en le mettant dans des vaiſſeaux ſphé-riques de terre, tous du même diamètre.

*Cette braſ-ſe eſt d'envi-ron 6 pieds de Roi.

22. Les îles répandues dans toutes les parties du vaste Océan, me portent à croire que sa profondeur n'est pas fort grande : l'on a observé avec la sonde, qu'à quelques inégalités près, la profondeur augmente à mesure qu'on s'éloigne des côtes ; on peut donc dire qu'elle seroit bien plus grande sans les îles.

23. Si nous voulons supposer que la profondeur des cavités de la mer est égale à la hauteur des éminences de la terre, à les prendre les unes & les autres depuis les côtes, nous trouverons que la plus grande profondeur de la mer ne sera que de cinq ou six milles, hauteur des plus hautes montagnes au dessus du niveau de la mer ; car, si nous supputons cette hauteur par le cours & la rapidité des fleuves qui y prennent leur source, nous trouverons que le Niger, par exemple, l'une des plus longues rivières du monde, puisque son cours est d'environ 2400 milles, doit avoir quatre pieds par mille de pente pour venir d'une montagne de $1 \frac{81}{100}$ mille de hauteur, ce qui est déja beaucoup plus que la pente des rivières qui coulent lentement, qui n'est que d'un pied par mille ; mais, même en lui donnant six pieds par mille de pente, il ne viendra que d'une montagne de $2 \frac{70}{100}$ de mille de hauteur : en lui donnant huit pieds de pente par mille, il viendra d'une hauteur de $3 \frac{72}{100}$ de mille ; & enfin en lui donnant dix pieds de pente par mille, qui est tout ce qu'il peut avoir, la montagne où il prendra sa source dans cette supposition, n'aura encore que $4 \frac{54}{100}$ de mille : & cette hauteur est plus grande que celle des montagnes les plus élevées, qui n'ont environ de hauteur que la 859e. partie du demi-diamètre de la terre.

Mais si nous supposons que la somme des cavités

de la mer est égale à celle des éminences de la terre, toutes deux prises depuis les côtes, nous trouverons que la profondeur de la mer doit être moindre que la hauteur des montagnes, parce que la superficie de la mer est plus grande que celle de la terre.

24. On peut faire une objection fort raisonnable contre la machine décrite ci-dessus, ou plutôt contre le principe sur lequel elle est fondée ; c'est qu'à de grandes profondeurs, la compression de l'air ne suit peut-être pas la même proportion que d'abord, à cause des particules aqueuses & hétérogènes qui sont dans l'air, & qui, en s'approchant de plus près, peuvent changer sa compressibilité, ou du moins en empêcher l'uniformité. Cela peut être ; mais, puisque nous ne connoissons jusqu'à présent rien de semblable, il faut toujours essayer l'instrument à la plus grande profondeur que la sonde puisse atteindre, qui est de 400 brasses : car alors l'air ne laissera pas d'être chargé par soixante & douze colonnes d'eau de 33 pieds chacune, & par conséquent, comprimé dans un espace de soixante & treize fois plus petit ; & alors sa densité est à celle de l'eau comme 1 est à 11 $\frac{64}{100}$. Quand l'air est comprimé par le poids de quatre-vingt-dix-neuf colonnes, c'est-à-dire, par 3267 pieds d'eau, ou un demi - mille & 627 pieds, sa densité est alors $\frac{1}{8}$ de celle de l'eau ; à cent quatre-vingt-dix-neuf colonnes de profondeur, c'est-à-dire, à un mille un quart & 132 pieds, sa densité sera à celle de l'eau comme $\frac{1}{4}$ est à 1 ; & à trois cents quatre-vingt-dix-neuf colonnes de profondeur, c'est-à-dire, à deux milles & demi moins 53 pieds, il ne sera que la moitié moins dense que l'eau.

25. Voici comment j'ai comprimé l'air par un poids égal à celui de 37 $\frac{44}{100}$ atmofphères. J'ai pris un tuyau de verre, fcellé hermétiquement à l'un des bouts : la longueur de fa cavité étoit de 4 $\frac{6}{100}$ pouces, fon diamètre de $\frac{16}{100}$ de pouce ; le poids de l'eau qu'il contenoit, étoit d'une dragme & fix grains. J'ai plongé l'orifice de ce tuyau dans une petite fiole, au fond de laquelle il y avoit du mercure, avec un peu d'efprit de térébenthine coloré d'indigo : j'ai mis le tuyau & la fiole dans une groffe bombe, que j'avois auparavant remplie d'eau. J'ai mis la bombe fous un preffoir à cidre ; & ayant mis dans l'ouverture de la bombe un tampon de bois de houx bien tourné, je l'ai fait entrer de force dans la bombe, par le moyen de la vis du preffoir : l'eau fuintoit à travers les pores du tampon, quoiqu'il fût enduit d'un maftic de cire & de térébenthine : j'ai retiré alors ma fiole & mon tuyau, & j'ai trouvé que la térébenthine avoit coloré le verre à $\frac{12}{100}$ de pouce près du fommet, & qu'ainfi l'air avoit été comprimé dans un efpace de 38 $\frac{44}{100}$ plus petit que celui qu'il occupoit naturellement ; ainfi il étoit comprimé par 37 $\frac{44}{100}$ atmofphères, preffion égale à celle de 1235 $\frac{1}{2}$ pieds d'eau de mer. La denfité de cet air étoit à celle de l'eau, comme l'unité eft à 22 $\frac{7}{10}$.

26. L'on n'a pas remarqué, dans ces grandes compreffions de l'air, qu'il ait jamais paffé à travers le verre ou le mercure ; & l'on n'a jamais pu rompre le reffort de l'air, ou autrement le fixer par aucune force connue, foit de compreffion immédiate, foit de l'action du froid par condenfation. Nous ne pouvons donc connoître que par expérience ce qu'un poids de deux ou trois milles de hauteur d'eau de mer peut faire fur lui ; & cela eft

aſſez curieux pour l'eſſayer par la méthode ci-deſſus, qui n'eſt pas fort difficile à mettre en pratique.

27. Je n'ai jamais pu donner à l'air une compreſſion plus grande que par ce moyen-ci. J'ai
pris mon tuyau, ma fiole & ma bombe pleine
d'eau, tout comme la première fois, & j'ai placé
la bombe ſous le preſſoir à cidre dans un temps
de forte gelée; enſuite j'ai entouré & couvert la
bombe avec une grande quantité de glace pulvériſée, dans laquelle il y avoit un tiers de ſel
marin : après un petit temps, ce grand froid fit
crever la bombe : elle ſe diviſa en trois morceaux
du deſſus au deſſous ; ces trois morceaux ſe tou-
choient toujours par le bas après la rupture, & ne
s'étoient éloignés dans leur deſſus qu'en tombant
doucement: preuve évidente que l'eau, quoique
aſſez comprimée pour faire crever une bombe ,
n'a même alors que très-peu d'élaſticité.

28. La bombe étoit tapiſſée en dedans d'une
glace épaiſſe d'environ $\frac{1}{4}$ de pouce, pleine de
bulles d'air.

29. La fiole & le tuyau étoient caſſés en pluſieurs morceaux, qui tous étoient en dedans bar-
bouillés de térébenthine & de mercure juſqu'au
ſommet du tuyau, dont les deux extrémités étoient
engagées dans la glace qui tapiſſoit la bombe :
l'eau du centre de la bombe n'étoit pas gelée. On
pourroit donc répéter cette expérience , ſans cou-
rir riſque de caſſer le tuyau & la fiole , en les
tenant ſuſpendus dans le milieu de la bombe, par
le moyen d'un petit bâton auſſi long que le diamètre de la bombe auquel ils ſeroient attachés.

30. En ſupputant la force qu'il faut pour faire
crever la bombe , nous trouverons celle qui a comprimé l'air dans le tuyau. Le diamètre intérieur de
la

la bombe étoit de fix pouces & demi ; fon épaif-
feur à fon orifice, étoit de 1 pouce $\frac{2}{10}$; à fon fond,
elle étoit de 1 pouce $\frac{9}{10}$: mais, fuppofant que l'é-
paiffeur fût par-tout la même de 1 $\frac{2}{10}$ de pouce,
l'aire de la coupe maffive de cette fphère creufe
par un grand cercle, fera de 29 $\frac{72}{100}$ de pouces
quarrés : il s'agit donc de connoître le degré de
cohérence de la bombe dans toute cette fuperficie, &
pour cela je fonderai mon calcul fur l'Expérience
LXXVII de M. Muffchenbroeck, dans fon *Intro-*
ductio ad cohærentiam corporum , pag. 505 , où il
a trouvé qu'un fil de fer dont le diamètre étoit
$\frac{1}{10}$ de pouce du Rhin , étant tiré perpendiculairement en bas , a foutenu avant que de rompre
un poids de 450 livres d'Amfterdam. Le fil de fer
étoit , il eft vrai , de fer battu , & ma bombe n'é-
toit que de fer fondu ; mais auffi ai-je fuppofé la
bombe bien plus mince que je ne devois la fuppofer effectivement. Un pouce du Rhin eft à un
pouce Anglois, comme $\frac{752}{1000}$ font à 1 ; la dixième
partie d'un pouce du Rhin, eft donc égale à $\frac{752}{10000}$,
ce qui eft égal à $\frac{133}{1000}$ d'un pouce Anglois , diamètre du fil de fer ; l'aire de fa fection tranfverfale
fera donc $\frac{13}{1000}$, ce qui étant divifé par 29 $\frac{72}{100}$, aire
de la coupe de l'orbe ci-deffus , le quotient fera
2286 ; ce qui multiplié par 450, poids qu'il falloit
pour rompre le fil , le produit eft 1028700, poids
ou force qu'il faut pour faire crever la bombe
& la féparer en deux moitiés. Or la livre d'Amfterdam eft à la livre ordinaire de feize onces,
comme 93 font à 100 ; ainfi il faut 956690 de
nos livres pour rompre la bombe : & l'aire du plus
grand cercle intérieur de la bombe étant de 33
$\frac{16}{100}$ pouces quarrés , & la pefanteur de l'atmofphère fur un pouce quarré , étant à peu près de

15 livres 5 onces, j'aurai en les multipliant par 33 $\frac{16}{100}$, j'aurai, dis - je, 504 $\frac{3}{10}$ livres pour la pefanteur de l'atmofphère fur cette aire toute entière du grand cercle ; par lequel nombre 504 $\frac{3}{10}$, divifant celui de 956690, le quotient 1837 donne le nombre des atmofphères qui preffoient fur l'air renfermé dans mon tuyau. Ainfi l'air a été comprimé, dans cette expérience, dans $\frac{1}{1838}$ partie de l'efpace qu'il occupe naturellement, ce qui eft égal au poids d'une colonne d'eau de mer de 60654 pieds de hauteur, environ de 11 milles; & toute la cavité du tuyau n'ayant que 4 $\frac{6}{100}$ de pouce de longueur, l'air n'occupoit plus que la $\frac{22}{10000}$ partie de la cavité, en fuppofant qu'il fe foit comprimé proportionnellement aux poids dont il étoit chargé ; ce qui fait environ la 500me partie d'un pouce cubique, efpace trop petit pour être vu.

Remarque
du
Traducteur.

J'avoue que je n'ai rien entendu à ce calcul; c'eft apparemment la faute de l'imprimeur; mais, comme il eft fondé fur des principes auffi clairs que fûrs, je l'ai fait d'après ces principes, & je fuis perfuadé que l'Auteur ne me faura pas mauvais gré de l'avoir mis ici.

On fuppofe que le diamètre eft à la circonférence d'un cercle, comme 7 à 22.

Le diamètre intérieur de la bombe étoit de 6 pouces & demi, fon épaiffeur de 1 $\frac{2}{10}$ de pouce : l'aire de la coupe tranfverfale de cette épaiffeur fera donc $\frac{209888}{15680}$, c'eft-à-dire, à peu près 13 $\frac{2}{5}$ pouces quarrés, ce que l'on trouve en ôtant la fuperficie $\frac{1852}{56}$ du cercle intérieur qui a 6 pouces $\frac{1}{2}$ de diamètre, de la fuperficie $\frac{1343}{280}$ du cercle extérieur, dont le diamètre eft de 7 pouces $\frac{7}{10}$.

Le pied du Rhin eft au pied de Londres, comme 139

font à 135 : le fil de fer n'avoit que $\frac{1}{10}$ de pouce du Rhin de diamètre, c'eft-à-dire, $\frac{139}{1350}$ de pouce Anglois ; l'aire de fa coupe tranfverfale fera donc de $\frac{212531}{25515000}$, à peu près $\frac{21}{2551}$ de pouce quarré. Je dis donc, puifqu'il a fallu 450 livres d'Amfterdam pour rompre une épaiffeur de fer égale à $\frac{21}{2551}$ de pouce, combien faudra-t-il de pareilles livres pour rompre une épaiffeur égale à 13 $\frac{2}{5}$ pouces ? &, par la règle de trois, je trouve qu'il faut 732501 livres d'Amfterdam pour rompre la bombe, c'eft-à-dire, 787635 $\frac{1}{2}$ livres Angloifes, la livre d'Amfterdam étant à celle de Londres comme 93 font à 100.

Or, l'aire du cercle intérieur de la bombe eft de 33 $\frac{11}{56}$ pouces quarrés, & le poids d'une colonne de l'atmofphère fur un pouce quarré, eft de 15 livres 5 onces environ ; donc le poids de l'atmofphère fur l'aire totale du cercle, eft à peu près de 508 livres 6 onces. Je divife donc 787635 par 508, & j'ai 1550 $\frac{235}{508}$, environ 1550 $\frac{1}{2}$; c'eft-à-dire que l'air contenu dans le tuyau, a été comprimé par une force égale au poids de 1550 $\frac{1}{2}$ atmofphères, & que par conféquent il a été réduit dans un efpace 1551 fois plus petit que celui qu'il occupe naturellement. Ceci n'eft vrai, qu'en fuppofant le fer de la bombe auffi fort que celui du fil : mais, comme le fer battu dont il étoit fait, eft plus fort que le fer fondu dont étoit faite la bombe, il faut diminuer en même raifon le nombre 1551 : cette diminution eft néceffaire, & ne peut fe compenfer par la plus grande épaiffeur de la bombe ; car il fuffit qu'il y ait dans un vaiffeau un endroit moins épais que le refte, pour qu'on doive le fuppofer par-tout de cette épaiffeur, lorfqu'il s'agit de réfiftance à un fluide qui pouffe également en tout fens.

31. L'on a obfervé dans l'Expérience III, *nom.* *13*, que l'air preffé par le poids de l'atmofphère, parcourt un efpace de 1305 pieds dans une fe-

conde en entrant dans le vide ; si nous supposons qu'il soit pressé par 1837 atmosphères, il aura assez de vitesse en entrant dans le vide pour parcourir quatre cents cinquante-quatre milles dans une seconde ; vitesse encore bien moindre que celle de l'expansion de la poudre à canon, dont la force paroît invincible.

32. Pour connoître combien le grand froid auroit contracté la bombe dans cette expérience, si elle eût été vide, j'ai pris une plaque de fer fondu, que j'ai entourée & couverte de glace pulvérisée, mêlée de sel : le froid la fit diminuer d'une huitième partie d'un pouce, ce qui faisoit la cent vingtième partie de sa longueur. Sur ce fondement, j'ai calculé que la capacité de la bombe auroit diminué par la contraction d'une cinq cents quarante-septième partie, si elle eût été vide ; mais comme dans l'expérience elle étoit pleine, & tapissée d'une glace dont la dilatation étoit d'environ $\frac{1}{10}$ de son volume, il n'est pas étonnant que la bombe ait crevé.

33. Avant que d'avoir rompu cette bombe, je m'en étois servi pour connoître si l'eau pouvoit se comprimer ; je l'ai remplie d'eau de fontaine, dont j'avois pompé l'air avec soin : cette eau avoit environ six degrés & demi de froid au dessus du point de la congélation ; je l'ai ensuite placée sous un pressoir à cidre, pour faire entrer de force dans son ouverture un tampon percé du dessus au dessous par un trou d'environ $\frac{1}{2}$ pouce de diamètre : dans ce trou, j'ai fait entrer, à coups de marteau, une forte & solide cheville de bois de frêne, enduite de mastic. Après l'avoir coignée, l'eau qui ne pouvoit plus passer entre elle & le tampon, faisoit une résistance si grande, qu'il me

fembloit fentir celle d'une pierre ou d'une enclume fur laquelle la cheville auroit appuyé ; enfin, en frappant de très-grands coups de marteau,
la cheville fe brifa entre le coup du marteau &
la réfiftance de l'eau. Le diamètre de la bombe
étoit, comme nous l'avons dit, de $6\frac{1}{2}$ pouces, &
l'aire d'un de fes grands cercles de $33\frac{16}{100}$: la
furface intérieure de la bombe étoit donc quatre
fois $33\frac{16}{100}$, c'eft-à-dire, $132\frac{64}{100}$ pouces quarrés ;
ce qui étant divifé par $\frac{196}{1000}$ de pouce quarré, aire
du deffous de la cheville, donne $674\frac{7}{10}$, nombre qui exprime le rapport de la fuperficie intérieure de la fphère à celle du bas de la cheville,
& qui par conféquent exprime auffi le nombre des
coups que la fphère recevoit en tout fens à chaque
coup de marteau fur la cheville ; car les fluides
preffent & réagiffent également en tout fens. Or,
il eft certain que ces coups auroient bientôt fait
crever la fphère d'argent de l'Académie *del Cimento*, & qu'ainfi l'eau a été plus comprimée dans
cette bombe que dans cette fphère.

Observation XII.

M. Plot, dans fon Hiftoire de la Province d'Ox-
ford, obferve que les rivières commencent à fe
glacer par le fond ; les pêcheurs & les gens qui
habitent la Tamife ont remarqué la même chofe,
auffi - bien dans la partie de fon cours qui eft
fujette au mouvement des marées, que dans le
refte de fon cours où ces marées ne font plus
fenfibles : ils fentent & touchent avec leurs perches la glace au fond de l'eau, quelques jours avant
que la furface de la Tamife ne fe glace ; & ils la
voient monter en préfentant le côté, avec une telle
viteffe, qu'elle fe caffe, & s'élève d'un demi-pied

& souvent d'un pied au deſſus de l'eau, toujours en préſentant le côté : elle demeure pendant un peu de temps dans cette ſituation, après quoi elle ſe tourne & ſe met à plat ſur la ſurface de l'eau qui l'entraîne, & c'eſt pour lors que la rivière *charie ;* & ſi la gelée continue, tous ces glaçons & ceux qui s'élèvent continuellement du fond, ſe réuniſſent & ne forment plus qu'une glace ſur toute la ſurface du fleuve.

2°. Le 30 janvier 1730, le thermomètre qui étoit expoſé à l'air libre, étoit à ſept heures du matin à 12 degrés au deſſous du point de la congélation, & il étoit tombé environ un pouce de neige pendant la nuit. Je fus à la Tamiſe dans un endroit qui ſert d'abreuvoir à la ville de Teddington, où le courant eſt preſque inſenſible; la ſurface de l'eau étoit glacée d'un tiers de pouce d'épaiſſeur : à travers cette glace, j'en appercevois un autre lit au deſſous : je rompis la glace du deſſus avec une rame, & ayant pêché de la glace du deſſous, je vis qu'elle avoit près d'un demipouce d'épaiſſeur; mais elle avoit plus de cavités, & elle étoit plus ſpongieuſe & moins ſolide que la première. Cette glace du deſſous ſe joignoit à celle de deſſus au bord de l'eau, & ces deux lits de glace s'éloignoient l'un de l'autre à meſure que l'eau étoit plus profonde, & réellement le ſecond lit ſuivoit la profondeur de la rivière ; car il étoit adhérent au fond, & même mêlé de ſable & de pierres, que les glaçons emmènent & élèvent quelquefois avec eux, lorſqu'il gèle aſſez fort pour les rendre plus légers que l'eau, quoique mêlés de ces matières étrangères plus peſantes que l'eau; & même lorſqu'il gèle bien fort, & que la glace eſt fort épaiſſe, l'on a vu quelque-

fois ces glaçons élever avec eux les engins des pêcheurs , quoique retenus au fond de l'eau par des
pierres & des briques qui leur font attachées.

3°. Le 28 décembre 1731 , à huit heures du
matin , le thermomètre étant à 12 ½ degrés au
deſſous du point de la congélation , j'ai trouvé
de même cet endroit de la Tamiſe gelé à la ſurface & au fond de l'eau par-tout , excepté dans le
courant de la rivière , dont la viteſſe empêchoit
la congélation , car il n'étoit glacé au deſſus ni au
fond : auſſi les pêcheurs ont-ils obſervé que le
fond des courans gèle toujours le premier , comme
ayant apparemment moins de mouvement que le
reſte ; & j'ai obſervé ſur la ſurface d'un étang ,
qu'il glace plus tôt dans les endroits où il ne fait
qu'un peu de vent , que dans ceux qui font expoſés à de plus grands vents.

4°. La neige , dans le temps de gelée , hâte la
congélation de l'eau : on pourroit donc dire qu'en
ſe fondant ſur l'eau , & tombant au fond de la rivière , elle en augmenteroit le froid , & par conſéquent la feroit geler plus tôt dans cet endroit ;
mais la Tamiſe commence à ſe glacer par le fond ,
lors même qu'il n'y a point de neige , & qu'il
n'en eſt pas tombé depuis long - temps ; ce n'eſt
donc pas à cette cauſe qu'il faut attribuer cette
congélation antérieure du fond.

5°. Mais comme l'on n'a jamais vu les étangs ,
les mares , & toutes les eaux calmes , commencer
à ſe glacer par le fond , il faut néceſſairement que
le courant de l'eau en ſoit la cauſe dans les rivières ; car il eſt ſûr que dans les eaux calmes , auſſi-
bien que dans la terre , la ſurface eſt bien plus
froide que le deſſous , au lieu que dans les eaux
courantes , le deſſus & le deſſous ſe mêlant en-

femble, ils deviennent à peu près auffi froids l'un que l'autre ; & le deſſus ayant toujours plus de viteſſe que le deſſous, & pas plus de froid, il ne ſe glace que le dernier. Dans l'endroit où j'ai fait cette obſervation, il n'y avoit qu'un courant peu ſenſible ; auſſi le fond & la ſuperficie étoient glacés en même temps, quoique d'une glace un peu moins épaiſſe à la ſurface qu'au fond ; tandis que dans la même rivière, mais dans un endroit où le mouvement étoit plus grand, la ſurface n'étoit pas glacée, quoique refroidie à tout inſtant par un grand nombre de glaçons qui s'élevoient du fond de l'eau.

6°. Tout le monde ſait que le froid eſt bien plus ſenſible & bien plus grand lorſqu'on demeure expoſé au vent, que lorſqu'on eſt à l'abri de ce vent, quoique l'air ſoit réellement auſſi froid à cet abri qu'à l'expoſition du vent. En mettant la main dans l'eau froide, ce froid ſera plus ſenſible & plus grand lorſqu'on remuera la main, que lorſqu'on la tiendra dans la même place ; & cela, parce que le fluide environnant participe à la chaleur du corps qu'il environne, d'autant plus qu'il l'environne de plus près & plus long-temps, au lieu que la ſucceſſion continuelle d'un fluide également froid par-tout, partage cette chaleur dans tout le fluide qui ſe ſuccède, & par conſéquent, augmente beaucoup le froid relatif du fluide. Cela peut s'appliquer aux eaux calmes & courantes, & c'eſt une autre cauſe de la congélation antérieure du fond dans les eaux courantes ; car le fond d'une rivière doit devenir bien plus froid que celui d'un étang, par la ſucceſſion continuelle de l'eau : & en effet, on a obſervé que, quoiqu'il commence à geler d'abord au fond des courans, il ne gèle pas dans les trous qui s'y trouvent, sans doute parce que l'eau y est calme, & ne participe point au mouvement du courant; & c'est dans ces trous que les poissons cherchent un abri contre la rigueur de la saison.

7°. Cela se prouve encore par l'observation que je fis dans le même endroit d'un petit espace dans la rivière, large comme deux petits bateaux, & long comme trois ou environ, séparé du reste de la rivière par une petite langue de terre d'environ six pieds de largeur. Cet espace étoit une petite baie calme, le courant ne lui communiquoit aucun mouvement : je vis que cet endroit n'étoit point du tout glacé au fond, quoique sa surface le fût, & même d'une plus grande épaisseur que celle des autres endroits de la rivière.

OBSERVATION XIII.

L'OBSERVATION suivante m'a montré que la chaleur que la terre conserve à certaine profondeur, est une des causes du dégel, aussi-bien que le changement de temps.

Le 29 novembre 1731, il tomba un peu de neige pendant la nuit ; le lendemain matin à onze heures, elle étoit presque toute fondue sur la surface de la terre, excepté sur celle de plusieurs endroits d'un parc, sous lesquels on avoit fait des saignées pour l'écoulement des eaux, & qu'on avoit ensuite recouvertes de terre : la neige ne fondit point au dessus de ces saignées, soit qu'elles fussent à sec ou pleines d'eau ; elle ne fondit point non plus sur les corps ou canaux d'orme qui servoient à conduire les eaux, & qui étoient

enterrés. Preuve évidente que ces saignées inter-
ceptoient la chaleur du sein de la terre ; car la
neige ne fondoit pas même sur les endroits où ces
tuyaux étoient à quatre pieds sous terre.

J'observai aussi que la neige demeuroit de même , & par la même raison, sur le chaume, sur
les tuiles, & au dessus des murailles.

F I N.

TABLE

DES MATIÈRES

CONTENUES

DANS LA STATIQUE DES VÉGÉTAUX.

A

B

C

D

E

J

JAUGE; efpèce de jauge avec du mercure & de l'eau; fa defcription, 67 & 68

JAUGE DE MER. *Voyez* MER.

L

LAIT; le lait avec les écailles d'huitre, 170

M

MENTHE; la menthe renfermée fous un vaiffeau de verre, croit, & abforbe de l'air, 265 & 266

Ses racines pouffent à l'air humide, 266

MER; projet d'une méthode pour connoître les profondeurs inacceffibles de la mer, 174 & 175

Defcription d'un Inftrument propre à fonder ces profondeurs, 357 *& fuiv.*

MERCURE; le mercure fe dilate par la chaleur, fans cependant faire une grande expanfion, 165

Il ne contient point d'eau, 166

MIEL; fon air, 151

MINÉRAL DE WALTON, 152 & 153

Ce minéral avec l'eau-forte, 185 & 186, 245 *& fuiv.* avec l'huile de vitriol, 245

MINES; vapeurs des mines; comment elles fuffoquent, 213

Effais pour tâcher de prévenir cette fuffocation, *ibid.* & 215

Explofion des mines; comment elle tue, 214

MINIUM. *Voyez* ATTRACTION.

Son augmentation en poids; d'où elle vient, 234 & 235

MOELLE DES ARBRES; fon ufage, 272 *& fuiv.*

MOUTARDE; (graine de) fon air, 149

N

NIELLES; caufe des nielles brûlantes, &c. 28 *& fuiv.*

Autre efpèce de nielle, fa caufe, 295, 310 & 311, 314

NITRE; fon air, 153, 190

TABLE

O

Odeur: manière de donner de l'odeur ou de parfumer les branches & les feuilles des arbres, 35, 299

    Essai pour en donner aux fruits, 35

V

W

Fin de la Table des Matières.